第3版

行銷學

觀光、休閒、餐旅服務業專案特色

鄭華清
黃廷合

編著

{ 序言 }

　　全華觀光餐旅科系適用的「行銷學」出版了，全書共有17章，每章皆有章前個案（含活動與討論）、章後個案（含活動與討論）、學習指引、學習心得、行銷快樂學的重要名詞解釋、章後問題討論及教師手冊內的補充教材等。同時在本書書末設計有每章的學後評量（包含是非題、選擇題、問答題），可以隨時撕下測驗，方便教師與學生隨堂測驗之用。

　　行銷學在日趨現代化的行銷世界學習環境中，成為人人必須具備的職場能力，本書適合大專院校開授2至3學分的課程使用。全書易學易懂、文句通順，以深入淺出的說明介紹行銷學的理論與實務，相信能讓讀者容易理解，並學到應有的行銷知識。觀光餐旅群的學生以重視實用為主，本書的個案設計特別重視該產業的應用，同時在第17章加以介紹國際行銷的基本概念。全書搭配大量圖表，增加書本活潑性，並幫助讀者容易理解、記憶。

　　行銷學的出版，代表全華的餐旅群用書更齊全，兩位作者及編輯同仁努力將全書內容訂正與校對，但若有失漏之處，在所難免，尚請學術界及服務業各界，不吝給予建議與指教，敬祈至盼。

編著代表　黃廷合　教授　謹識

Recommended

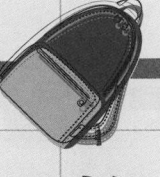

目錄

Contents

本書架構指引

行銷的溝通
（Communication In Marketing）

觀光餐旅業者在一種顧業行為的傳遞，使觀光客與觀光業者彼此相依賴，並進行交易活動。在各觀光業者進行事後瞭解觀眾的需要，藉此為部門設計滿足消費者的物品與服務，而後透過廣告，引導觀光客讓賣，使用與收集資訊等，此種過程即為行銷的溝通。溝通是行銷重要的功能，使市場中買與人員互相了解，以幫助交易活動。

行銷快樂學書籤
將行銷的重要名詞，作深入淺出的解釋說明，同時融入觀光餐旅休閒的議題。一章約 3 到 5 個。

Part I

行銷基礎

四大篇分類
本書分成四大篇，包含行銷基礎、行銷環境與市場評估、行銷策略與評估到行銷組合與觀光 業發展，舉出四大重點，讓讀者明白學習方向。

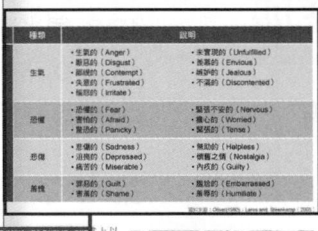

學習指引
創新圖像化章前「學習指引」，快速引導讀者理解主題概要。

圖表量多
全書以觀光、餐旅、休閒系角度敘述，重要資料或理論以圖或表呈現，有效理解相關重點。

個案探討

每章的前、中、後，都分別備有一篇與該章相關的行銷學個案與問題討論，讓讀者能從個案思考如何利用學習的知識，應用於生活和職場。

學習心得

創新圖像化章後「學習心得」，讓讀者輕鬆抓住學習精華。

學後評量

書末備有各章學後評量，包括是非題、選擇題與問答題，可沿線撕下測驗。

• Part I •

行銷基礎

Chapter 1
行銷概念

撰寫「初階行銷企劃」

特波國際公司對行銷人員的培育相當用心,在教育訓練工作上爲業界服務,特別提出精緻的「行銷企劃」教育訓練課程,期望該企劃的學習,可以讓行銷人員更貼近事實而爲職場所接受。其課程設計的內容爲:

1.行銷企劃的本質;2.行銷企劃目標;3.外部環境(如市場)分析;4.內部環境(如資源)分析;5.如何激發行銷企劃創意;6.新產品上市行銷活動設計;7.如何注意公關與事件行銷;8.促銷企劃活動介紹;9.行銷案例介紹與分析;10.小組研討與行銷簡報撰寫;11.學習其他相關行銷分析軟體。

以上是學習餐旅觀光專業的同學在研讀行銷學時,可以進一步參考本個案的主要內容,相信藉著本案例的心得,可以培養同學具有觀光市場分析、觀光行銷作法與設計能力,及觀光市場選擇和決策的能力。

〔參閱:特波國際公司(網址: Service@top-boss.com)〕

活動與討論

1. 你認爲學習「行銷企劃」專業時,有哪些重點內容?
2. 上網尋找1個有關「行銷企劃」案的範本,並進一步分析其特點與價值性。

學習指引

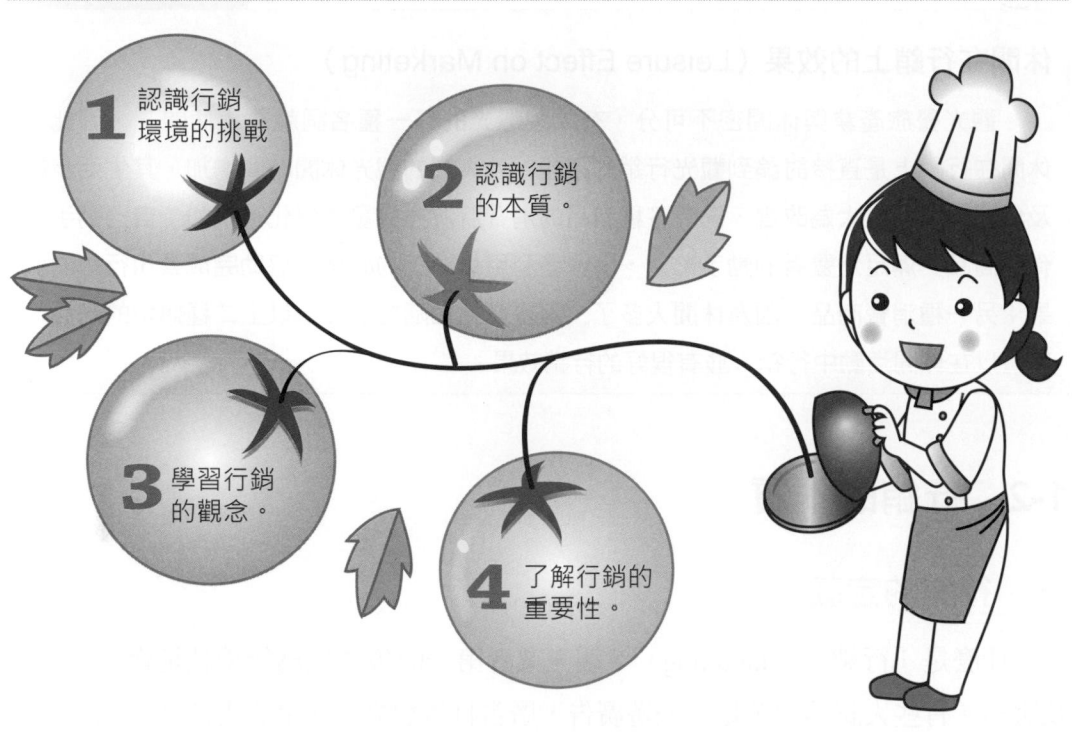

認識行銷
環境的挑戰

認識行銷
的本質。

學習行銷
的觀念。

了解行銷的
重要性。

1-1 觀光人對行銷環境挑戰的認識

　　二十一世紀的觀光人行銷課題，面臨許多環境的變化，這些變化有些來自企業的內部環境（又稱為個體環境），有些則是來自企業的外部環境（又稱為總體環境）。內部環境包括企業目標、策略與各種資源的運用；外部環境涵蓋政府政策、經濟成長與否、政治與法規因素、社會文化、交通與技術等。這兩種環境大多相互影響、相互衝擊，也為觀光行銷帶來許多的挑戰：

1. 行銷資源分配面臨新的挑戰：觀光企業受全球化經濟成長遲緩影響，各國觀光產業投資相當競爭，行銷方面面臨新的挑戰。

2. 消費者需求，變化大且快：消費者求新求變，促使行銷策略、市場區隔、目標市場的訂定更形困難。去年流行的商品，今年可能就被消費者遺棄。如近期流行之手機付費方式，就是已造成世界流行的一種消費付款方法。

行銷快樂學

休閒在行銷上的效果（Leisure Effect on Marketing）

　　觀光餐旅產業與休閒密不可分，有人說觀光的另一種名詞就是「休閒」，因此，休閒在行銷上是直接討論到觀光行銷的議題。若人們的觀光休閒時間增加，其生活步調及休閒需求一定大為改變，同時各種商品的消費狀況亦會發生變化。例如：自己動手製作的商品，滿足消費者的動手慾望，消費者利用休閒上的心理，協助完成公司行銷的效果；另一種消費商品，因為休閒人多了，消費商品也隨之增加。以上二種類型的商品，都可以在休閒活動中行銷，並有很好的行銷效果。

1-2　行銷的本質

一、行銷的定義

　　什麼是「行銷」（Marketing）？觀光業者第一印象會以為行銷就是賣旅遊商品及服務。有些人認為行銷是做旅遊廣告，廣告打得愈響，商品賣得愈好；也有不少觀光人認為，行銷就是旅遊商品陳列、辦促銷活動、開記者招待會等。其實，這些都只是行銷的一部分，行銷包含了上述的所有活動。

　　根據美國行銷協會（AMA）早在 2004 年定義為：行銷是一連串創造、溝通、傳遞價值給顧客，並管理顧客關係，以獲取組織和利害關係人（Stakerholders）最大利益的一種組織機能與程序（圖 1-1）。

圖1-1　美國行銷協會是全球行銷管理趨勢的引領者

行銷的定義已經不單從觀光企業組織的角度來看，更融入了觀光客的角度。行銷被視為是一個價值創造、溝通、傳遞的過程，不單只是產品、價格、通路、促銷等 4P 概念。行銷要讓觀光客滿意，更要顧及與觀光企業經營相關的各個層面，包括顧客、股東、相關上下游產業鏈、銀行、工會等各層面的滿足與利益。

2007 年，AMA 又對行銷的定義作修正，指出行銷是透過創造、溝通、傳遞與交換，謀求顧客、客戶、夥伴與社會最大價值的活動、機制與程序。

美國行銷大師科特勒（Kotler）（2004）對行銷之定義為：「行銷是一種社會性和管理性的過程，個人和群體可以經由此過程，透過彼此創造、提供及自由交換有價值的產品和服務，以滿足其需要與慾望。」在觀光行銷上，就可以依科特勒教授之闡述，來創造觀光產業的價值。

觀光人進一步分析，行銷（Marketing）是指將觀光商品或服務透過交換的過程，滿足目標市場的需求。這個交換的過程，包括從事商品或勞務的開發、定價、促銷、配送、廣告及許多與消費者溝通的活動。從企業管理的角度而言，運用行銷的工具及手法，可以為企業製造差異化，建立市場優勢能力，進而創造競爭優勢。

行銷快樂學

行銷（Marketing）

行銷在觀光人的心目中有兩種意義，狹義的行銷活動是指：旅遊商品與旅遊費用支出的交易活動；而廣義的行銷活動是指：觀光人得用研究的精神、分析的能力、預測技術、旅遊商品設計、旅遊商品價格、旅遊促銷與實際的旅遊服務活動等。在觀光人的觀念中，應有發掘旅遊資源、擴大市場服務面及滿足現代人的旅遊觀念與需要。在觀光「行銷」的角色中，要隨時代進步與人類需求與時俱進，觀光人在「行銷」的用心度也要逐漸強化。

二、交換、交易與關係行銷

交換（Exchange）是企業行銷的一個核心概念，表示一方提供服務等價值，包括商品、勞動力、信用、貨幣財物或各種支持，以回報另一方提供商品、服務或創意，如圖 1-2 所示。

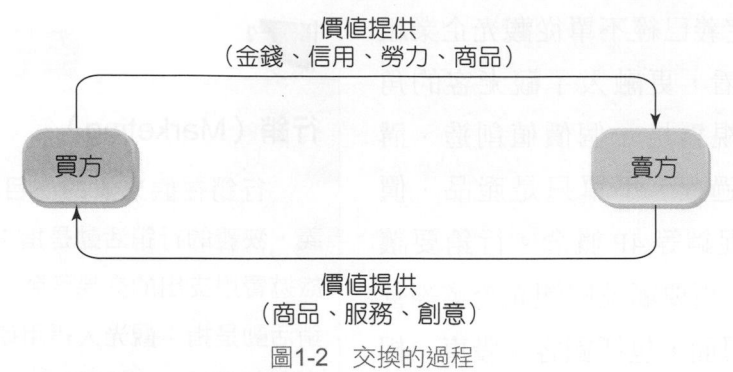

價值提供
（金錢、信用、勞力、商品）

買方　　　　　　　　　　　　　　　賣方

價值提供
（商品、服務、創意）

圖1-2　交換的過程

　　圖 1-2 表示了買賣雙方的關係，是一種交換的關係（Exchange relationship），雙方一定要覺得滿意或可以接受，否則交換很難再繼續。如旅館供應麵包、礦泉水、衣服給消費者，顧客花錢購買這些東西可以獲得滿足。如果消費者不滿意旅館所提供的產品，可能下次就不會再買了，甚至向別人購買。

　　在論及觀光行銷，其交換的產生，通常都有一些要件：

1. 交換雙方的當事人；

2. 交換的標的物，雙方都認為有價值；

3. 雙方都認為這項交換合適，且是自己所需要的；

4. 有自由交換的能力，可以拒絕或接受該項交換；

5. 雙方都有溝通或運送的能力。

　　交換有時會被誤以為只限於實體商品（如汽車、房屋），但實際上交換也可以是一種服務（如休閒娛樂、觀賞演唱會等）。交換的意義，有時候也不僅限於商品本身，而是一種價值的彰顯，如買賓士汽車、進出五星級飯店、配戴勞力士手錶、穿 Amani 服飾等，都代表一種身分與地位的象徵。

　　交易（Transaction）是交換的衡量單位（Unit of measurement），一方給予，一方回付。交易的方式可以是以物易物（Barter transaction）也可以是貨幣交易（Monetary transaction）。例如旅行社專員幫某觀光客安排旅遊行程，該觀光客為專員介紹租屋商品做回報，就是一種以物易物。又如貨幣交易，好比可樂一瓶 18 元，咖啡一杯 90 元，只要付錢就可以買到該產品。

　　最近的行銷發展，把交易行銷當成是關係行銷（Relationship marketing）的一部分。隨著消費者的需求越來越難掌握，觀光企業開始尋求從長期的觀點，與顧客建立長遠關係，希望透過與顧客長期往來，使觀光企業獲取較穩定的經濟利益、維

持較佳的產品服務、和客戶有較密切的互動。觀光企業藉由建立自己的行銷網路來拓展銷售管道，網路中的成員包括公司股東、顧客、員工、相關配合廠商、廣告代理商、銀行等，網路的關係越好，就越能創造企業價值。

三、行銷所創造效用

行銷在創造效益（Utility），提供商品或服務以滿足消費者的需求（Wants and needs）。吃麥當勞套餐、看一場電影、到墾丁度假，都提供了某種需求的滿足。需求（Demands）的實現，意謂消費者的需要（Needs）與慾望（Wants）獲得滿足。就企業立場，行銷創造如表 1-1 中四種效用：

表1-1　行銷創造四種效用

效用	說明
地點效用 （Place utility）	指改變資源的空間層面，以滿足消費者的需求。例如在臺灣可以買到世界生產的新式 3C 產品，消費者只要付出一些成本，就可以享用世界各地的產品及服務。
時間效用 （Time utility）	指改變資源的時間構面，以滿足消費者的需求。例如航空公司把旅客送到要去的地方，就是利用時間層面創造效用。
形式效用 （Form utility）	指透過資源組合的改變，或改變實體資源的內容，以滿足消費者的需求。例如交通與觀光公司，提供安全舒適之交通服務，可以滿足觀光客交通的需求。
所有權效用 （Ownership utility）	指改變資源的所有權，可以滿足消費者的需求。例如旅遊商品分期付款，就是利用所有權轉換來創造效用。

四、行銷的機能與範疇

一如企業的其他機能，行銷機能的活動包括購買、銷售、運輸、儲存、分級、信用融通、行銷研究與風險承擔，如表 1-2 所示。

表1-2　行銷機能的活動

活動內容	說明
購買	觀光企業、消費者、商店，或政府皆有採購行為，一個行銷人員，要能夠了解購買者的需求、消費者行為，以決定提供什麼產品滿足需要。
銷售	交易的過程會經由銷售來進行，利用促銷、廣告、人員推銷、包裝等方式來說服消費者購買。

表1-2　行銷機能的活動（續）

活動內容	說明
運輸	運輸是將商品由銷售者手中移到消費者手上的過程，必須注意運輸的成本及效益。
儲存	儲存是實體配送的一環，包含倉儲（Warehousing）。利用倉儲可以創造時間效用。銷售運輸儲存像國內很多濃度百分百柳橙汁的銷售，多是以濃縮液的方式儲存，經由運輸到臺灣來的，之後到工廠後再加工還原，販售到市場上。
分級	透過分級將商品標準化、展示與標籤，可以讓消費者了解商品或服務的品質。許多產分級品都有分級制度，如鋼鐵、肉品、水果等。就連航空公司將機位分成經濟艙、商務艙與頭等艙，也是將顧客服務分級。
信用融通	信用融通主要提供消費者信用的行銷，通常價值高的商品，多會採用這種方式，如汽車貸款，分期付款買房子等。
行銷研究	為了了解目標客戶，透過研究蒐集消費者的資訊是必要的。
風險承擔	經營觀光企業必須面對各種風險，行銷決策也存在風險，因此觀光企業投入資金從事行銷研究、投資廣告、組織業務人員，都表示對風險的承擔與經營的承諾。

　　行銷的機能對觀光企業經營相當重要。將行銷運用在觀光各相關產業，作為行銷對象的事物，也比比皆是。根據 Kotler（2004）的整理，行銷適用的對象或範疇有十種類型，如圖 1-3 所示。

　　除了觀光商品和服務外，公司週年慶、各式大型商展或概念都可當成是一個事件來行銷。例如每年元宵花燈展、鹽水蜂炮等民俗節慶結合各種行銷活動吸引大眾，就是觀光界可以擴大之行銷的範圍。

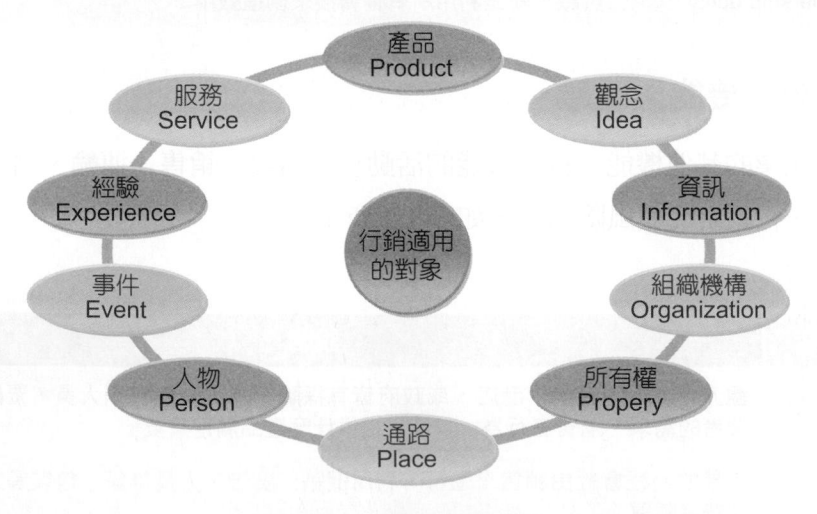

圖 1-3　行銷適用的對象

1-3　觀光人要懂的行銷觀念

行銷觀念（Marketing concept）是說明觀光企業組織應如何滿足顧客需求的基本哲學。一般將行銷觀念分成圖 1-4 中五個導向。

圖 1-4　觀光業行銷觀念的演進

一、商品企劃觀念

商品企劃觀念（Commodity Planning concept）是假設消費者喜歡購買便利與價格低廉的商品，則觀光業最重要的任務，是將各種資源的服務效率或吸引力提升，發揮規模經濟、降低旅遊成本。商品或服務只要能大規模生產、成本低、價格便宜，消費者就可隨處買得到，享有大量生產的效益。

二、商品化觀念

商品化觀念（Commercialization concept）是堅持消費者喜歡品質、性能或創新特色最佳的商品。只要商品好，不怕沒有人要。若干需要較專業技術的產業存在這種觀念，如導遊講究解說技術，領隊深諳地域的特色等。

商品觀念往往太強調商品的功能性品質，忽略了市場需要，在行銷學上稱之為行銷近視症（Marketing myopia）。

從前旅行社實體店的服務，深獲人們的喜愛，但是隨著通訊網路手機工具進步，旅行社實體店的部分功能已被替代，旅行社是時候調整其商品觀念了。

行銷快樂學

行銷觀念（Marketing Concept）

「行銷觀念」是以「整體行銷」活動為手段，來創造「顧客滿意」，並達成公司目標之「顧客導向」的企業經營哲學。現代的企業必須具有行銷觀念，才能努力尋求公司現有顧客及未有潛在顧客的需求，以規劃出一組互相協調的產品（商品）、價格、推廣及配銷方案來滿足各方面的需求。若公司員工人人有行銷觀念，就可以從顧客需求中，得到滿意的獲利。有些公司往往只重視產品設計與生產，不善用行銷觀念，不了解市場需求，終究會導致營運不佳。

三、銷售觀念

銷售觀念（Selling concept）下，行銷代表銷售東西、推銷商品與收回貨款。銷售觀念認為若不對消費者（觀光客）採取促銷活動，消費者便不會大量購買該產品。觀光公司要有一套可行而且有效的銷售、促銷工具，才能激發更多的購買。通常如果沒有促銷或強力推銷，消費者很高機率不會購買。

採取銷售觀念的基本問題，在於沒有深切了解消費者的需求，不是以顧客滿意為出發，而是著眼於推銷商品，講求銷售話術、銷售技巧，常常迫使消費者購買某些商品或勞務。消費者迫於某些原因才購買，因此下一次就不會再買，或轉換供應廠商。

四、市場觀念

市場觀念（Market concept）認為，為了滿足消費者需求，必須以有效率、有效能的管理，了解消費者的需求，利用行銷工具傳達並與消費者溝通（圖1-5）。市場觀念很重視顧客、競爭者與市場，所以經常蒐集這方面的資訊，透過了解消費者、競爭者與市場等變化，確保最佳顧客價值的傳遞。行銷觀念是目前最廣為採用的觀念。在觀光產業大至航空公司、飯店服務業，小到一個店面、個人服務業，都採用行銷觀念，重視消費者需求的滿足，否則就很難生存。

顧客價值如圖1-6所示，是指消費者對商品或勞務，長期所願意消費的價值。商品或勞務品質好，愈能滿足消費者期望，顧客滿

圖1-5　賣場進行多元行銷，讓知名度提升。

意程度愈高。顧客滿意程度愈高，就會重複購買廠商的商品或服務，消費者願意支付價值愈高。就長期而言，消費者願意支付價值愈高，顧客價值就會愈高，廠商獲利能力就會大增。

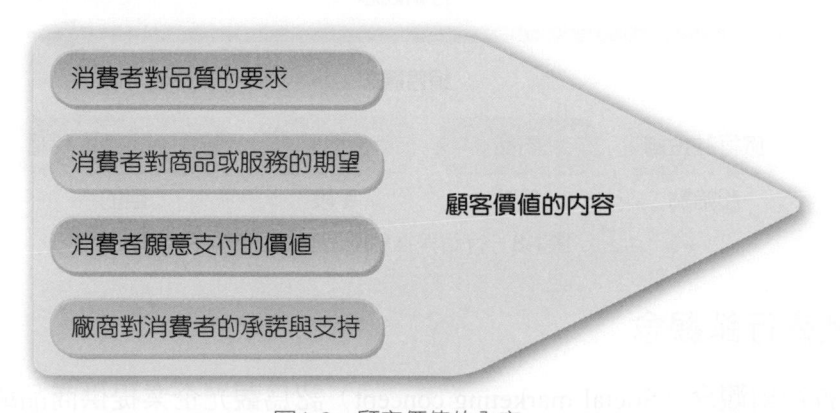

圖1-6　顧客價值的內容

　　根據顧客（觀光客）價值的傳遞，行銷觀念的四個內涵如圖 1-7 所示，包括目標市場、顧客需求、整合性行銷與獲利力。

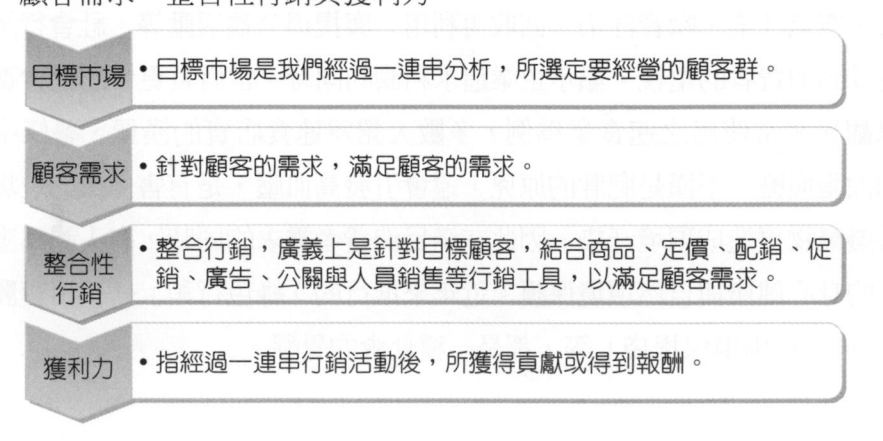

圖1-7　行銷觀念的內涵

　　行銷觀念和銷售觀念有很大的不同，兩者之比較如圖 1-8 所示。行銷觀念是由外而內的觀點，以明確的目標市場作起點，集中注意於顧客需求，並協調整合所有能影響顧客滿意的活動，藉由顧客滿意以獲取利潤。相反的，銷售觀念採取由內而外的觀點，以旅行社企劃為起點，集中於公司現有產品，藉由大量銷售與促銷來達成有利潤的銷售。

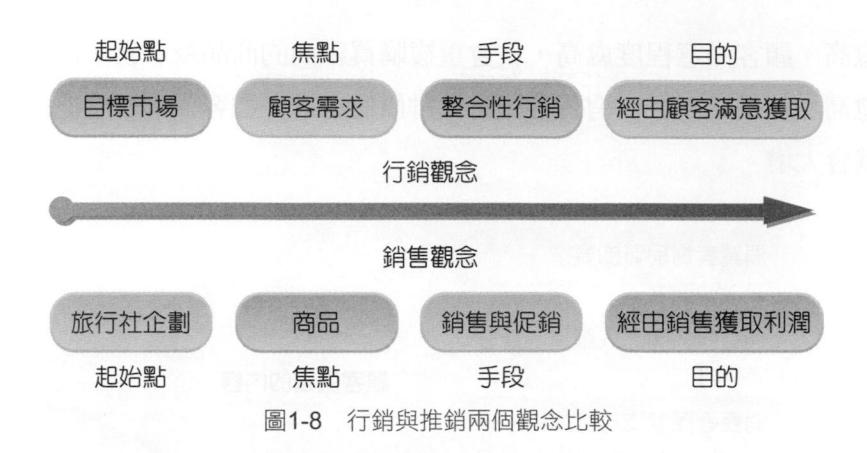
圖1-8　行銷與推銷兩個觀念比較

五、社會行銷觀念

社會行銷觀念（Social marketing concept）認為觀光企業提供商品或服務滿足顧客（觀光客）需求時，要同時顧及消費者及社會群體的福利。這些攸關社會群體福利的社會行銷，有人稱為綠色行銷（green marketing）。包括重視環保（例如防治水汙染、空氣汙染、噪音汙染、回收再利用）與提倡公益活動等。社會行銷的概念越來越受到消費者的重視，顯示企業追求利潤的同時，當肩負更多的社會責任。

以觀光客常使用之速食業為例，多數人認為速食店賣的漢堡、薯條中，含有過多的油脂與鹽，不僅是肥胖的原兇，還會引發高血壓，是有害健康的垃圾食物，其包裝廢棄物更造成環境汙染。因此在滿足消費者需求的同時，有人認為應該兼顧消費者的身心健康與自然環境保護。近年來推行的「綠色行銷」、「不用寶麗龍」運動、「買東西自備環保提袋」等，都是一種社會的覺醒。

台東—慢活步調、觀光樂園

　　近年來，台東縣在縣長饒慶鈴女士的用心推廣下，台東已經成為台灣最好的觀光樂園。縣府配合各民間團體推出系列觀光行銷活動，如熱氣球嘉年華、國際衝浪賽等，每年吸引超過百萬人次的遊客前往台東觀光。台東環境自然，成為很多人最嚮往的居住空間。

　　每年的台東鹿野高台熱氣球嘉年華活動，吸引大量國內外旅客，五彩繽紛的熱氣球，搭配上萬里無雲的天空，交織成最美的風景。台東已經是觀光景點的首選。

　　今天我們在學習觀光行銷，可以藉由台東縣的優勢，來設計優質的旅遊行程，創造觀光的行銷力，相信可以締造企業的業績。

〔參閱：2023.03.15，經濟日報，A13 版，翁至威撰〕

📝 活動與討論

1. 請說明台東縣的旅遊勝地之特色。
2. 試分析觀光人宜如何善用台東的優勢來進行台東地區的觀光行銷。

1-4 觀光人認識行銷的重要內涵

從行銷領域來說，行銷的重要內涵，可以分成下列幾項。

一、市場區隔、選擇目標市場、定位

市場區隔（Segmentation）、選擇目標市場（Targeting）、定位（Positioning）是旅遊界的策略面決策，又稱為「行銷策略」。

市場（Market）是指買賣交易雙方聚集的場所。觀光企業使用市場這個名詞，主要在說明各種顧客群，例如需求市場、產品市場、人口統計市場及地理市場。

市場區隔（Segmentation）是指將市場加以分隔，目的是利於觀光企業針對所要進入的市場加以界定，選擇目標市場，集中資源進行銷售。市場區隔可視觀光企業需要來設定，如大陸觀光市場，可以針對消費者的需求，區分為沿海各省、著名內地風景區等，再根據這些區隔，劃分高價位、中價位、低價位等。

行銷快樂學

市場（Market）

對觀光行銷人員而言，市場是指所有對旅遊商品或勞務有興趣的現有或潛在客戶，其構成的要素有：人、錢、購買意願及購買權力。觀光市場愈來愈大，且各種觀光旅遊市場有其眾多的獨特性質，所以每一位行銷人員必須下工夫去了解每種市場，且要以系統化的方式去了解。

目標市場（Targeting market）

觀光產業範圍很廣，如觀光、休閒、餐旅、交通等各企業公司，觀光人在認識行銷時，對目標行銷應有不同的行銷策略。一般可採取的目標行銷策略有三種：1.無差異行銷，公司只推出一種商品，亦只採取一個行銷計畫，將整個市場當作一個相似的目標市場；2.差異行銷，針對不同區隔市場，設計不同的商品與不同的行銷計畫，將整個市場區分為數個目標市場處理；3.集中行銷，只選擇其中一個或數個有潛力的區隔市場為目標，全力經營。經驗告訴我們，針對目標市場施以適合其特性的行銷組合選擇，是有好業績的作法。

　　觀光企業針對本身的特性、商品特性，選定自己所要經營的市場，稱為目標市場（Targeting market）。目標市場可以是某一個年齡層之觀光、地點與活動設計等。

　　定位（Positioning）是指旅行社或商品在目標市場心目中的地位，例如長榮航空、中華航空在消費者心目中的地位，和日本航空、聯合航空在消費者心目中的地位不一樣。消費者每天接收很多訊息，很難完全記得所有內容，大概只能記住少數幾個品牌名稱，因此行銷工作最重要是占據消費者心目中的地位，而且是消費者心目中排名第一的位置，這就是所謂的定位。

二、顧客滿意、顧客忠誠與關係行銷

　　顧客滿意、顧客忠誠與關係行銷是屬於顧客行銷的核心概念。顧客滿意（Customer satisfaction）是指顧客實際所得到的效益遠大於其所期望的。影響顧客滿意水準的因素，根據事前與事後的行為區分，如圖 1-9 所示。

圖1-9　影響顧客滿意水準的因素

當我們去餐廳吃一頓價格便宜的豐盛大餐；安排一次旅遊的時候，業務人員服務殷切；手機功能充分、通話品質完善、繳款方便等，這些都可以讓顧客滿意。顧客滿意後，可能會多吃一些、多用一些、多看一些，甚至重複購買、多次重複購買，就可以形成顧客忠誠。顧客忠誠一旦形成後，有助於觀光企業長期經營。這種長期經營的概念，重視顧客，了解顧客需求，尋求顧客長期關係的維持，是近年來觀光業關係行銷受到重視的原因（圖 1-10）。

圖1-10 行銷人員親切地與顧客互動，可以增加顧客的好感度。

三、觀光整合行銷

觀光人皆要了解傳統的行銷架構以 4P 為核心，包括產品（Product）、價格（Price）、通路（Place）與促銷（Promotion），又稱「觀光行銷組合」，如圖 1-11 所示。

產品（**Product**）	• 指產品開發、品牌的經營、產品生命週期等。
價格（**Price**）	• 價格的訂定，不同的定價方式以適應不同的產品或產業。
通路（**Place**）	• 包括實體配送、物流、倉儲、經銷、零售等。
促銷（**Promotion**）	• 促銷涵蓋對消費者的促銷、對業務人員促銷、對經銷商促銷，促銷的工具則相當多，如折價券、試吃、試用、優待、各種折扣等。

圖1-11 傳統的行銷4P架構

　　近代的行銷重視講求整體效益的「整合行銷」，認為行銷是一個與消費者溝通的過程，混合運用各種行銷工具為觀光企業謀求最大效益，並與消費者建立全面的互動。不論廣告、促銷活動、商品設計與開發、交通與配送物流，都要從觀光企業整體的角度來評估，講求觀光企業績效。

行銷快樂學

消費者（顧客）市場（Consurmer Market）

　　在觀光產業中，消費者的觀光市場，是以最終消費者為主要構成對象，包含其所需要的旅遊商品與服務市場。消費者市場的購買行為，包括客人本身、需求項目、團體與服務模式，即這些服務對象的市場皆有不同。因此，行銷策略相當多元化，如不同訂價方式、推廣組合、商品組合及通路策略，亦應有所區別。同時，消費者市場是社會購買力的基礎，是各行各業、政府與全民必須面對的課題。

四、市場占有率、顧客占有率與獲利率

　　在觀光行銷的實際運作裡，「市場占有率」是一個重要的衡量指標，可以清楚了解某一品牌或觀光企業在產業競爭中的地位。市場占有率是指某品牌或商品在同業競爭中的大小比率，市場占有率越高，表示越多人使用本品牌。如某旅行社在大陸旅遊商品的市場占有率達 60％，航空公司占大陸航線市場 50％以上。市場占有率範圍的界定，一個觀光業公司或觀光產業的認定會有所不同，但是大致上而言，同一個產業或競爭品牌，會有近似的看法。

　　顧客占有率是指商品或品牌在消費者心目中所占據的地位。類似廣告業所用的聲音占有率（Share of voices），表示廣告播放後有多少目標顧客記得的比例。顧客占有率之所以受到重視，原因是網路科技發展使網路行銷受到重視，然而在網路上刊播廣告的點選率頗低，消費者能知曉的比例甚低，觀光業公司為了打響知名度，增加廣告效益，所以越來越重視顧客占有率。

　　「獲利」是觀光企業永續經營的基礎，企業只有不斷賺錢，才能對社會有更多的貢獻。

根據若干研究發現，市場占有率高的企業，獲利能力會較好；也就是說，市場占有率高的企業，通常附加價值較高，或成本較低，或設備產能利用較佳，使得在相同的銷貨收入或投資金額下有較好的利潤，大大提高了獲利率。

五、學習行銷策略與策略聯盟

觀光企業從經營至行銷無不講究策略（有關策略，請參閱本書 Part II 第 7、8、9 章），如某五星級飯店被塑造成高級的旅館，可以代表尊榮與身份地位的彰顯，各地新興的民宿訴求休閒旅遊的住所。不同的商旅定位，代表不同的行銷策略，行銷工具的運用也不同。

每一個旅行商品都有自己的優劣勢，觀光企業為求截長補短，講求策略聯盟，避免自己的弱勢並運用其他企業的長處。像某新興飯店或國外連鎖飯店，只掌握自己競爭優勢，廣告功能、行銷功能都交由其他旅行社企業處理。這種策略聯盟中一起合作的廠商，稱為夥伴關係。

1. 塑化劑的使用，是行銷導向惹的禍嗎？
2. 廠商和消費者應如何處理塑化劑問題？

1. 鄭華清著（2001），24 小時品牌經理人，臺北，McGraw-Hill。
2. 方世榮譯，P. Kotler 著（2003），行銷管理學，臺北，東華書局。
3. P. Kotler and G. Armstrong, Principles of Marketing （N.J., Prentice Hall, 2004）.
4. R. S. Archrol and P. Kolter, "Marketing in the Network Economy," Journal of Marketing,
5. Vol. 63, Special issue 1999, 146-163. G. S. Day and D. B. Montgomery, "Charting New Directions for Marketing," Journal of Marketing, Vol. 63, Special issue 1999, 3-13.
6. O. C. Ferrell and G. Hirt, Business: A Changing World （N.Y., Mc-Graw-Hill,2005）.
7. R. S. Winer, Marketing Management（N.J.,Prentice Hall, 2000）.

學習心得

3 行銷4P是指：Product（產品）、Price（價格）、Place（通路）及Promotion（促銷）。

2 行銷觀念包括有：商品企劃、商品化、銷售、市場、社會行銷等觀念。

1 行銷大師科特勒告訴我們：行銷是一種社會性和管理性的過程，個人和群體可以彼此創造，提供並自由交換有價值的產品與服務，以滿足人類的需要與慾望。

介紹行銷任務管理的 12 項守則

行銷人員在公司是靈魂人物,而餐旅產業中的行銷人員也不例外,不管在飯店、餐飲業、旅行社、交通事業、遊樂園場所,都要有優秀的餐旅行銷人員,這些行銷專業人士對於行銷任務管理有不同層次,但可以歸納出 12 個重點:

1. 沒有行銷編號就無法行銷管理。
2. 沒有行銷清單就無法行銷檢視。
3. 沒有行銷統計就沒有行銷績效。
4. 沒有行銷分類就無法行銷分析。
5. 沒有行銷關聯性就無法整合行銷。
6. 沒有行銷流程就無法行銷控制。
7. 沒有行銷步驟之圖解就無法進行行銷重點的理解。
8. 沒有指定行銷承辦人就沒有人負責。
9. 沒有行銷的完成期限就無法如期完成。
10. 沒有行銷分工就沒有行銷專業。
11. 沒有行銷成果檢討就無法改善。
12. 沒有行銷指導就沒有行銷領導。

〔參閱:2017.01.19,經濟日報,A16 版,張俊鴻撰〕

活動與討論

1. 依行銷任務管理12項守則,說明行銷管理守則在餐旅產業的重要性,並依同業的認知,提出你的看法。

2. 行銷人員在餐旅觀光產業的角色扮演為何?請上網到餐旅觀光產業的某些企業體,查詢行銷人員的重要工作內容。

Chapter 2
行銷與觀光客的關係管理

使用人工智慧（AI）技術的行銷模式已開啟新話題

最近很夯的話題，就是 ChatGPT 因其 AI 生成自然對話的特強能力，亦可以當作家來整理文章等特色，讓產業各界人士特別關注。國內 AI 行銷科技代表的業者——沛星互動科技（Allier) 公司的專業指出：ChatGPT 是典型「生成式 AI」的展現與成果，這種驚人的創舉會改變很多商業模式創新，如行銷策略、品牌形象、廣告與運作等，應用技術上會出現更多的範疇。數位內容專家預測到 2025 年，「生成式的 AI」其產製品的內容，在所有數位內容的產品比率會增加到 10%。專家們更直言：「電腦視覺」與「對話式行銷」將會促使「生成式 AI」的發展，大步向前邁進。在本個案中，我們可以直接體會到，AI 技術必將成為行銷手法的生力軍，創造品牌形象與行銷的靈活性。

〔參閱：2023.02.22，經濟日報，B5 版，彭慧明撰〕

活動與討論

1. 請同學上網找 ChatGPT 機器人發展的新聞，並加以說明其特色。
2. 試說明「生成式 AI」的發展趨勢與應用。

學習指引

1 了解行銷對觀光客的重要性。

2 如何衡量觀光客的滿意程度？

3 學習讓觀光客滿意的作法。

4 認識觀光客價值並創造之。

2-1　行銷對觀光客滿意的重要性

「消費者至上，觀光客滿意」對觀光業經營的重要性已不言可喻。「顧客至上」或「以客為尊」（Customer is king）意謂觀光客永遠是對的，只有觀光客源源不斷上門購買商品或服務，觀光業才有獲利的機會（圖2-1）。當觀光客滿意、消費者接受，此種消費活動便開始傳遞觀光業經營的價值。觀光業藉由觀光客滿意，增強提升服務的原動力，例如星巴克提供更舒適的環境讓顧客休閒聊天；有些文創中心甚至免費請觀光客喝咖啡。

圖2-1　顧客滿意度是行銷活動的重心

觀光客滿意（Tourist satisfaction）宜包含三個內容，說明如下：

1. 來自觀光客消費經驗。

2. 從觀光客消費經驗中，實際得到的滿足大於預期。

3. 觀光客消費者的經驗是一個過程，可以用來解釋、分析、組合、或預期一定的行為，包括了解觀光客滿意的原因，或預期觀光客消費者下次購買的可能性等。

根據上述定義，觀光客消費經驗是指觀光客消費者實際在消費現場的體驗或感受，這種經驗將決定顧客滿意的程度。例如：觀光客在餐廳享受服務時，現場服務人員的態度、言行舉止，都會直接、間接影響觀光客對觀光業或商品的滿意程度，服務人員的態度造成觀光客感受到不公平對待或覺得服務不佳，往往會影響公司形象，增加觀光客的不滿意度。

觀光客實際獲得的產品或服務大於預期時，就會產生觀光客滿意，同時也會增加觀光客購買次數，或增加下次購買機會。例如「俗又大碗」、「物超所值」令觀光客可以用同樣金額消費到更多的贈品或相同的消費，獲得更多的優惠折扣或額外的服務等。

行銷快樂學

顧客導向（Customer Orientation）

觀光界的各企業公司，得依行銷觀念，以顧客的需求為考慮重點，這也是觀光人的行銷活動核心。但觀光企業公司真正實行顧客導向的經營哲學，還需要注意下列幾點：

（1）確定顧客「真正的需求」。
（2）確定目標市場區隔。
（3）認識差異產品及推廣的資訊。
（4）得從事顧客需求的研究與評估。
（5）各公司行銷企劃單位可採用具有顧客實際價值的策略。

行銷快樂學

顧客利益（Customer Benifits）

在觀光旅遊業，無論是勞務、各種旅遊商品及各項觀光服務工作等方面，對顧客都具有實體上或想像上的利益（或稱有形或無形，亦可稱生理或心理上的滿足），這些利益可稱為顧客利益。顧客利益是促使顧客購買商品或勞務的原動力，因此，商品的生產（商品的設計）及行銷，都要以顧客的潛在需要為主，並符合顧客的利益。

2-2 讓觀光客滿意的重要方法與評估

一、讓觀光客滿意的主要方法

為了維繫觀光客的滿意度，首先要了解觀光客滿意內涵，高度觀光客滿意會產生以下現象：

1. 增加使用頻率：待得更久、吃得更多、用得更好、看得更廣，比一般人的使用頻率更多、更大、更好。

2. 經常重複再來光顧：觀光客滿意的一個重要表現就是重複消費，而重複消費就形成所謂的顧客忠誠度（Customer loyalty）。

3. 推薦別人使用：希望別人也使用同樣的消費（圖2-2）。

4. 有意或無意中，使自己成為商品生活化的一部分：例如有些人喜歡到某名勝旅遊，往往會購買許多當地的特產、用品等，生活中都會出現某名勝的圖像。

5. 主動提供意見或資訊給其他消費者：例如以某著名美食為核心所組成的粉絲團，這些粉絲團就會提供該美食的相關訊息。

圖2-2 產品品牌與聲譽是企業公司的靈魂

二、觀光客滿意的評估

觀光業觀光滿意（Tourist satisfaction）的評估，實務上有六種方式可供運用，如圖 2-3，說明如下：

申訴與建議制度	• 消費者通常可以在商品資訊上，或觀光業服務網頁進行，也就是溝通工具。
顧客滿意調查	• 公司定期或不定期瞭解觀光客對公司商品或服務的滿意程度，並請求觀光客提供相關意見。
佯裝消費者	• 公司透過「秘密客」測試公司的銷售人員，能否圓滿解決或依公司規定處理消費者問題。
流失觀光客分析	• 流失率愈高，表示公司愈無法滿足顧客需求。
各服務分店陳列面積	• 觀光客滿意愈高的商品，宜特別說明，或擺放在愈顯著或主要的陳列位置。
業務服務人員意見與流動率	• 業務服務人員的流動率愈低，反映了觀光客滿意度愈高。

圖2-3　評估觀光客滿意的方式

（一）申訴與建議制度

很多觀光業者都設有讓消費者申訴或表達意見的管道。例如大多數的餐廳或旅館，都備有意見箱或意見表格，可以讓消費者填寫喜歡或不喜歡的意見。其他如顧客服務專線、0800 免付費電話，或設立 Web 網頁、e-mail 或傳真專線等，以利觀光業者與消費者溝通。觀光業者往往可以藉由這些申訴或建議管道得到豐富的資訊。

（二）觀光客滿意調查

有些人認為不能只是由申訴與建議制度觀察觀光客滿意與否，應直接衡量消費者滿意程度。因此有些公司會採取定期或不定期以郵寄問卷，或電話訪問了解觀光客對觀光商品或服務的滿意程度，並請求顧客提供相關意見。有些觀光相關產業，例如百貨公司，在蒐集觀光客滿意資料的同時，還會詢問觀光客再度購買意願之類的問題，若觀光客滿意度高，再購買意願也會跟著提高。

行銷快樂學

顧客需要（Customer Needs）

顧客（觀光人）的需要，是指觀光人進行各種旅遊活動中所需滿足的機能，各旅遊商品則是用來滿足這些機能的。

觀光企業公司若無法滿足觀光客的各項需求，會造成該企業不能長久經營；若各觀光企業公司都可滿足觀光客的需要，除了可以創造公司與觀光客雙贏，還能促使觀光業的成長。

（三）伴裝購買者

　　觀光產業聘請服務人員到公司或競爭者處伴裝購買者，以了解公司或對手商品的優缺點或服務品質，實務上稱為「秘密客」或「神秘嘉賓」。

　　觀光業為了能夠了解其服務品質或服務態度，是否澈底落實，這些伴裝購買者甚至會提出一些問題，以測試公司的銷售人員是否能圓滿解決或是否依照公司規定處理消費者問題。觀光業的主管也可能伴裝購買者，充當觀光客，以實際了解競爭者與公司銷售情況。主管人員有時透過致電公司，提出各種問題與抱怨，以測試銷售人員處理這類申訴電話的狀況。

（四）流失觀光客分析

　　老觀光客不斷重複惠顧，可以減少觀光業的廣告或促銷成本，讓觀光業有穩定的客源。如果舊觀光客不斷的流失，或必須大幅提升開發新觀光客，則會消耗公司許多資源與成本，以投資爭取新觀光客。因此公司必須主動和觀光客接觸或聯繫，尤其是有些觀光客不再光顧，或改買其他公司品牌時，一定要了解事情發生的原因。公司不僅要與現有觀光客保持聯繫，更要隨時監控流失顧客的比率。如果流失率逐漸提高，表示公司越來越無法滿足觀光客需求。

（五）各服務據點陳列面積

　　藉由觀察外部服務據點的展示，來了解觀光客的滿意度。通常觀光客滿意愈高的商品，在陳列架上的陳列面積會愈大，或擺放（陳列）位置愈明顯。反觀觀光客比較不滿意的商品，陳列面積會較小，或在比較不顯著或非主要陳列位置。觀光客滿意的商品，通常消費者會常購買，常購買則商品週轉率高，週轉率高則陳列位置較有彈性，服務據點就得更新資料陳列。

（六）業務服務人員意見與流動率

　　觀光客滿意程度還可從公司觀光業服務人員的流動率或意見觀察出來，如圖2-4所示。商品若能讓觀光客滿意，則業務服務員都會勤於照顧，因為商品賣得好，業務服務員獎金就會提高，業務服務員會做得起勁、少有離職，而觀光客對商品也比較不會有負面意見。反之觀光客不滿意商品，商品週轉少，業務服務員獎金自然變少，久而久之，業務服務員也就只好另謀發展了。這類觀光客不滿意的商品，往往業務員意見多、抱怨也多。所以不用問觀光客滿意與否，問一問自己公司的業務服務人員或銷售人員就可以得知了。

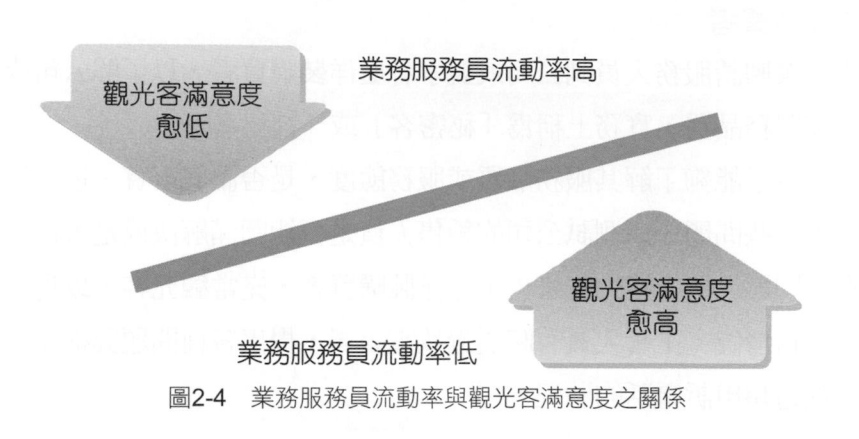

圖2-4　業務服務員流動率與觀光客滿意度之關係

2-3　了解觀光客滿意制度的方法

　　觀光業宜運用上述的衡量工具，了解消費者滿意程度，並建立一套執行觀光客滿意的制度，以確保了解觀光客滿意（圖 2-5）。表 2-1 介紹觀光客滿意制度的做法，可供參考。

圖2-5　行銷工作是每位企業員工的責任

表2-1　觀光客滿意制度的做法

觀光客滿意制度	說明
建立觀光客服務諮詢通訊系統	觀光客有任何服務上的問題，可直接聯絡服務中心。服務完成後，服務中心會主動電話聯絡顧客，追蹤服務成效。 例如：手機業者（中華電信）成立客服中心。
建立保證制度	使用後不滿意，可在一定期限內，給予退換貨、退款或補貨的措施。商品有瑕疵，可獲得快速維修，或提供某一定期限、金額、使用狀況的保證。 例如：機車有二年五萬公里免費維修的保證制度。
建立確保品質的作業系統	部分產業的產品或服務，不易有標準外觀或實體可以參考時，就需要建立品質保證的制度。品保制度的落實，通常要將服務品質具體化或數量化，建立標準作業程序（SOP），或參加 ISO 制度，取得外部企業的認證。 例如：旅遊業、保險業等服務業。
確保服務親切的實施	服務親切的實施，例如選拔服務親切人員予以獎勵，作為每月之星。有些飯店要求能夠認識老觀光客的臉龐，叫得出老觀光客的名字，或提供老觀光客優待，如集點優惠、來十次送一次優惠。 例如：航空服務則多有累積里程數，消費滿一定次數或某金額，可獲贈促銷商品。
觀光客檔案建立	建立每位觀光客的基本資料與消費資料，並且定期追蹤。觀光客檔案的內容包括消費者的年齡、生日、婚姻狀態、子女數或升遷等重要資料與日期，給予消費者參與消費的機會或理由。針對流失或久未消費的觀光客，分析其原因並提供邀約。 例如，觀光旅館、精品業，針對重要顧客（VIP）都有這項服務。
建立俱樂部或 VIP 制度	可以長期擁有觀光客，與觀光客保持互動，這部分也可以架設網站，透過臉書（Facebook）聯繫。 例如：俱樂部、VIP 會員制度，歌友會、後援會、社群網站等。
讓顧客為企業傳播	建立觀光客愛用訊息，傳達觀光客的心聲，可以造成口碑效果，透過各種傳播媒體，如廣播、電視頻道或網路等，讓愛用者有機會發言。 例如：DHC 的讀者心聲留言，或星巴克對待觀光客的服務，都有這種功能。
建立內部員工滿意制度，提高員工對公司的向心力	企業提供良好的工作環境、較高的待遇、具成長的機會、較佳的企業形象、制度化的工作條件等，都可以提高員工滿意。 例如：麥當勞內部員工滿意制度，每月一位服務受歡迎的員工選拔等。

2-4　創造並了解觀光客價值

　　了解觀光客滿意程度有助於觀光客忠誠度建立，而長期應用接受商品，才是公司值得經營及有價值的觀光客。因此，必須對有價值的觀光客，進行觀光客價值管理，以確保觀光客滿意與旅行業長期利益。

　　根據學者 Flint 對顧客價值（Customer value）的研究，發現各有不同的定義及觀念。有些人認為顧客價值是指消費者的個人價值，包括個人的信仰、對或錯的概念與個人行為。但是從企業面來看，價值可以分成經濟價值與社會價值，前者來自交易所產生的損益，後者是消費者關係滿足所帶來無形情境。

　　觀光客價值分析（Customer Value Analysis, CVA）目前發展出三個觀點，分述如下。

一、觀光客對公司的價值

　　觀光客對公司的價值，是指觀光客長期惠顧公司所產生的價值。消費較多，購買頻率高的是重要顧客；購買量少，購買次數少的消費者，其對公司的貢獻也比較低。觀光客價值包含消費者所慾求的價值（Desired value）與所接收到的價值（Received value）兩種。價值是來自消費所產生的效益（Benefits）與付出代價犧牲（Sacrifices）之間所產生的權衡或換抵（Trade-off），再加上商品或勞務所產生相關的風險評估。

　　採用這個觀點，會計算顧客每次購買數量金額，算出每一次購買的機率與貢獻，設定在一個時間內，把每一次購買的貢獻加總，換算成現值，即可以算出觀光客終身價值。

二、觀光消費者對公司或品牌的知識程度

　　觀光消費者對品牌的知識愈豐富，則觀光客價值高；觀光消費者對品牌的知識少，則觀光客價值低。例如：消費者對 Nike 球鞋瞭若指掌、知識豐富，則購買 Nike 球鞋的機率與意願都會增加，對 Nike 球鞋品牌的觀光客價值就高。所以很多以發行量、瀏覽量或人氣計算的品牌或企業，都以增加消費者對自己品牌的知識為主要任務。同樣的若消費者習慣使用某一個網站，則對該網站的點閱率或瀏覽次數與使用時間都會增加，這樣對該網站的觀光客價值也較高。

採用這個觀點的企業會測量或調查消費者對某一品牌的知識，包括對產品的聯想程度、喜歡的程度、品牌的獨特程度、品牌的知名度等。知識愈充足，則品牌的顧客價值愈高。

三、觀光客價值線高低的說明

觀光客價值被定義為考量競爭條件下（Gale, 1994），以正確合理的價格，提供觀光客認知品質的水準，以取得企業獲利、成長及股東價值。消費者對產品價值與品質的認知之間，存在一條權衡標準的尺度。品質愈高，價格愈低，觀光客價值就愈高；品質愈低，價格愈高，觀光客價值就愈低。

以市場認知品質相對比率和相對價格做兩個軸，可以化分成四個象限，高認知品質與低相對價格形成高觀光客價值區，低認知品質與高相對價格形成低觀光客價值區，市場認知品質與相對價格之間有一條公平價值線，表示市場認知品質與相對價格之間有一個權衡。

根據圖2-6，可以分析不同產品的觀光客價值。當公平價值線往右下方水平移動，表示價格愈低，品質愈好，往高觀光客價值移動。

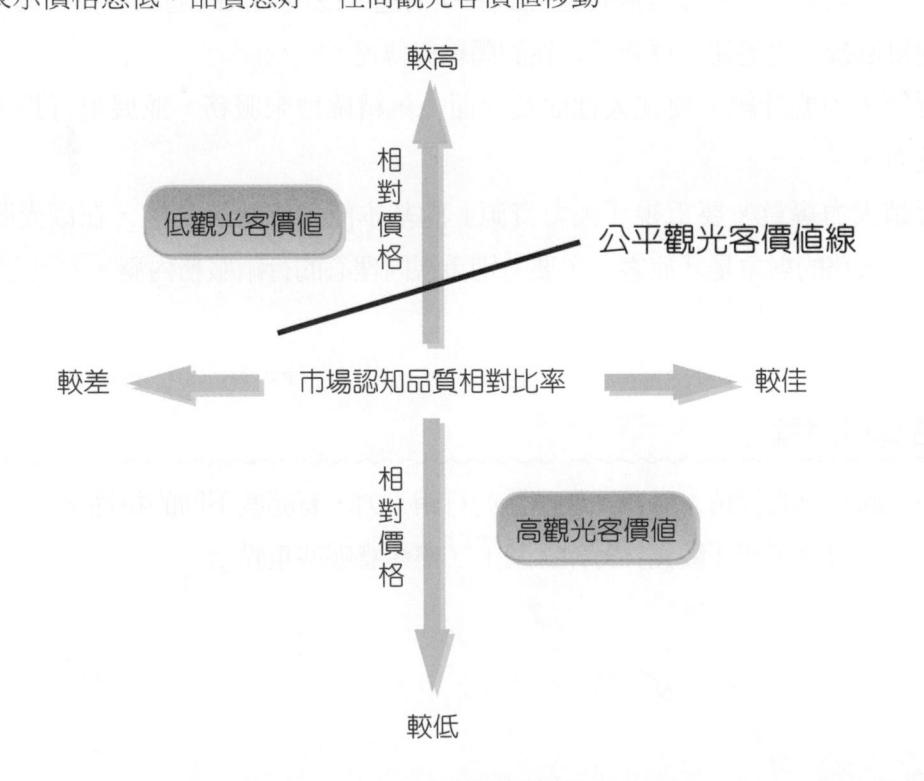

圖2-6　觀光客價值圖

資料來源：取自 Gale（1994），Managing Customer Vale（N.Y.: Free Press）

觀光服務業的精進，從行銷人力升級開始

　　觀光服務業為各國政府努力推動的目標，各國幾乎都作為全民運動在推動，而隨著科技的進步及人力素質之提升，各國的觀光人口每年提高，也是執政團隊的計畫目標與必要政策。要使觀光服務業更精進，方法很多，其中一個重要因素是觀光旅遊行銷人力的升級不可或缺的。現代觀光旅遊需要的規劃重點包含旅遊安全、觀光場域的設計、行程的妥善安排、旅客的配合與照顧等，以上事項在旅遊行銷過程中，都得正面的宣導與說明，並需要優秀的觀光行銷專業人員來負責。因此，行銷人力素質的提升，成為旅遊規劃成功的重要訴求，而行銷人力升級亦可注意下列三點問題：

1. 重視行銷人力在人際互動傳達的訓練與溝通。應用現代的通訊科技工具，讓溝通更直接、更迅速、更合乎人性的體驗與傳達。

2. 行銷人力的升級。要在人性面及介面上，精確地來服務，並展現行銷人力的魅力。

3. 行銷人力專員。要重視「人力資源」的基本能力訓練及考核，在觀光服務產業，服務的對象是「旅客」，要特別重視同理心的行銷服務內涵。

〔參閱：2017.02.17，經濟日報，A18 版，李培芳撰〕

活動與討論

1. 列舉觀光界的行銷人力與一般商品的行銷人力，有哪些不同的特性？
2. 說明在教育訓練「觀光界行銷人員」，應注意哪些重點？

1. 說明觀光客滿意的定義。
2. 說明應如何衡量觀光客滿意？
3. 執行觀光客滿意的方法有哪些？
4. 請說明觀光客價值。

1. Chi Kin（Bennett）Yim & P. K. Kannan（1999），"Consumer Behavioural Loyalty: A Segmentation Model and Analysis"，Journal of Business Research, 44, 75-92.

2. Duffy, D. L.（1998），Customer Loyalty Strategies, Journal of Consumer Marketing, vol. 15, no. 5, 435-448.

3. Lee, J., J. Lee, and L. Feick（2001），The impact of Switching Costs on the Customer Satisfaction-Loyalty Link：Mobil phone Service in France, Journal of services marketing, vol. 15, 35-48.

4. Narayandas, N.（1996），The Link Between customer Satisfaction and Customer Loyalty: An Empirical Investigation, Working Paper, Harvard Business School, 97-017.

5. Oliver, R, L.（1999），Whence Consumer Loyalty, Journal of Marketing, 63（special issue），33-44.

6. Chaudhuri, R. A. and M. B. Holbrook（2001），"The Chain of Effects from Brand Trust and Brand Affect to Brand Performance: The Role of Brand Loyalty"，Journal of Marketing, vol.65（April），81-93.

7. Szymanski, D. M., and D. H. Henard（2001），Customer Satisfaction: A Meta-Analysis of the Empirical Evidence, Journal of Marketing, vol. 29, 16-35.

📄 學習心得

3 觀光客滿意制度具體做法：（1）建立諮詢通訊系統、（2）建立保證制度、（3）建立確保品質的作業系統、（4）確保服務親切的實施、（5）觀光客檔案建立、（6）建立VIP制度、（7）讓顧客為企業傳播、（8）提高員工對公司的向心力。

2 評估觀光客滿意的方式：（1）申訴與建議制度、（2）觀光客滿意調查、（3）佯裝購買者、（4）流失觀光客分析、（5）各服務據點陳列面積、（6）業務服務人員意見與流動率。

1 「消費者至上、觀光客滿意」是最高原則。

介紹 2022 ITF 台北國際旅遊展之特色

　　2022 年的台北國際旅展於 11 月 7 日辦理，與過去幾年受到疫情影響與衝擊，完全不一樣。受惠於各國的邊境重　，入場參觀的人數大幅增加，總計 4 天達到近 20 萬人，較去年成長 71%。

　　2022 ITF 台北國際旅展，被觀光產業，視爲疫情解封後的旅遊市場新希望。今年，最大特色就是：各大主力航空公司，各旅行社、各地方政府觀光旅遊單位、各大飯店、各度假村、各大風景區等皆盡可能地去展現，給予消費者了解。2022 年的旅展，政府與民間合作，展開觀光生機，觀光產業的各項商業交易更爲活絡。例如：「晶華酒店」現場業績突破 8000 萬元，再加上線上已經超過 1 億 3000 萬元；「寒舍集團」整體業績達到 1 億 5000 萬元；「老爺酒店集團」業績表現也達到 2 億 1000 萬元。

　　旅行社方面，今年也再度成爲民　參觀的重點，「雄獅旅遊」在參展期間業績也達到 1 億多元，「可樂旅遊」以歐洲爲主，日本旅程銷售亦佳。雖然受限於國際航班供應狀況，也逐漸恢復到疫情前的 5 成了。

　　我國觀光產業發展，在疫情發展良好，期待在往後的觀光商機，可以政府與民間共同努力，好好發展「無煙囪」產業。

（參閱：聯合報，記者陳睿中報導，2022.11.07，於台北市）

活動與討論

1. 請介紹2020 ITF台北國際旅遊展之特色。
2. 請提出你對國內發展觀光產業之看法。

NOTE

Chapter 3
觀光客與服務行銷策略

03

如何利用內容行銷來打造個人品牌？

　　有「打造個人品牌」經驗的行銷專家，如：VaynerMedia 公司的創辦人蓋瑞·范納洽（Gary Vayverchuk) 提供下列做法，介紹如下：

1. 專注在自己的想法與看法上，展現出來價值性，無論是寫文章、拍影片，還是在社群媒體上的分享，可以影響社會大眾，幫忙大眾進一步在生活上的精進。
2. 實事求是的態度，來表達你的資訊與語氣，進一步在人群中脫穎而出，建立一群追求、欣賞你的真實與誠實的粉絲，個人品牌形象馬上被建立了。
3. 勇於嘗試的精神，努力尋找新的方法，大膽的走出舒適區並嘗試新事物，即可找到創新的方式，讓粉絲願意接受你，而建立自己的個人的品牌。

〔參閱：2023.02.27，經濟日報，B3 版，鄭緯荃撰〕

活動與討論

1. 請說明本個案中，打造個人品牌的做法為何？
2. 請從創意行銷策略的角度，分析型塑個人品牌的益處。

🖐 學習指引

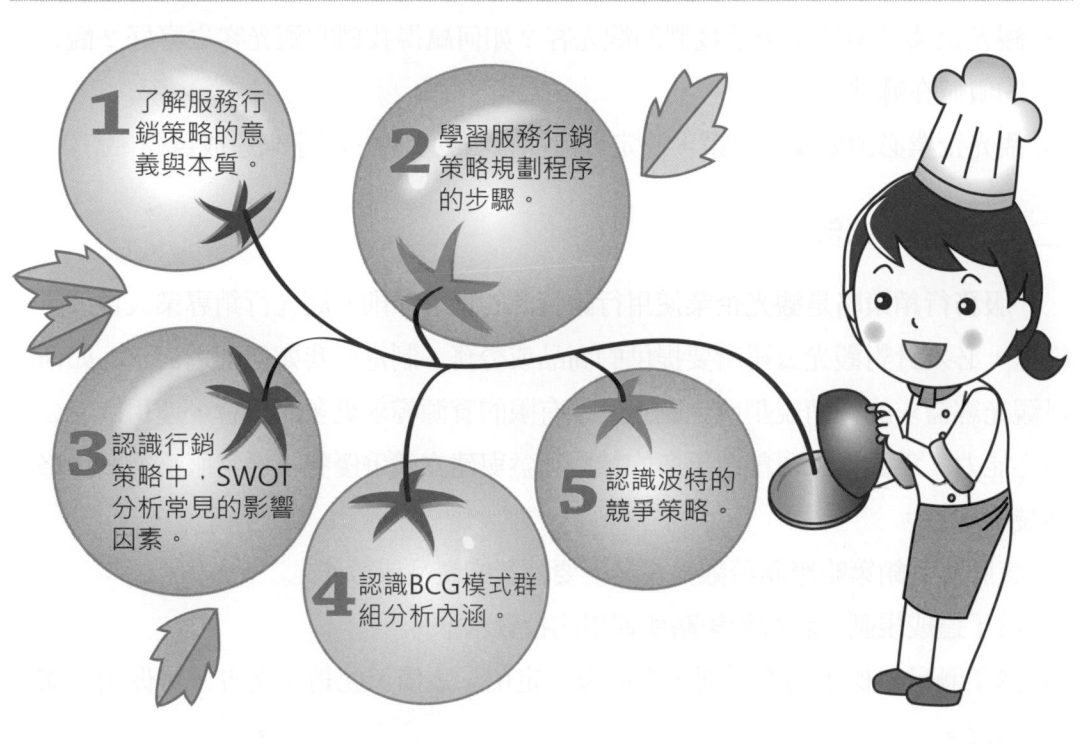

1 了解服務行銷策略的意義與本質。

2 學習服務行銷策略規劃程序的步驟。

3 認識行銷策略中，SWOT分析常見的影響因素。

4 認識BCG模式群組分析內涵。

5 認識波特的競爭策略。

3-1　服務行銷策略意義與本質

一、策略的意義

　　策略（Strategy）是觀光企業對達成目標的一種選擇，由高階主管主導整體的、全面的、整合的與外部的導向。服務行銷策略是觀光企業使用資源的指導原則，分配資源的使用方針，也是觀光企業規劃長期活動、觀光企業特性的

圖3-1　行銷策略是公司的重要營運方針

流程；換言之，是支持組織價值的重要流程（圖3-1）。「服務行銷策略」應該包含觀光企業經營的範圍、工具、差異性與永續性等數個層面，觀光行銷管理人員透過思考以下策略規劃的流程，才能提供適當的商品與服務給我們的觀光客。

1. 了解我們的觀光企業是什麼？
2. 我們的觀光企業會成為什麼？
3. 我們的觀光企業應該成為什麼？
4. 觀光企業必須決定誰是我們的觀光客？如何贏得我們的觀光客之喜好？觀光客的價值在哪裡？
5. 觀光企業必須要擬定決策，決定以何種方法、步驟、程序來達成目標。

二、服務行銷策略

　　服務行銷策略是觀光企業使用行銷資源的指導原則。觀光行銷專業人員或行銷經理，必須針對觀光公司所要提供的商品或勞務，制定一套如何創造需求、如何滿足觀光客需求的行銷規劃或企劃案，以有限的資源尋求更多的機會，運用觀光公司核心能力，為觀光公司創造更多的銷售利益與建立競爭優勢。通常服務行銷策略包括幾個本質：

1. 該服務行銷策略應涵蓋觀光企業所要經營的產品或勞務。
2. 為了達成規劃，該行銷策略所運用的投資水準。
3. 為了滿足目標市場的需要，產品線、定位、定價、配銷、廣告，與促銷該如何執行。

行銷快樂學

行銷策略（Marketing Strategy）

　　對於觀光旅遊餐飲業來說，擬定好行銷策略是相當重要的，也是提升觀光競爭力的源頭，行銷策略是應用來贏過競爭者、吸引顧客，並有效地利用資源的大原則或大方針。一般包括下列五大重點：

（1）市場區隔（market segmentation）
（2）市場定位（market positioning）
（3）市場進入策略（market entry strategy）
（4）行銷組合策略（marketing-mix strategy）
（5）時程策略（timing strategy）

　　行銷策略簡單來說，是指導觀光企業公司行銷活動的大方針，一切行銷計畫的訂定，均須遵行原先設定的行銷策略。

4. 該服務行銷策略應該可以充分應用企業擁有的資產、核心能力，與持續競爭優勢。

5. 策略是企業對未來投入資源的承諾，有優先秩序，比較不能更改的。

6. 服務行銷策略是觀光企業連結外部關係與內部服務行銷活動的關鍵因素。

3-2　服務行銷策略的演進

　　1950 年代以來，服務行銷策略已經過許多變遷，策略的核心概念隨著時代不同，而有不同的發展。從早期的預算概念到規劃，從規劃的概念到服務行銷策略思考，到現代多變的時代，策略有很大的不同（圖 3-2）。1950 年代，採用預算控制和總體公司規劃來代表企業對未來的想法。

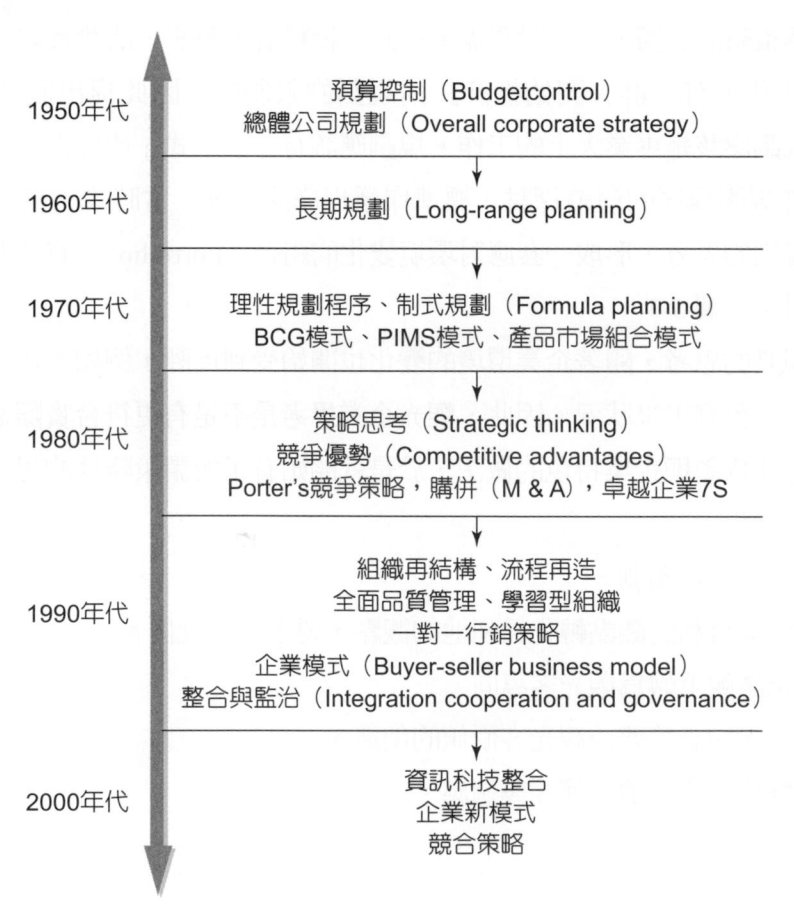

1950年代	預算控制（Budgetcontrol） 總體公司規劃（Overall corporate strategy）
1960年代	長期規劃（Long-range planning）
1970年代	理性規劃程序、制式規劃（Formula planning） BCG模式、PIMS模式、產品市場組合模式
1980年代	策略思考（Strategic thinking） 競爭優勢（Competitive advantages） Porter's競爭策略，購併（M & A），卓越企業7S
1990年代	組織再結構、流程再造 全面品質管理、學習型組織 一對一行銷策略 企業模式（Buyer-seller business model） 整合與監治（Integration cooperation and governance）
2000年代	資訊科技整合 企業新模式 競合策略

圖3-2　服務行銷策略演進

「預算」是觀光企業分配在一定期間內，資金的來源與去路，觀光企業運用預算控制觀光企業各種資源分配與活動，策略被認爲是預算控制的方式，當時有所謂規劃預算制度（Planning, Programming, Budgeting Systems, PPBS）、零基預算（Zero-based budget）或行政三聯制（Plan-do-see）。

另一個趨勢是強調觀光總體公司規劃，公司規劃應該在公司總體目標經營下，包括商品設計、人力資源、財務、行銷等各項議題。服務行銷議題只是完成觀光企業目標的一個手段，沒有個別的功能或所謂的主導性，此一發展會引導後來的長期規劃。

到了 1960 年代，預算規劃有了長期性的思考，資源分配不僅限於資金，還包括許多其他的資源，並發現企業目標與使命可以有更深入的思考，於是企業以長期規劃作爲企業分配資源的依據。此時期強調企業目標、經營範圍、使命，並以長期的預測作爲策略的依據，例如財務需求預測、物料需求預測、消費者需求預測等。

1970 年代，有一群人開始批評長期規劃的限制性，因此提出制式規劃的思考，認爲規劃應該是專業人士的工作，規劃應該有一套制式、或理性的思考程序。所以有理性規劃程序的理論探討、標準作業程序的實施。當時受到權變理論的影響，策略規劃的思考，形成一套應對環境變化的組合（Portfolio），有什麼情境，就配合什麼對策（圖 3-3）。

制式規劃的思考，隨著企業環境的變化也開始受到批評，例如不切實際、難以執行、不容易預測未來狀況。因此，觀光企業思考是不是有更符合實際需要，內容更明確，更能夠彰顯企業特色的做法，於是就開始有了所謂策略性的思考。這個時代，有幾個變化：

1. 以競爭優勢代替預測。
2. 從觀光企業自利的觀點轉化爲利他的觀點，要求社會責任。
3. 從觀光企業競爭轉爲觀光客導向。
4. 從影響因素的計算變成觀光客價值的創造。
5. 從靜態變成動態，強調彈性與適應。

圖3-3　公司層次的行銷策略得經過公司高階主管及總部的協商規劃

　　到了 1990 年代以後，策略發展開始了多元的變化。90 年代以後，觀光企業持續受不景氣的影響，獲利與成長減緩，消費者需求開始呈現停滯，並趨向更多的變化，消費者愈來愈喜新厭舊，電腦資訊科技進入人們的生活，給觀光企業帶來新的衝擊。一方面提倡終生學習，一方面組織扁平化，改造流程，希望給觀光企業帶來新的適應與發展。

　　2000 年以後，企業受到資訊科技發展的影響愈來愈大，有很多的企業結合資訊科技，而有突破性的發展，例如臉書（Facebook）、谷歌（Google）、蘋果（Apple）的 iphone 智慧手機 ipad 平板電腦的發展。很多企業要進入軟體應用程式商店（App store），創造另一類行銷機會，許多以往的行銷觀點受到新的挑戰，形成新的行銷世界。

3-3 觀光企業的策略決策

一、策略層次論

　　一般組織中，為了讓策略規劃可以有效執行，依照組織的結構，可分成三個層次水平（Level），即公司層次、事業層次與功能層次，如表 3-1 所示。

表3-1　策略層次

策略層次	說明
公司層次	公司高階主管、總部或總管理處，針對企業未來的發展方向、公司願景，制定公司層次的策略規劃，有效的分配各事業部門的資源，採用成長、整合、購併或裁撤的方法，尋求企業達成經營使命。
事業層次	各事業部或子公司，依據高階主管的公司策略，使公司策略可以具體化，實際執行化，並獲取利潤。各自訂定事業層次的策略規劃，充分使用分配資源，以使事業部獲利，促使各品牌或產品線達成公司交付的目標。
功能層次	功能層次的策略規劃，是指各企業功能，例如行銷功能、財務功能，在公司與事業部門的規劃下，擬定各功能的規劃。行銷功能部門設定產品達成目標、廣告、通路配銷、公關等作業，以其達成該產品或產品線的計畫。例如，統一企業旗下子公司五、六十家，跨許多產業，舉凡食品、零售、批發、金融等。總公司可以制定統一企業集團的策略規劃，例如在未來十年內，成為華人市場最大食品王國。各子公司或事業部群，可以根據總公司的策略規劃，訂定事業部策略規劃，如統一超商未來要開幾個店、市場占有率要多大、採取何種競爭策略。各子公功能部門擬定功能性策略規劃，例如統一超商的熟食要發展到什麼程度、廣告如何製作、商品物流配送要怎麼處理配合，這些都是功能性策略規劃要去完成的。

二、理性策略規劃程序

　　策略規劃（Strategic planning）是指將組織目標與資源，和變化中的市場機會相配合的管理過程。策略規劃通常是針對長期的目標、長期獲利與成長所作的長期承諾。在行銷的領域中，服務行銷策略規劃程序是針對未來的行動作準備，基本上是一個理性的過程。具體的做法是有步驟的，從市場經營狀況開始，設定目標，再逐步完成目標，如表 3-2。

表3-2　服務行銷策略規劃程序的步驟

步驟	說明
1. 設定長期目標	目標的設定，可以針對觀光企業所掌握的資源設定組織經營使命，事業經營範圍，部門或產品的目標。 組織經營使命，是觀光企業為什麼設立與存在的理由，事業經營範圍是觀光企業從事什麼行業活動，觀光企業所提供給社會的貢獻。部門或產品的目標是資源分配，從事營運活動的根據。根據狀況分析與環境分析，可以檢視所經營的事業、市場、產品遇到何種問題與機會。
2. 環境因素分析	對行銷人員來說，擬定規劃時，一定要對當時所面臨的市場環境作一番了解。產品或勞務所面臨的經濟、政治、法律、社會文化、科技、消費者的需求狀況、產業的供給、特殊影響事情等等，要有一個概況說明。並說明對經營情況的影響。這個背景說明，有助於決策人員決定適當的決策時機與方式。 通常以環境優劣勢分析（SWOT 分析）作工具，說明企業商品或勞務所面對環境的優勢、劣勢、機會、與威脅，評估本身的資源條件，可以知己知彼，了解自己可以掌握或可運用的資源條件。
3. 發展服務行銷策略	經過上述分析，可以發展出一套可行方案（Alternatives）作為解決問題、分配資源的指導原則。經由這些原則，作為將來執行的依據，並達成觀光企業所設定的目標。根據觀光企業所設定的評估準則，選擇所要採行的方案。
4. 執行、評估與控制	根據所選定的策略，制定如何執行的步驟、或方案（Program），以有效的解決觀光企業、市場或產品所面臨的機會與威脅。執行的結果應加以評估與考核，作為將來再執行的參考。

三、總體環境策略分析

（一）SWOT 分析

　　SWOT 即組織的優勢（Strengths）、劣勢（Weaknesses）、機會（Opportunities）及威脅（Threats）。分析觀光企業組織內部的優勢及弱勢，及其所處的外在環境的機會和威脅的一種工具。SWOT 分析最大的優點，是可以從觀光企業組織的角度來看整體的狀況，並根據分析結果比較，擬訂一個成功的策略（圖 3-4）。

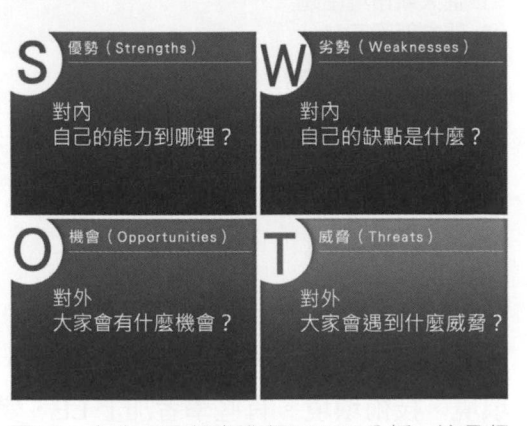

圖3-4　每家公司都應進行SWOT分析，這是行銷競爭力提升的第一步。

1. 內部條件：包括觀光企業本身的財務能力、技術能力、市場競爭力、品牌形象、製造能力與成本結構、人力資源等。
2. 外部環境：包括科技、經濟、政治局勢，社會、文化與法令政策變化、競爭者動態、市場需求的潛力與演變、通路系統的消長。

　　SWOT 分析是策略規劃過程重要的一課。觀光企業的策略規劃決定觀光企業未來的發展方向與目標。要決定這些未來的事，就要評估觀光企業的內部條件與外部環境。內部評估可以得知觀光企業的強、弱勢；外部評估後，則可看到利與不利的機會與威脅。表 3-3 是 SWOT 分析中，常見的內部與外部因素。

表3-3　SWOT分析中常見的各類因素

內在優勢的因素	內在弱勢的因素
1. 關鍵領域中的核心能力 2. 足夠的財務資源 3. 公認的市場領導者 4. 達到經濟規模 5. 本身擁有技術、成本優勢 6. 具產品創新技能 7. 較佳的廣告活動 8. 高水準的技術能力 9. 良好的政商關係	1. 缺乏明確的目標 2. 過時的設備 3. 欠缺管理才能，苦於內部作業 4. R&D 落後於人 5. 產品線狹窄，市場打不開 6. 品牌形象不佳 7. 通路不健全 8. 資金缺短 9. 單位成本偏高
潛在的外在機會	潛在的外在威脅
1. 進入新市場區隔 2. 開創新顧客群 3. 有能力移轉技術 4. 向前或向後整合 5. 降低貿易障礙 6. 新技術的產生 7. 市場需求殷切 8. 市場快速成長	1. 低成本的新競爭者加入 2. 替代產品銷售量增加 3. 市場成長緩慢 4. 人口結構老化 5. 城鄉結構改變 6. 外匯管制 7. 不景氣 8. 顧客或供應商議價能力提升

（二）PEST 分析

　　另一種總體環境分析方法稱為 PEST 分析，即政治環境、經濟環境、社會文化環境、技術環境。有些學者加上 LE，變成 PESTLE 分析，L 是指法律或法規環境，E 是指道德環境因素。

2023 年從迎接國際郵輪客，談郵輪的觀光行銷

　　基隆市政府發布新聞稿表示，受 COVID-19（2019 冠狀病毒疾病）疫情影響，國內約有一年多時間沒有國際郵輪及郵輪旅客；在 2023 年癸卯年 3 月開始，即將有大型國際郵輪蒞臨我國的基隆市。

　　基隆市政府負責觀光推廣的部門（基隆觀光旅遊局），為迎接國際郵輪的觀光客，這些旅客有 6 小時的岸上旅遊時間，特別準備中文與英文版的介紹文宣，這些文宣定名 「基隆郵輪打卡徒步路線摺頁」。這個文宣廣告主要提供自由行的旅客免費索取，並依基隆港東、西岸郵輪旅客大樓下船觀光客使用。這個摺頁文宣非常實用，東岸路線中，推薦的風景有：基隆塔、義二路商圈、基隆廟口商圈等必遊必拍景點；而西岸路線中，推薦太平青鳥書店、Keelung 地標及海洋廣場等景點。

　　從上面所介紹的郵輪旅遊，基隆市觀光旅遊局的行銷手法，值得大家學習的。

〔參閱：中央社記者沈如峰報導，2023.03.02，於基隆市〕

活動與討論

1. 請說明這次基隆市政府觀光旅遊局，因應國際郵輪旅客，規劃的文宣內容為何？
2. 試上網找國際郵輪的行銷策略與方法的內容。

3-4　事業策略決策

一、波士頓策略組群分析

1960 年代韓德森（Henderson）創用「波士頓策略組群」（Boston Consulting Group, BCG），該分析於 1970 年代相當盛行。

（一）BCG 模式群組分析

這個模式，首先將分析單位設立為策略事業單位（Strategic Business Unit, SBU）。每一個 SBU 都是一個利潤中心，獨立營運，可以清楚設定目標、分配資源、了解成本、掌握利潤情況。SBU 的理論是根據經驗曲線的效益，因為專業分工、創新過程、標準化、新科技，使得每一個 SBU 的經驗曲線，會隨生產量增加，而單位成本降低。累積成本的優勢，可以增加銷量，提高市場占有率。

BCG 的策略矩陣，如圖 3-5 所示。該模式以 SBU 營業額大小為圓圈，圓圈大小表示營業額大小。其詳細內容說明如下：

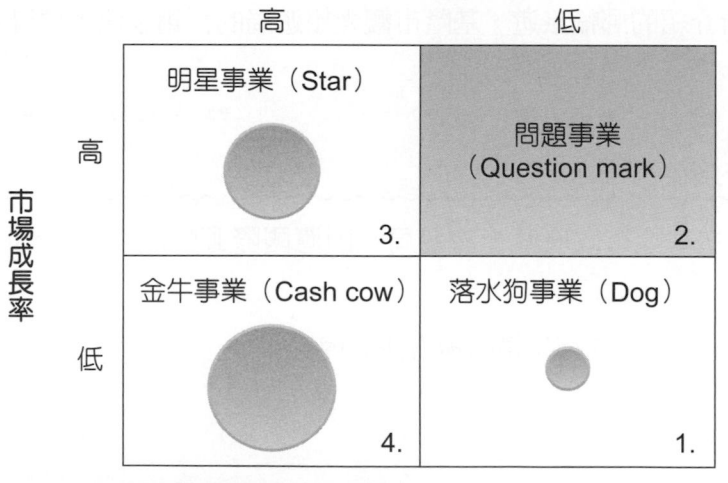

圖3-5　波士頓（BCG）策略組群分析矩陣

資料來源：參考 Day, Diagnosing the product portfolio, 1977

1. 落水狗（Dogs）事業：是指市占率低且市場低成長的業務，或是觀光公司市場率不好，但產業其他競爭者也不好。這類業務通常只能維持收支平衡。雖然這些業務可能實際上協助其他業務，但從會計角度來看，因為這類業務未能為觀光公司帶來可觀的收入，所以對觀光公司來說沒有用處，且這些業務降低了公司的投資報酬率。

2. 問題事業（Question marks）：或稱問題兒童（Problem child），是指市場高成長，但是企業本身市占率低的業務，或是自己的事業做得不好，但別人做得很好。由於相對市場成長率高，故需要公司大量的投資。但因為相對市場占有率低，這類業務未能為公司帶來可觀的收入，結果出現大筆現金淨支出。

3. 明星（Stars）事業：是指相對市場成長率高，且相對市場占有率高的業務（圖3-6）。這些業務均被期望成為公司未來的重要關鍵業務。雖然這些業務需要投入更多的資金維持市場領導者地位，但若能達到此目的，這些投資都是值得的。若能維持市場領導者地位，當市場轉趨成熟時，「明日之星」區域的業務就會變為「金牛」區的業務，否則「明日之星」區的業務就會逐漸移向「狗」區域。

4. 金牛（Cash cows）事業：或稱錢牛，是指擁有高市占率及市場低成長的業務。這類業務通常都為公司帶來比維持業務所需還要多的現金收入，通常都被認為是穩定和缺乏成長，所屬市場已經成熟，所有企業都想擁有的龍頭業務。因為投資在這類業務並不會大量增加收入，所以企業都只會對這些業務維持最基本的開支。

圖3-6　明星產業的企業會特別重視市場成長率及占有率

（二）BCG 模式相對應策略分析

　　根據上述的分析，BCG 模式提出四個相對應的策略：

1. 獲取策略（Gaining）：將問題事業加以改善，進入明日之星。

2. 建立策略（Building）：或稱持有策略（Holding），維持目前所在的相對位置，在象限內不動，以保有市場。

3. 收穫策略（Harvesting）：主要是指金牛產品。盡可能保有現在地位原則下，減少投資、刪減活動預算、降低成本，尋求更大的現金流入。

4. 撤資（Divesting）：針對狗產品，或沒有將來的問題產品，以清算或減少投資、或出售，來減少事業部的損失。

　　BCG 模式曾經流行一陣子，但後來還是難以適用臺灣的觀光企業。一個是計算基礎的問題，如國內企業很難算得上是獨立的利潤中心單位。相對市場占有率及市場成長率，怎麼計算與合併討論。

二、波特的競爭策略

　　波特從產業競爭的觀點，提出三個基本策略：全面成本領導（Overall cost leadership）、差異化（Differentiation）、集中（Focus）等。採用全面成本領導策略，主要的競爭優勢是握有低成本的地位，且策略目標是整體產業。如果競爭優勢是來自產品的獨特性，則可以採用差異化策略。在某一個區隔市場內，可以採用集中策略或稱焦點策略（圖 3-7）。

	獨特性	低成本
整體產業	差異化策略 （Differentiation）	全面成本領導 （Overall cost leadership）
個別區隔	集中策略 （Focus strategy）	

圖 3-7　波特競爭策略

（一）全面成本領導

觀光企業採用全面成本領導策略（Overall cost leadership）主要受下列八個因素影響：1. 規模經濟；2. 經驗曲線；3. 時間因素；4 地理位置；5. 機構的力量；6. 政策決定；7. 整合與連結的程度；8. 人際關係。通常隨觀光企業經營規模愈大，營收增加，透過經驗累積。

成本較低有幾個好處，一是遇戰則戰，廠商間殺價競爭時，低成本的廠商可以有較大的殺價空間，且由於低成本，可以防止其他競爭廠商或替代品進入市場。低成本策略也意味著要有足夠的市場占有率，才能支持這個策略。

（二）差異化策略

差異化策略（Differentiation strategy）是尋求觀光企業在產業中，具有獨特性，這種獨特性可以來自設計、品牌形象、技術創新、產品特殊屬性、對顧客服務、或來自銷售通路的建立。同樣實體商品可以因服務不同，而有不同銷售機會；同樣的服飾，在高級百貨公司的專櫃服務，和在批發市場的服務，銷售對象與售價均不相同。服務產業更是因人而異，例如導遊解說、餐飲服務等，其服務更是差異化。

差異化的理論基礎，來自獨占性競爭的觀點，每家觀光公司都有自己獨特的屬性，但都不足以影響整個市場。建立本身的差異性，可以降低消費者對價格的敏感度，提高消費者品牌忠誠度。

差異化的程度通常必須考慮成本高低，不能因為過分強調差異化，而忽略了成本的問題。有時候過度差異化，市場銷量不足，會增加許多生產成本、裝配倉儲成本，抵銷了差異化的效果。

（三）集中策略

集中策略（Focus strategy）可以有很多種形式，包括只針對一個商品、一個地理區域或某一目標市場，採用這種策略的企業，通常是某一商品或某一市場的優勢者，而無法擴及整個產業。很多中小觀光企業都採用這個策略。

集中行銷策略（Concentrated Marketing）

當觀光企業公司的資源有限時，可以集中全力於爭取一個或幾個次級市場（Submarket）的大部分，而放棄全面的大市場，爭取一個大市場中的小部分。換言之，該公司不願把資源分散在很多市場，而造成勢力單薄，寧可集中全力於幾個區隔市場以取得優勢，此種策略稱為集中行銷策略。

採集中行銷策略時，因對區隔市場的需求情況較能掌握，公司在所專注市場中，可獲得有利的地位及特殊商譽，尤其當生產、配銷及推廣專業之後，公司可享受許多作業性的經濟利益。例如，能正確地選擇區隔市場時，公司一定能得到較高的投資報酬率。

但集中行銷策略亦有風險性，若將公司未來的成長集中於市場中某一區隔部份，就有顯著的風險性。另一種風險是本市場需求不變，而其他廠商也鎖住此市場，競爭者突增很多，以致利潤減低。

三、適應策略

為了因應觀光界經濟環境的變化，觀光企業應該有相對應的策略來應對。依據 Mile and Snow（1978）所提出適應策略，觀光企業應對的角色有四種，如表 3-4 所示。

表3-4 觀光企業應對的角色

企業應對的角色	說明
前瞻者 （Prospector）	企業重視未來發展，以創新、開發新市場、新產品、新技術等方式，研擬長期策略規劃，掌握企業生存環境中的機會，避免威脅。
分析者 （Analyzer）	企業分析競爭優劣勢後，其應對策略，主要是追隨已成功的競爭者，或是市場上前瞻者的創新開發策略，以追求低成本的獲利機會，比較像模仿策略。
防禦者 （Defender）	企業針對某一市場區隔、某一產品，做有限的產品製造或作業，獲取某些市場競爭優勢的利基，防止競爭對手的入侵。
反射者 （Reactor）	企業通常沒有長期的規劃，少有市場分析詳盡計畫，也不是專精於某一市場領域，但隨時保持彈性、調整組織，以因應市場上的競爭行為。

1. 說明策略的意義與本質。

2. 簡要說明策略的發展歷史。

3. 何謂BCG模式？有哪幾種策略？

4. 說明波特的三個基本策略？並說明其影響原因。

5. 說明理性規劃程序的步驟。

1. Kotler, P., Marketing Management（N.J. : Prentice Hall, 2005）.

2. Porter, M. E., Competitive Strategy（NY: Free Press, 1980）.

3. Porter, M. E., Competitive Advantage（NY: Free Press, 1985）.

4. Kotler, P. and G. Armstrong, Principles of Marketing（N.J. : Prentice Hall, 2005）.

5. Czinkota M. R., Marketing: Best Practices（NY: The Dryden Press, 2000）.

6. Hunger, J. D. and T. L. Wheelen, Strategic Management（NJ: Addison-Wesley, 2004）.

學習心得

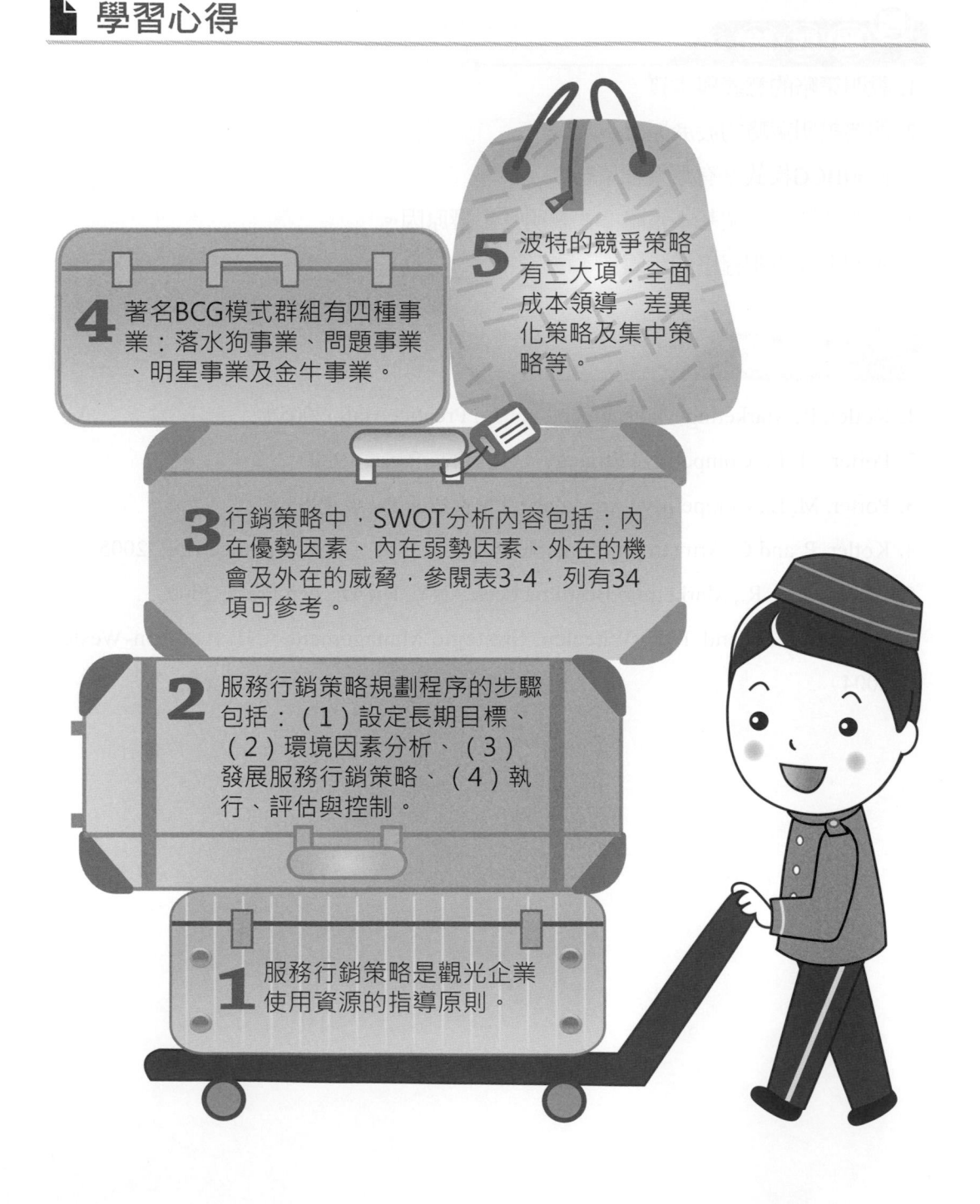

5 波特的競爭策略有三大項：全面成本領導、差異化策略及集中策略等。

4 著名BCG模式群組有四種事業：落水狗事業、問題事業、明星事業及金牛事業。

3 行銷策略中，SWOT分析內容包括：內在優勢因素、內在弱勢因素、外在的機會及外在的威脅，參閱表3-4，列有34項可參考。

2 服務行銷策略規劃程序的步驟包括：（1）設定長期目標、（2）環境因素分析、（3）發展服務行銷策略、（4）執行、評估與控制。

1 服務行銷策略是觀光企業使用資源的指導原則。

觀光局擬強化服務行銷策略，增「五星＋」

　　我國交通部觀光局為提升觀光業之服務行銷策略，擬推動星級評鑑增加「五星＋」，藉此來提升臺灣旅館業之品質。其作業要點中，在現行一到五星之外，針對提供更優質品質的旅館業者，未來將可獲「五星＋」評鑑。為吸引穆斯林旅客來臺，四星級以上業者須取得穆斯林認證，設置祈禱室等友善設施。

　　另外，為強化國內觀光產業之行銷策略，只要取得國外評鑑星等，將可直接取得國內相同星等。如國外評鑑如富士比、美國 AAA 鑽石評鑑，比國內嚴格，未來如業者獲國際星等，也可同步取得國內相同星等。

　　業者認為，目前在國內有三千多家旅館，獲得有效星級的旅館共 460 家，其中五星評鑑有 66 家。若能在五星中再做區分，可鼓勵業者繼續升級攻頂，也可讓消費者有所區隔，將會是很好的服務行銷策略。

（2018.11.19，聯合報，A6 版，董俞佳撰）

📮 活動與討論

1. 觀光局為提升國內旅館業之競爭力，其考慮提升的行銷策略有哪些呢？請加以剖析。
2. 為因應國內觀光業與國際接軌，在個案中有哪些建議作法，請加以說明之。

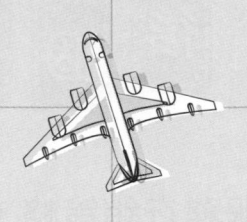

• Part II •

行銷環境與
市場評估

Chapter 4
觀光消費者行為

從成功企業界的行銷手法案例，學習打造「內容行銷」

著名企業家，VaynerMedia 公司的創辦人蓋瑞・范納洽（Gary Vayverchuk），他幫許多公司建立品牌形象時，就是透過社群媒體和內容行銷來吸引目標顧客。他運用內容行銷以多種方式打造個人品牌，如善用 YouTube 頻道，並定期製作一系列關於創業、行銷和發展個人品牌的影片。而且更務實表達見解與主題，提出有價值的建議，讓顧客（觀眾）們可以付諸行動。創辦人也活躍於社群媒體上，分享重要的想法。這位創辦人在發展個人品牌過程中，特別善用即時通訊（Instagram），發布勵志影片和生活見解，來型塑個人品牌。

（參閱：2023.02.27，經濟日報，B3 版，鄭緯筌撰）

📑 活動與討論

1. 請說明個案中的蓋瑞先生，運用那些社群媒體，來打造個人品牌。
2. 參閱本個案後，請分析個人品牌形象的型塑手法。

🖐 學習指引

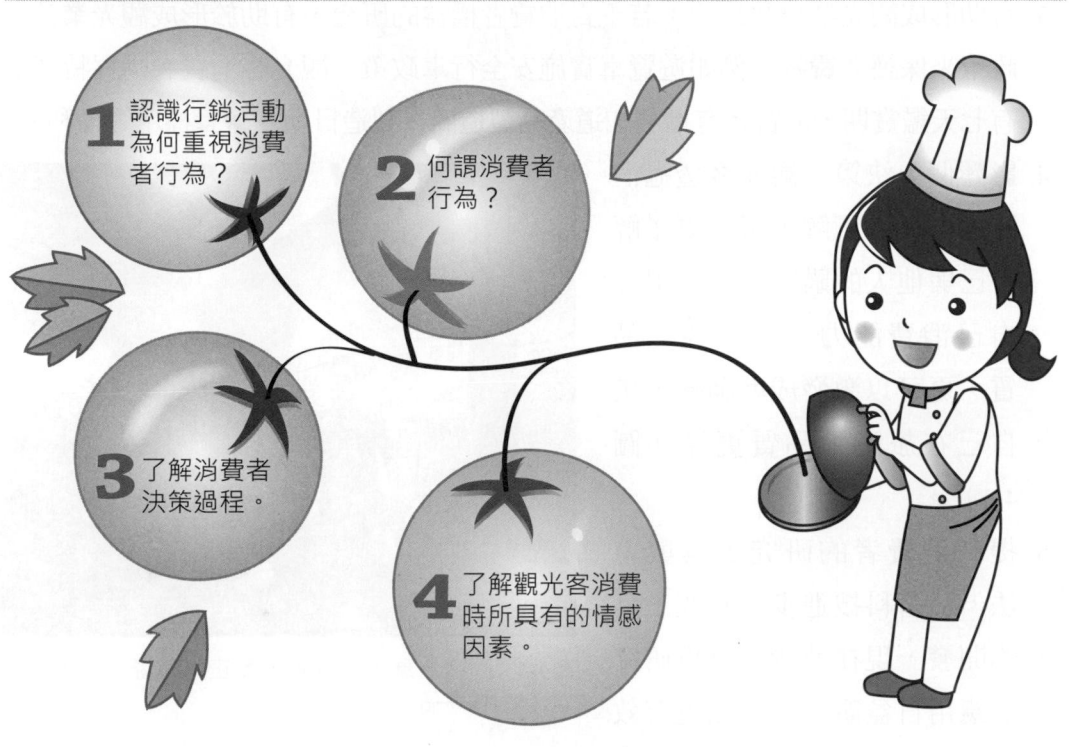

認識行銷活動為何重視消費者行為？

1

何謂消費者行為？

2

了解消費者決策過程。

3

了解觀光客消費時所具有的情感因素。

4

4-1　重視觀光消費者行為的原因

　　行銷基本觀念認為觀光產業界應該創造觀光價值，以滿足觀光消費者需求。觀光界「以客為尊」是天職，保持良好觀光客關係，才能獲取長期利潤。因此，行銷人員重要的課題就是了解觀光客。研究消費者行為之所以重要的原因，可以從下列幾項來看：

1. 消費者影響力大：觀光客永遠是對的。知道消費者為什麼會購買某些商品，如何購買等因素。行銷人員就可以有效擬定行銷方案，滿足消費者需求。如果觀光客不滿意我們的商品與服務，就不會購買商品，使公司沒有收入來源，也就不能營利，最後將被市場淘汰。

2. 教育並保護消費者：研究消費者行為，可以促進消費者更理性、更有智慧的採取某些行動。透過教育消費者，協助讓觀光業消費者了解應有的權益。政府立法機構、社會單位從消費者立場來立法，或執行保護消費者權益，都有助消費者被公平合理對待。

3. 有助形成觀光業公共政策：若干對消費者權益的研究，有助於形成觀光業公共政策來保護消費者。例如遊覽車實施安全行車政策，觀光客消費者購買特產品有七天鑑賞期，消費者有權利知道產品製造商、製造日期、營養標示等權利。

4. 影響個人決策：觀光客透過消費者行為的了解，可以更了解自己與他人的購買行為，提升自己消費能力，改善觀光品質，更可以激發成就動機，讓自己在旅遊上品質更好（圖4-1）。

5. 提升消費者的研究工具與方法：隨著科技進步，研究工具的開發，現在消費者行為研究的應用日益廣泛，可以更有效的探測、分析消費者需求，更可掌握觀光客消費力。

圖4-1　國內旅展上，行銷人員正用心說明特價的旅遊商品。

4-2　觀光消費者的行為定義

　　消費者的購買決策同時受到許多複雜因素的影響，從觀光客個人觀點出發，觀光客購買商品時，歷經一連串的思考過程，包括：為何要買？買什麼？何時買？跟誰買？如何買？等過程，這些是觀光界在行銷市場評估的先期功課。

　　消費者行為可從兩個方面來定義。首先，從觀光客外顯行為的觀點來看，消費者行為（Consumer behaviour）是指人們取得、購買、處置或使用產品與勞務的決策過程與行為。這些行為，如購買某些商品或服務、他人餽贈、參加一場舞會、或收藏珍品等，都是一種消費者行為。根據這個觀點，消費者行為是人們進行取得、消費，和處置產品與服務的活動（圖 4-2）。

圖4-2　iPhone旗艦店的行銷服務人員與顧客互動良好，同時介紹手機的功能。

1. 取得：需求喚起、蒐集資訊，評估選擇所要購買商品。
2. 購買：6W1H（Whether、When、Where、What、Why、Who、How）。
3. 處置：包裝、選擇、儲存、轉換等。

　　其次，從觀光客內隱的個人心理因素來看，消費者行為是研究消費者本身的動機、情感、認知、態度等心理因素，與消費者環境互動的過程，包括消費者需求、慾望的滿足、個人、群體與組織選擇購買決策的過程。人們的消費行為是相當複雜的，受到很多因素影響，往往不容易了解。

　　觀光客消費者行為討論的觀念，一般來自：行為科學、心理學、社會心理學、社會學或人類學的範圍。行銷講求滿足消費者需求，行銷觀光客商品或勞務之前，應先了解觀光客的想法及個別條件，因此，必須要對觀光客的消費行為作進一步的探討。

行銷快樂學

消費者行為（Consumer behavior）

　　消費者行為是指消費者購買的動機、購買的程序、選擇商品的標準等，是一種內在的心靈活動與外在實際行動。研究消費者的行為，一般以擬定行銷策略當作基礎。行銷業務專員可以設計出一套有效的行銷策略，以獲取、維持或開拓市場。著名消費者行為的研究，重要的理論模式有：

（1）馬歇爾的經濟模式。
（2）巴孚羅夫學習模式。
（3）佛洛伊德心理分析模式。
（4）維布雷寧社會心理模式。

　　根據美國行銷協會（AMA）對消費者行為的定義為：「消費者情感與認知、行為以及環境的動態互動結果，藉此人類進行生活上的交換行為」。消費者情感（Affect）是指對於刺激和事件的感覺、情緒、心情，情感反應可能是正面的或負面的、喜歡或不喜歡，反應強度有所不同；認知（Cognition）是指消費者的想法，對外世界的認識與解釋，在思考、了解與解釋刺激和事件時，所涉及的心理結構與過程。

　　上述觀點是從觀光客內隱的心理層面來說明的，消費者行為包括：人們所經歷的思想與感覺，以及消費過程中執行的行動，也包含觀光環境中影響觀光客想法、感覺及行動的所有事物。

4-3　認識觀光消費者的行為模式

　　消費者行為模式是指消費者面對各式商品與服務，如何利用有限的資源購買會經過一個選擇的過程。

　　早在 1968 年 Engel, Kollat & Blackwell 提出 EKB 模式，經過多次的修正後，EKB 模式成為行銷界最常用來研究上述消費者行為的模式。根據消費者理性處理資訊的過程及修正後的 EKB 模式（Engel, Blackwell & Miniard, 1990），可以分為：「訊息投入」、「訊息處理」、「決策過程」、「決策過程的影響」等四大部分（圖 4-3）。

　　由圖 4-3 了解，消費者購買決策程序是 EKB 模式的重心，這個決策過程可以分成五個步驟，包括：1. 問題認知階段（訊息輸入）；2. 資訊尋找階段（資訊處理）；3. 方案評估階段（決策過程）；4. 選擇階段（決策過程變數）；5. 購買結果階段（外界影響）。EKB 的行為模式，假想觀光客消費者的購買過程都是理性的，每一個步驟都清楚知道自己需要什麼，且消費者清楚知道自己對產品的評估方式與準則。此模式的特色是以決策過程為中心，結合相關的內、外因素交互作用所構成，並視消費者行為是一個連續過程，而非個別行動。以下針對消費者的決策過程加以說明：

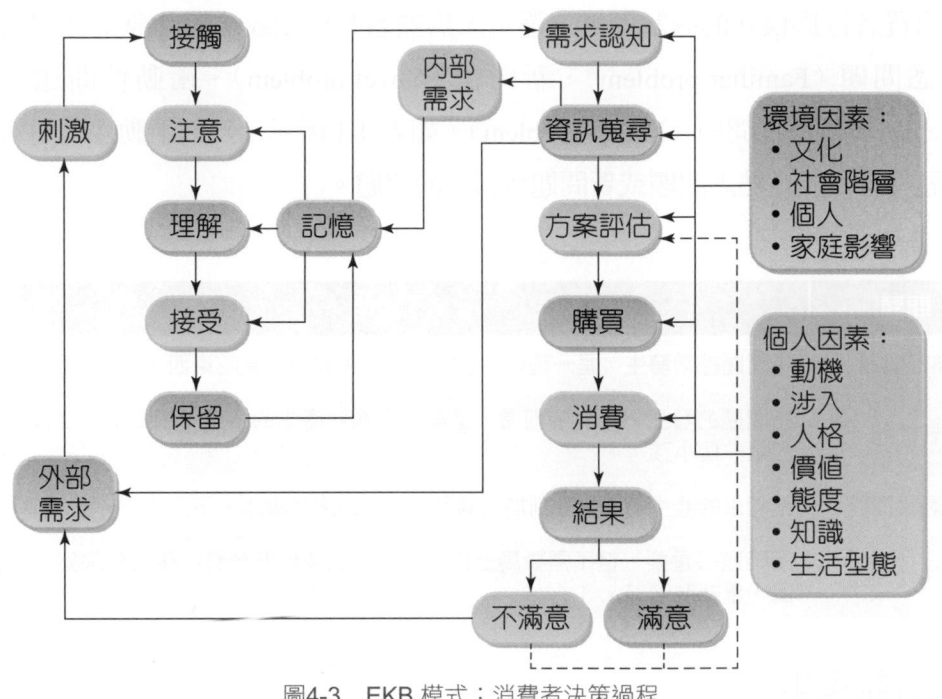

圖4-3　EKB 模式：消費者決策過程

一、問題確認

　　問題確認，或稱問題了解、知道需求（Problem awareness；Awareness of need）是指消費者能清楚辨識自己的需求，知道自己的需求問題。商品或勞務的購買，可以幫消費者解決問題，滿足其需要，購買決策確認消費者的問題是什麼。以人類基本需求，如食衣住行等匱乏為例，餓了要找東西吃、冷了要有衣服穿等消費者問題一旦產生，會感到被剝奪、不舒服、不滿足、感到缺乏，需要加以滿足或解決。

　　問題的產生，主要來自兩種刺激，外部刺激與內部刺激。內部刺激是指來自消費者本身的生理或心理的刺激，例如飢餓、焦慮，會產生不愉快。滿足需求會產生快樂、愉悅、幸福的感覺。內部需求可以用馬斯洛的需求階層理論，來解釋或分析消費者需求（包括生理需求、安全需求、社會需求、自尊需求與自我實現需求）；外部刺激是指消費者在市場上所面臨的資訊刺激，例如商品促銷、展示或示範等，引發消費者購買該品牌的慾望。可以從購買情境或促銷情境來分析。

消費者行為模式的確認問題，還可因為熟悉的程度或決策的急迫性程度，分成熟悉問題（Familiar problem）、新問題（Novel problem）、衝動性問題（Vivid problem）與緩決性問題（Latent problem），如表 4-1 所示。然而衝動性問題與緩決性問題都有可能是熟悉問題或新問題所衍生的問題。

表4-1　策略層次

問題	說明
熟悉問題	指問題經常發生，是一種例行性的決策，例如飢餓要吃東西、累了要休息等。
新問題	指問題的發生對消費者而言，是第一次或新產生的情境，例如第一次找工作、生第一個小孩等。
衝動性問題	指需求的產生急需要立刻加以滿足，例如口渴想喝水、下雨需要一把雨傘等。
緩決性問題	指問題很重要，但不需要馬上作決定，可以蒐集充分資料後再作決定，例如購屋、重新裝潢等。

二、資訊蒐集

資訊蒐集（Information search）是尋找對決策有用的資訊，幫助消費者做決策，有了需求動機後，就會再有下一步行動。首先消費者會搜索存在內部記憶中的知識，如果這些資訊無法解決問題，則會向外界尋求。

時間壓力會阻礙資訊的蒐集，產品的購買經驗會影響對資料蒐集的行為，負面經驗則可能增加資訊蒐集的數量。消費者在蒐集商品品牌時，有幾種可用的購買資訊蒐集方式，包括資訊的來源、資訊搜尋的策略、資訊搜尋的數量與知覺影響選擇商品組合，分別敘述如下：

1. 資訊的來源

(1) 來自行銷人員可以控制的資訊與行銷人員不可控制的資訊。行銷人員可以控制的資訊一般是由廠商所提供的，例如廣告、賣場促銷等；行銷人員不可控制的資訊則是透過朋友介紹、口碑、雜誌新聞報導等非直接由廠商所提供的訊息。

(2) 來自公司內部資訊與來自外部資訊。內部資訊如公司的財務報表、銷售數據、顧客名單等；外部資訊如公會資料、學術研究機關的數據等。

2. 資訊搜尋的策略

  (1) 例行性搜尋：表示常態性、程序性的搜尋，沒有額外的訊息提供，通常產品為日常用品或消費者的經驗品，經常購買，單價較低，消費者不需額外付出心力搜尋。

  (2) 廣泛性搜尋：是指額外、新增的搜尋，搜索時間較長，但資訊蒐集較詳細。通常是單價高、消費者缺乏購買經驗或很少購買、購買的頻率低，萬一買錯可能會招致極大風險與損失。

  (3) 有限搜尋：是指以有限的時間與精力搜尋或評估。通常消費者對購買的產品有一些經驗，但遇到的是新問題，因此需要重新蒐集資訊。

3. 資訊搜尋的數量：搜尋數量主要是指所要搜尋的資訊數量多寡，資訊愈多，所耗費的時間與成本愈高；資訊愈少，知覺性風險（Perceived risk）愈高。

4. 知覺影響選擇商品組合

  (1) 知覺組合（Awareness set）：指消費者所知道品牌的組合及所知道的資訊，例如購買牙膏。知覺組合可以包括很多品牌，例如黑人牙膏、高露潔、家護牙膏、德恩耐、獅王、哈麗露等。

  (2) 喚起組合（Evoked set）：指消費者購買該類商品時所想到的品牌。當消費者想要買牙膏時，可能想到品牌，例如黑人牙膏、高露潔、家護牙膏。

  (3) 考慮組合（Consideration set）：表示消費者購買該類商品時，考慮可能購買的組合。例如當消費者到賣場購買牙膏時面臨購買決策，可能考慮到敏感性牙齒的防護，所以會考慮購買舒酸定、高露潔等敏感性專用的品牌。

三、可選擇方案評估

　　消費者完成搜尋並取得足夠資訊後，會對可能的選擇方案加以評估，便於做出決定。評估的標準從消費及購買觀點，所希望得到的結果，進而表現在所偏好的產品屬性上。

　　選擇方案評估可以藉助評估的工具，來加以評估屬性、權重。一般常用的工具可分成有償的與無償的兩類，有償的模式是列出產品屬性，將各個屬性評分或列出重要程度，予以加權，計算出各個屬性的總分；無償的方式可以用推論的方法或權衡互換，或將不重要的屬性剔除等方式作方案評估。值得注意的是，品牌知名度也會影響方案的評估。

四、購買行為

消費者評估各種方案後，會產生購買行為。根據上述資訊搜尋方式，可分成四種購買行為。

1. 例行性購買行為（Routine response behavior）：**購買低關心度產品，產品低價，有經驗購買，是一種便利（方便）品。例如購買電池、礦泉水。**

2. 有限決策購買行為（Limited decision making）：**購買熟悉品牌，曾有購買經驗或類似產品，但遇到新問題。例如收音機、自行車產品的購買行為。**

3. 廣泛決策購買行為（Extensive decision making）：**購買高關心度，購買頻率低，少購買，是一種特殊品。例如首次購屋、汽車、電腦，往往要考慮很久，蒐集很多資訊，才會下決策。**

4. 衝動性購買（Impulse buying）：**通常是非規則或非預期購買。例如購買昂貴的香水、迷人性感的內衣，或購買百貨公司週年慶打折的商品等。**

購買行為相當複雜，除了上述的因素外，還受到其他消費者態度的影響、非預期情境因素的影響。其他同儕、親朋好友的態度會影響個人的決策，突發性、臨時性的因素也會影響。

五、購後經驗

消費者前次使用經驗會成為下次使用的參考。如果使用的經驗是滿意的，消費者下次會繼續購買的機會增加，就會形成重覆購買；反之，若消費者使用的經驗不滿意、退貨或抱怨，則下次再購買的機會就會很低，或轉而購買其他品牌。

消費者購後的經驗，可能是滿意或不滿意，對行為的影響可能是退出不再購買，例如商品或服務太差，消費者不願意再消費；或形成口碑，廣為宣傳，下次再重複購買。重複購買是形成品牌忠誠度（Brand loyalty）很重要的一步，有品牌忠誠度意味著消費者會持續的購買某一品牌，或產生品牌轉換（Brand switching），購買其他品牌。這些都是行銷人員在經營品牌時要注意的地方。

本節最後，再說明 EKB 模式把影響各階段決策過程的因素，亦可分為個人差異及環境變數等外在因素：

1. 個人差異：包括消費者本身資源、知識、人格、價值觀、對產品的態度及其生活型態等。購買決策會受到個人特質的差異所影響。
2. 環境因素：包含文化因素、社會階層因素、個人因素與家庭情境等因素所影響。

4-4 觀光消費者的情感因素

上一節提到，消費者行為另一個研究觀點，是從消費者本身的心理因素來探討，包括消費者本身的動機、情感、認知、態度等心理因素，與消費者環境互動的過程。而觀光客的消費情感因素對消費者購買決策、行為影響，占有很關鍵的地位（Oliver, 1993）（圖4-4）。因此，本節將討論情感因素對觀光客消費者行為的影響與過程。

圖4-4 星巴克咖啡除了產品外，店員更用親切的服務態度，抓住消費者的心。

情感（Affect）是一種心理的內在狀態，是心智真實且主觀的感覺與心情（Moods）的表現，而非針對特定事物的感觀（Cohen, Pham and Andrade, 2006）。

情感，包含情緒與心情，一般用以說明心智的轉變過程，而非心理過程而已，所謂心智過程是認知對事件或思維的準備狀態。情緒是指短期的，可能是一念之差，如數秒、數分鐘、數小時的反應，對特定某人或某事件的強烈感覺；心情是指長期的，可能是數天到數星期的反應，缺少刺激的情緒，較不強烈的感覺。如圖4-5 所示為情感概念示意圖。

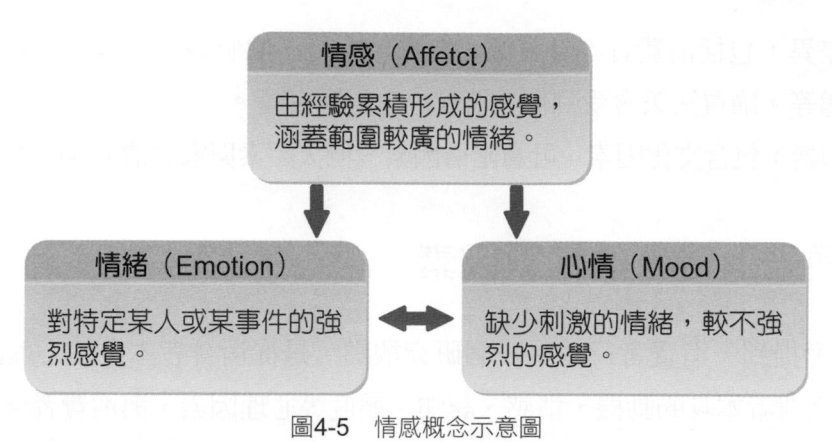

圖4-5　情感概念示意圖

資料來源：P. Robbins and A. Judge (2008).Essentials of Organizational Behavior (9th Edition)，ch7:Emotion and Moods.

　　研究情感對消費者行為影響，通常將情感分成兩種狀態，包含正面情感（Positive affect）與負面情感（Negative affect）。正面情感包括愛、愉悅、快樂，顯示出一個人感到熱情、有活力、敏銳的程度，當個體處於高度正面情感時，會顯得精力旺盛、興高采烈、積極；負面情感包含驚訝、憤怒、悲傷、害怕、羞愧、厭惡等各種令人反感的心情狀態，當個體處於高度負面情緒時，會表現出懼怕、緊張、懷有敵意等（Watson, Clark & Tellegen, 1988; Beatty & Ferrell, 1998）。

　　Laros and Steenkamp（2005）認為情感具有層次性，將正面情感與負面情感分類成更多的組成因素，如表 4-2 所示。

表4-2　情感分類內容

	種類	說明	
正面情感	滿意	• 滿意的（Contented） • 滿足的（Fulfilled）	• 平靜的（Peaceful）
	快樂	• 樂觀的（Optimistic） • 受到鼓舞的（Encouraged） • 充滿希望的（Hopeful） • 快樂的（Happy） • 喜歡的（Pleased） • 充滿喜悅的（Joyful）	• 放心的（Relieved） • 興奮的（Thrilled） • 熱烈的（Enthusiastic） • 興趣（Interest） • 高興（Joy）
	愛	• 迷人的（Sexy） • 浪漫的（Romantic） • 熱情的（Passionate）	• 鍾愛的（Loving） • 多情的（Sentimental） • 忠心的（Warm-hearted）
	驕傲	• 驕傲（Pride）	

	種類	說明	
負面情感	生氣	• 生氣的（Anger） • 厭惡的（Disgust） • 鄙視的（Contempt） • 失意的（Frustrated） • 惱怒的（Irritate）	• 未實現的（Unfulfilled） • 羨慕的（Envious） • 嫉妒的（Jealous） • 不滿的（Discontented）
	恐懼	• 恐懼的（Fear） • 害怕的（Afraid） • 驚恐的（Panicky）	• 緊張不安的（Nervous） • 擔心的（Worried） • 緊張的（Tense）
	悲傷	• 悲傷的（Sadness） • 沮喪的（Depressed） • 痛苦的（Miserable）	• 無助的（Helpless） • 懷舊之情（Nostalgia） • 內疚的（Guilty）
	羞愧	• 罪惡的（Guilt） • 害羞的（Shame）	• 尷尬的（Embarrassed） • 羞辱的（Humiliate）

資料來源：Oliver(1993)；Laros and. Steenkamp（2005）

　　長榮航空在服務訴求上以「星空走廊」，來提供互動影音娛樂系統；讓旅客達到機上電影院的感覺；麥當勞訴求「歡聚、歡樂在麥當勞」；7-11 統一超商則採時尚模特兒廣告，傳達平價流行時尚，讓消費者產生像模特兒一樣迷人、浪漫的情感（圖 4-6）。上述例子皆是情感因素的運用，正面情感有助於消費者的購買行為。消費者買到自己喜歡的品牌（如 Nike）或商品（球鞋），正面情感（滿足的、滿意的）會增加；對某些品牌或商品具有正面情感時，消費者會產生消費者滿意，也會影響其再購買意願，形成品牌忠誠度。

圖4-6　為促銷商品，7-11超商在過年時節有特別的場地布置。

行銷快樂學

總體行銷（Macro-marketing）

　　總體行銷是指一種社會互動過程中，如透過此種社會互動過程，企業界可以有效調和供需和達成社會的行銷目標之下，來引導整個經濟生態系統的行銷。包括財務支配、貨品供給和應用服務等，從生產者流至消費者。

雞年故宮創意行銷，推天雞哥桌曆 APP

2017 年，臺灣故宮博物院為迎接農曆雞年，特別提出創意行銷，從院內的明星文物「明代鬥彩雞缸杯」開發一款雞哥桌曆 APP，讓主角「天雞哥」每天報時，同時以四季變化為核心，每月展示不同的文物，天雞哥化身導覽員，述說文物背後故事。

2017 年，故宮博物院也配合香港貿發局主辦的香港國際授權展上，特別聚焦數位展品，打造科技時尚，以天雞哥 APP 桌曆及故宮名畫 AR，成為展場注目焦點。故宮為推動觀光產業，展現了創意行銷，讓天雞哥桌曆 APP 翻轉了一般人對於出版授權的想像，除了每日報時及每月導覽文物的功能，還有拍攝場景、活潑、應用於生活中，為每天生活增添趣味，使用者還可以儲存上網。故宮積極為觀光行銷展現其魅力，應用數位科技推廣文物，用 APP 重新定義桌曆，讓文創產業輕鬆走入百姓的家庭生活中。

〔參閱：2017.01.24，經濟日報，C 版，徐谷楨撰〕

📮 活動與討論

1. 介紹故宮博物館如何應用數位行銷吸引觀光客，同時吸引愛好文創產業的觀光人？

2. 上網蒐尋臺灣文創產業發展的現況，分析其與觀光產業的關連性。

問題討論

1. 說明EKB消費者行為模式的內容。

2. 說明情感的分類與內容。

3. 根據資訊搜尋方式，分成哪三種購買行為？

4. 消費者行為受哪些個人因素所影響？

5. 根據涉入程度，消費者有哪些購買行為分類？

6. 說明消費者購買的決策過程。

參考文獻

1. Kotler, P. , Marketing Management（N.J. : Prentice Hall, 2003）.

2. Kotler, P. and G. Armstrong, Principles of Marketing（N.J. : Prentice Hall, 2001）.

3. Czinkota M. R., Marketing: Best Practices（NY: The Dryden Press, 2000）.

4. Sheth, J. N., B. Mittal, and B. I. Newman, Customer Behavior: Consumer Behavior and Beyond（NY: The Dryden Press, 1999）.

5. Engel, J., R. D. Blackwell, and P. W. Miniard, Consumer Behavior （NY：The Dryden Press, 1993）, 7th.

學習心得

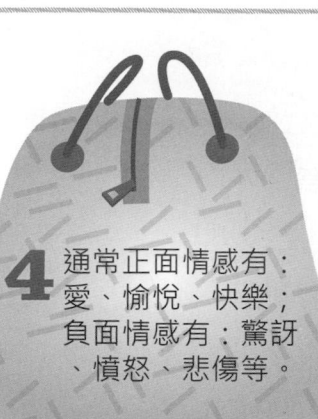

4 通常正面情感有：愛、愉悅、快樂；負面情感有：驚訝、憤怒、悲傷等。

3 消費者決策過程為：（1）問題認知階段（訊息輸入）、（2）資訊尋找階段（資訊處理）、（3）可選方案評估階段（決策過程）、（4）選擇階段（決策過程變數）、（5）購買結果階段（外界影響）。

2 消費者行為是指觀光客取得、購買、處置或使用產品與服務的決策過程與行為。

1 研究消費者行為的原由有：（1）消費者影響力大、（2）藉教育並保護消費者、（3）可助與形成觀光產業的公共政策、（4）影響個人決策、（5）提升消費者的研究工具與方法。

談行銷人員「用心」的真正意涵！

　　有一個故事寫到：同仁問我：「我盡心盡力，為什麼長官還是不滿意？」看著他，我忽然間明白了，通常盡心看不到，盡力沒有看到或不容易被看到。盡心盡力，一般都是當事人自我感覺良好的說辭。想一想，我回答他：「用心才看得見。」因為用心，寫出來的行銷計畫或報告，蒐集的市場資訊完整，條理清楚，有系統化，並符合需求、品質與時效。所以，一位用心的行銷人員，對自己的業務，可以分為下列不同的層次：

1. 用時即：按時上下班，領多少薪水，做多少事（業務）。
2. 用力即：花時間，花精力把業務做得更快更好。
3. 用心即：看清環境與趨勢，著重策略，注意細節，把業務做到更完美。
4. 用情即：不計工時，不斷學習，改善方法，辦理業務務求盡善盡美，一輩子無怨無悔。行銷人員「用心」的真正意涵為：若以作業層次來區分，用時就如「作業」之意，用力就是「敬業」之意，用心則是「事業」之意，用情可說是「志業」之意。我們更可引申為：（1）知道今天要做的事叫「作業」；（2）知道明天要做的事叫「敬業」；（3）知道未來要做的事叫「事業」；（4）知道一輩子要做的事叫「志業」；（5）至於，如果連現在都不知道要做什麼事，大概可以稱為「失業」了。

（參閱：2017.02.24，經濟日報，A20 版，張俊鴻撰）

📝 活動與討論

1. 就行銷人員的「用心」經營態度，來說明一位成功行銷人的特質。
2. 就「敬業」、「事業」與「志業」的不同意義，進一步討論行銷人員「工作成就」的內涵為何？並說明其人生哲學的意義。

NOTE

Chapter 5

影響觀光消費者行爲的環境因素

為何美國華爾街巨頭建議向 AI 機器人說不？

美國華爾街銀行正對人工智慧（AI）聊天機器人 ChatGPT 關上大門。高盛集團、美國銀行（BofA）等大型銀行限制員工使用這項迅速發展的技術。現代科技的進步及 AI 的發展，真的讓我們不敢相信，如 ChatGPT 機器人，它可以協助人類來撰寫文章、寫各種教科書、提供股市走勢分析的資料等。以現代人的行銷手法，一定能以最快的速度成長，並普及各種工作上的應用。但我們要如何面對它、處理它、應用它，來衡量行銷策略與現代化的科技產品的分工合作模式，啟動這麼方便的工具造福人群，而避免不當的行為模式呢？

華爾街巨頭建議向 AI 機器人（ChatGPT）說不，有多家金融機構提供下列的理由：1、擔心導致屬下偷懶，不是親自寫研究報告；2、法務部門也擔心帶來風險；3、怕投資產業的分析皆是空穴來風，而導致一家上市公司的重大利空或利多消息，而造成嚴重的問題；4、擔心有抄襲到他人的研究報告，而造成企業違約與信任受損；5、應用程式時，也可能導致銀行系統失靈的忍受度下降，難確保銀行的電腦系統的可靠性；6、可以快速處理手邊工作，但正確性尚未待改善，仍要花時間去處理善後；7、或許可以節省寫研究的時間，但我們不清楚內容的真實性，這是應用此工具的最大缺點。

〔參閱：2023.02.26，經濟日報，A6 版，陳律安撰〕

📑 活動與討論

1. 請介紹ChatGPT機器人的特性。
2. 請分析華爾街巨頭們向AI機器人說不的原因。

學習指引

5-1 影響觀光消費者行為的環境因素

根據前一章所述，研究觀光客消費者行為，可以明瞭觀光客購買或使用產品的決策過程與行為。觀光客的消費行為是相當複雜的，受到很多環境因素影響，往往不容易了解。觀光旅遊行銷講求滿足消費者需求，因此必須要對影響觀光客消費者消費行為的環境因素作進一步的探討。

影響觀光客消費者行為的環境因素分為兩大類，一是總體環境（Macro environment）因素，二是個體環境（Micro environment）因素。

一、總體環境因素

行銷所面臨的政治與經濟環境因素，包括市場供需、競爭狀況、政治氛圍、通貨膨脹、經濟成長率等因素，足以影響一個國家或區域經濟組織的體質好壞或福祉。如果景氣不好、失業率高、物價水準上升，行銷就會面臨很多困境，包括刪減行銷預算、減少品牌行銷方式，而經濟環境不好，更使得消費者消費意願低落，購買商品的意願也相對減少。

行銷也受到以下四個因素的影響，說明如下：

1. 技術環境因素：技術是一種技藝與設備的組合，影響行銷人員使用商品或服務的設計、生產製造和配銷。例如手機、網際網路、通訊設備的精進，改善了行銷的溝通交流行為，傳播的效果就更廣泛了。

2. 社會文化因素：是來自一個國家或社會的社會結構或文化。社會結構，是指一個人和群體在社會中的關係位置；國家內部文化，是指一個國家在社會各界認為重要的價值觀，和社會所接受或受約束的行為常模（圖5-1）。文化的影響除了反映於消費者的需求偏好外，亦反映於管理技術上。臺灣人對日本文化有一定的偏好，喜歡吃日本料理、聽日文歌曲、看日劇、到日本觀光、喜歡日本汽車、日本產品，這些都反映出日本文化對我們的社會文化的影響。麥當勞在世界各地皆有分店，唯有印度分店不出售牛肉製品，在回教國家，麥當勞則販賣以羊肉為主的「大君麥香堡」（Maharaja Mac）。

圖5-1　百貨公司張燈結綵地為過年時節做萬全準備

3. 人口統計因素：是指一個地區或環境人口的特性，例如性別、年齡、種族、性向與社會階層等，目前的現狀或改變的結果。少子化與高齡化是國內企業行銷須面臨的環境挑戰，同時也帶來了許多機會，例如老人照護、養生保健產品、寵物及寵物醫療保健的需求增加。然而社會趨向少子化與高齡化的情況，也帶來了許多威脅，例如幼稚園及中小學及大專院校已普遍有招生不足的現象，少子化也代表著牛奶、衣飾、安親班、托育嬰等需求的萎縮；而以兒童為主要訴求對象的麥當勞，及以年輕人消費為主的便利商店，勢必得調整其商品組合與目標客戶群為因應。

4. 政治與法規因素：法律或管制的變化結果，例如消費者保護法、智慧財產權、環境保護等法規，都會影響企業行銷的營運。如商品包裝須符合各項法規要求標明廠商、生產日期、原料成分等之外，還要提供消費者免付費電話專線、產品養分的說明，這些都要清楚的告訴消費者。

行銷快樂學

消費者安全（Consumer safety）

　　在21世紀的今天，所有企業公司都應對消費者的安全把關，觀光休閒產業也不例外；企業不僅提供各樣產品（商品）以滿足各類需求，還負有各項道德責任（或稱企業社會責任），如：消費者安全性的考慮、直接指導使用方式以儘量避免使用者因疏忽而受到傷害。當消費者因疏忽而受傷，企業雖不應負擔全部過失責任，但亦不可完全推卸之，這些觀念就稱為消費者安全。

　　消費者對於產品（商品）的期望，不只是使用時獲得好處，也要求使用上的安全性，廠商在推廣產品（商品）時應注意此問題。例如：觀光遊樂區的安全設施，或水上遊樂的船隻安全。美國國家廣告修正委員會認為，維持消費者安全的有效落實，在觀光遊樂產業是非常重要的。

應用各飯店的利基，來突圍大環境

自從 2016 年 5 月 20 日政黨輪替，新政府主張新南向政策，陸客大量減少，導致國內飯店業努力尋找新定位與新方向，如圓山、雲品、凱撒、麗禧、義大皇家、蘭城晶英都在 2016 年努力改變自己，在 2016 年全年還有 5.5%～ 11.2%的成長，實爲難得。分析其行銷策略及定位可以說明如下：

1. 臺北圓山大飯店：以衝刺日本客布局爲先，藉由內部全面改裝的優勢。

2. 日月潭雲品大飯店：以強攻國民旅遊教客爲主，藉由多項服務業評鑑成績優良及口碑效應顯著，並強化行動商務與訂房系統等策略。

3. 蘭城晶英大飯店：以訴求家庭式旅遊的行銷策略進行。

4. 義大皇家大飯店：以結合義大世界樂園新元素的行銷策略進行。

5. 臺北凱撒大飯店：位於臺北車站前的地點優勢，人潮眾多，各項遊樂及交通方便，以積極開拓韓國客源、專業社團旅客及專業組織等帶動成長業績。

6. 北投麗禧大飯店：行銷策略以深耕頂級國際客，占有七成以上，並鎖定泰國、韓國等消費者，在2016年也有良好表現。

〔參閱：2017.02.05，經濟日報，A4 版，黃冠穎撰〕

活動與討論

1. 各大型飯店在陸客減少之際，還可以逆勢突圍，其行銷策略的特性有哪些？請加以討論。

2. 介紹「一般大飯店」與「其他觀光界」的行銷策略有何不同地方？並加以剖析，同業可以「範例式」討論。

二、個體環境因素

　　人的需求（Need）與慾望（Want）是無止境的。需求是指人們尋求更美好的生活情境，所產生不滿足的情況。例如追求美好生活、生活品質、滿足飢餓、口渴、飲食、睡眠的驅力（Drives）。這些情況，可能會受到遺傳上，生物本能上與心理上諸多影響，也會受到後天環境上的影響，例如氣候、地理區域、生態環境的影響。

　　慾望是指某種特定的需求，想要得到該需求，以改善不滿足的情形。例如眼睛想看美麗的事物、耳朵想聽好聽的聲音、嘴巴想吃好吃的食物、想要永遠青春美麗。從個人特質上來說，慾望受到個人價值觀、生活環境與文化環境的影響。從後天情境來看，觀光客的慾望受到技術、經濟條件、政治規範所左右。

　　綜合學者的研究，消費者行為影響因素整理如圖 5-2。消費者行為的理論認為購買的行為會受外部法則的影響。外部法則分成行銷（4P）與環境（EPTS）兩種。

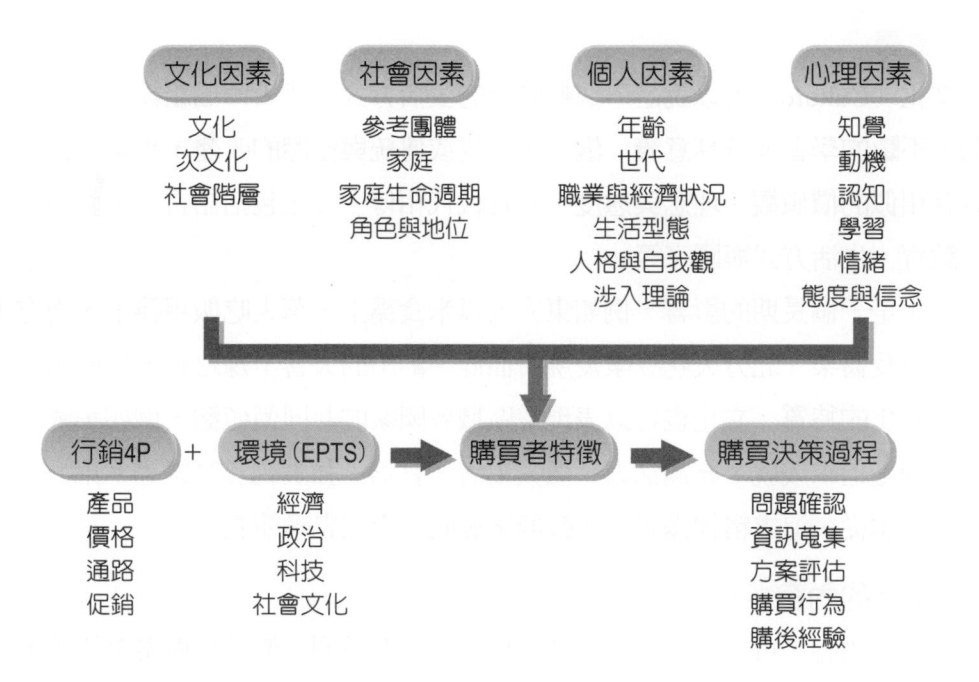

圖5-2　消費者行為影響因素

行銷 4P 是因為行銷活動而產生的，行銷活動包括產品、價格、通路、促銷等行銷組合的影響，消費者會因看到、聽到、想到、吃到、接觸到而有不同的感受。環境（EPTS）是指消費者的大環境，包括政治、經濟、科技、社會文化，都會影響消費者的選擇，通常這種情況不是消費者個人所能改變的。例如肚子餓、嘴饞了，會想找東西吃（促進行銷活動），景氣不好、收入有限（減少經濟活動），就只好省吃儉用，現在社會上瀰漫減肥瘦身，即使吃東西，也講究營養與熱量（社會文化影響因素）。消費者每天接觸的環境因子相當多，影響的程度也大不相同。

以下說明文化因素與社會因素對消費者購買行為的影響：

5-2　文化因素

一、文化的定義與內容

（一）意義

文化（Culture）可以說是一個較廣泛的生活方式，代表一個組織或社會的成員之間，不斷的學習或分享意義、儀式、常規或傳統與整體的改變，也是一群同質的人具有相似的價值觀、理念與態度，並且代代相傳。文化包括語言、宗教信仰、種族、教育、生活方式與國家等。

文化是一個長期的影響，例如東方人以米食為主、華人吃飯用筷子、南方人早餐有稀飯及醬菜、北方人吃豆漿及燒餅油條、湘川的人喜辛辣之食，這些都代表一個區域文化的特質。文化也可以表現該區域或國家的共同價值觀，例如美國人的價值觀普遍是追求成就、充滿活力、個人主義、實際、強調物質享樂等。東方人則比較保守、順從、追求精神滿足、比較群眾導向、講究忠孝節義。

（二）文化的內容

文化的內容，可以包括語言、教育程度、宗教信仰、價值觀與審美觀等項目。分述如下：

1. 語言：全世界有三千多種語言，加上方言有一萬多種，即使是相同語言，意義也不同，它可以反應一個社會文化的重心以及社會的科技水準。語言是一個溝通工具，翻譯錯誤的成本更高，即使像臺灣和中國大陸，雖然文化同源，但是語言表達的方式就有很多的不同，例如我們說「品質」，大陸說「質量」、我們說「行銷通路」，他們說「行銷渠道」、北方人說你很「面」，就好比我們說這個人「很差勁」、「很菜」一樣。

2. 教育程度：教育普及的國家，通常是文盲少、識字率高、人民素質也較好；教育不普及的國家，通常文盲多、識字率低、人民素質低、經濟發展也較落後。行銷的方式會有不同選擇。文盲多的國家，產品包裝要藉助大量圖片，或簡易的說明方式，讓消費者易懂。

3. 宗教：宗教是文化結構上的重要一環，足以左右消費者行為及廠商的行銷策略（圖5-3）。例如印度教國家禁食牛肉，因為印度不僅保護牛，不吃牛肉，甚至將牛視為神聖的特徵，因此對牛特別地尊敬；而回教國家則禁食豬肉或酒類商品，回教國家強調不能追求物質生活，所以名牌汽車（如賓士汽車）就不能以「身分地位象徵」作為行銷重點。宗

圖5-3　宗教活動是每個地方最重要的「次文化」，同時也是社會行銷的一環。

教同時也規範性別在社會上的角色。

4. 價值觀：價值觀是人們分享且深植於人心的信念及規範，態度則是根據價值觀決定或採取的行動。人面臨許多的狀況，必須作選擇，價值觀有助於人們的選擇決策。

上述價值觀包括：

(1) 對時間的看法：緬懷過去、活在當下或放眼未來。

(2) 對成就感與工作的看法：追求成就或及時行樂。

(3) 對財富的看法：富貴如浮雲、勤儉節約，或夢想一夕致富。

5. 審美觀：審美觀是指消費者覺得什麼是美？什麼是不美？審美觀會影響消費者對產品的包裝、標籤、外型或顏色的視覺感受。音樂、電影、藝術，會影響消費者對廣告接受程度，包括使用的廣告代言人、品牌的形象等。行銷地區就可以涵蓋臺灣、香港、新加坡與中國大陸等華人多的市場。

二、次文化的影響

文化可以包括更小的次文化團體，在一個文化群下，一群人（Category of people）有一致的態度信仰與價值觀。

次文化（Subculture）可以區分為國家、宗教、種族、地理區域。許多次文化是一個重要的市場區隔，提供行銷人員有關產品與行銷方案的決策參考。例如在美國，有專門設計給拉丁裔美國人看的電視頻道、點心食品，也有專門提供非裔美國人穿的衣服、黑人電影、黑人酒吧、黑人網站，臺灣人住宅忌諱「4」，香港人偏好「8」，這些一樣是一種次文化的表現。

三、社會階層

人類社會中或多或少都有社會階層的情形，階層可能以特權階級的方式存在，從小出生即享有特權，例如英國、日本皇室。階層也可能以流動的方式存在，隨著生活方式、所得水準、生活品質有所變化。

社會階層（Social class）是指社會中較具同質且持久性的群體，這些群體按階層排列，每一個階層的成員具有類似的價值觀、興趣及行為。社會階層不只反應所得水準，還包括職業、教育、居住地區、服飾、家庭生活與休閒生活等特徵。例如中南部鄉下地區，就比較喜歡觀看鄉土劇，如「烏來伯與十三姨」之類的節目。中上階層、政商名流與高所得人士則喜歡打高爾夫球。

根據 Coleman（1983）的研究，美國的主要社會階層分成七等，如表 5-1，包括上上階層（少於 1％）、上下階層（大約有 2％）、中上階層（12％），中產階層

（32%）、勞動階層（38%）、下上階層（9%）、下下階層（7%）。社會上大多是中
產階層與勞動階層，上上階層與下下階層在社會階層中都是較少的一群，而上下階
層則界於中間。

表5-1　美國主要社會階層

階層	說明
上上階層	往往繼承大批財富，有聲名顯赫的家族背景，例如連戰家族、中信辜家等，他們是古董、珠寶、高房價、高爾夫球、拍賣、國外旅遊、高級服飾最主要的目標市場。
上下階層	一群在職業上或事業上有特殊能力表現的一群人，擁有高所得或財富，並力爭上游想要進入上流社會。在社會或公眾事物上往往表現積極，喜歡購買名牌或象徵財富地位的東西。
中上階層	重視前途，對子女教育關心，熱心參與社會公益，他們也是高級住宅、名牌服飾與新科技產品主要的市場。
中產階層	指支領薪資的白領、軍公教人員、企業中階主管等，通常屬於理性的購買者，關心時勢流行，希望子女接受較好教育，多居住在城鎮中較好的地區或文教區。
勞動階層	是指支領薪資的藍領工人，或過著勞動階級生活型態的人。這個階層的人，大量依賴親朋好友在經濟上與情感上的支援，生活圈以親朋好友為主，假期以國內休閒為主，比較有強烈的性別角色及刻板化印象。
下上階層	下上階層只比下下階層的窮人稍好，他們從事靠體力、非技能且收入低的工作，通常教育水準不高。
下下階層	此階層貧困無依，經常失業，居無定所，靠社會救濟或慈善機構協助過日。

5-3　社會因素

一、參考團體

　　參考團體（Reference group）是指對個人消費行為有影響的群體，個人作消費
行為決策時，會直接或間接受其左右影響。有些團體是個人在生活中有長期密切相
關互動，例如家庭、親朋、鄰居、同學同事，稱為初級團體；有些是因為職務帶來
的關係，較正式、不常密切往來，例如商業團體、專業團體、宗教團體或社團活動
等，稱為次級團體。

　　人們思考與消費行為受參考團體的影響，參考團體藉由產生壓力，迫使個人接受新的知覺、行為與生活型態，產生一致性的要求，影響個人對產品與品牌的選擇。至於影響的強弱，受個人價值觀念、產品與品牌差異而有所不同。

　　受參考團體影響的產品與品牌，廠商的行銷就必須要設法接觸參考團體中的成員或意見領袖（Opinion leader），運用意見領袖對產品與品牌的意見，或使用資訊來影響整個參考團體。

二、家庭

　　家庭是社會中最重要的購買組織，也是被廣為研究的領域（圖5-4）。行銷領域中，關於家庭的研究分成幾項：一是家庭成員的角色與對購買品項決策，二是婦女地位的演變。

　　家庭角色，分為丈夫、妻子、子女等，不同國家或文化，家庭角色會有很大差異。在傳統的東方社會，妻子被要

圖5-4　在家庭會議和任何場景中，良好的溝通能力都是行銷人員的必備條件。

求對丈夫順從，男尊女卑，許多家裡重大支出都是由丈夫或是家中年長者決定。我國受到美國文化的影響，夫妻對產品的購買參與程度也受到改變。妻子對家庭中食物、雜貨的購買具有決定權，而家庭大採購時，傾向夫妻共同決定，例如電冰箱、電視機的採購。買房子時，丈夫決定地點、坪數，妻子決定裝潢、家具陳設，包括窗簾的顏色。購買汽車，大致是丈夫的決定，但是顏色由妻子挑。

　　玩具、流行商品的購買，兒童與青少年就扮演很重要角色。現代父母親願意買給兒童更多的玩具，常常陪子女去麥當勞、玩具反斗城，兒童在這方面具有發起者、影響者的角色。又受到兒童青少年對零用金的支配力提高，連帶提高網路遊戲產品、卡通動畫、漫畫、休閒點心、可樂、爆米花、文具、流行音樂、電影與服飾等商品消費力，這些產業也因此蓬勃發展。

三、家庭生命週期

家庭生命週期（Family life cycle）塑造出不同的消費行為與需求，人的一生從小到老，隨著需求不同，不斷的改變所購買的產品與服務。例如小時後吃嬰兒食品，長大後吃不同偏好的食物，到老又有新的飲食需求，人的一生就是這樣不斷的變化。

表 5-2 為家庭生命週期的六個時期，說明一般消費者的購買行為，大體上前一時期的消費會影響後一時期的產品與品項，每一個階段都有不同的需求。但並不是所有的人都一定會有這樣的發展，例如現代都會文明發展，離婚率增高導致單親家庭增加，小孩提早社會化，許多商品與購買行為都有不一樣的變化，如安親班需求增加、只須微波的即食產品需求增加等，甚至很多夫婦不願生小孩，而使空巢期提前到來。

表5-2　家庭生命週期階段

家庭生命週期階段	購買需求或消費行為
1. 單身階段 （年輕，不住在家裡的單身者）	薪水有限、慾望無窮、喜好流行娛樂、意見領袖、吸引異性。例如手機、簡單家具、小家電、廚房、March 汽車、流行服飾、音樂、PUB 等。
2. 新婚時期 （年輕沒有小孩）	購買率高且集中。例如訂婚結婚喜餅、籌畫結婚階段、攝影禮服、買汽車及房子、裝潢、家具、度蜜月、UB、G&M 卡等。
3. 滿巢一期 （小孩六歲以下，頂客族）	購買家庭開支，多為電化用品。例如洗衣機、電冰箱、冷氣機、嬰兒食品、玩具、娃娃車、聽診器、感冒藥、旅行車、托嬰保育、才藝教育、鋼琴、小太陽保險等。
4. 滿巢二期 （小孩六歲至未成年）	財務狀況漸佳，喜歡大量採購大宗物品。例如購買許多食物、清潔用品、腳踏車、音響、補習支出、教育保險費用、電腦設備、網路遊戲、PS2 等。
5. 滿巢三期 （兒女成長獨立，年老夫婦）	財務狀況佳，有些兒女已工作，購買產品比較有主見。例如換新房子、換車子、較佳家具裝潢、雜誌、醫療、注意養生、運動、出國旅遊、退休計畫等。
6. 空巢期 （無子女在家，獨居）	對自己覺得圓滿、對老年旅遊、娛樂、年老教育有興趣。例如送禮及捐贈、退休消遣、醫療保健支出、生前契約、獨居生活照顧、安養中心、後事安排等。

四、角色與地位

　　一個人的一生總會參加一些社團，如學校社團、社會的各類組織、俱樂部或政黨。個人在團體中的地位由其角色與地位來界定。角色是指一個人被期望去做符合的行為或舉止，例如公司的總經理被認為開賓士車、Armani 服飾、勞力士手錶、喝皇家禮炮（Chivas Regal）等產品聯想在一起。角色配合地位象徵的產品，通常是行銷常用的手法，角色行銷對兒童、女性與青少年這三大族群最為有效，因為他們最容易被感動，也最容易認同商品或企業所塑造出來的角色，而適合的產業也多是一般性的消費商品。

行銷快樂學

消費者報導

　　觀光旅遊產業有出版各種的旅遊報導，主要以消費者（觀光客）為對象。此消費者報導是指類似報紙、e化電子報上文章或雜誌類的一種定期刊物，主要內容刊載一般旅遊資訊，並給予消費者對所使用各商品的意見，其中包括正、反意見。

　　一般消費者在目前資訊非常發達之際，無論自手機、電視或各種報章雜誌，獲得購買資料時，對於價格較低者，態度較為隨意；而價格高者，購買前，必會搜集有關資料以作為決策之用。一般搜集資訊的方式為閱讀產品簡介，或與可靠朋友及鄰居討論，並分析有關該商品的雜誌所提供之資料，而消費報導就是擔任此種角色。

問題討論

1. 說明影響消費者行為的因素有哪些？

2. 說明社會階層的分類。並以國內情況說明適用情形。

3. 以商品舉例說明家庭生命週期演變。

4. 說明什麼是生活型態？

5. 舉例說明各世代的特色與發展。

參考文獻

1. 莊安祺譯，費茲‧波普康，麗詩‧馬瑞格得原著（1996），新爆米花報告：Next 時代生活消費全預測，臺北，時報文化。

2. Kotler, P. and G. Armstrong, Principles of Marketing（N.J. : Prentice Hall, 2001）.

3. Czinkota M. R., Marketing: Best Practices（NY: The Dryden Press, 2000）.

4. Czinkota M. R., Marketing: Best Practices（NY: The Dryden Press, 2000）.

5. Sheth, J. N., B. Mittal, and B. I. Newman, Customer Behavior: Consumer Behavior and Beyond（NY: The Dryden Press, 1999）.

6. Engel, J., R. D. Blackwell, and P. W. Miniard, Consumer Behavior（NY: The Dryden Press, 1993）, 7th.

學習心得

5 社會因素包括各種團體與家庭二種。

3 文化因素包括：語言、教育程度、宗教信仰、價值觀與審美觀等。

4 次文化因素包括：國家、宗教、種族、地理區域等。

2 觀光行銷受下列2種個體環境因素影響：（1）行銷（4P）、（2）環境（EPTS）。

1 觀光行銷受下列4種總體環境因素影響：（1）技術環境因素、（2）社會文化因素、（3）人口統計因素、（4）政治與法規因素。

行銷──加入同理心

　　2017 年是世界變化很大的一年，有美國強人總統川普就任國內新政府、兩岸對話遇到困難、臺灣年金改革大議題，都與同理心有相當程度的關連性。行銷的知識，需要以同理心來看待顧客（消費者），藉此說服購買者的內心想法，以達成事半功倍的效果。著名的管理學大師 Stephen Robbins 認為：所有的管理是指和別人一起，或透過別人使活動完成，得到更有效或有價值的過程；從上述說明，我們更可以直言，行銷是同理心的推廣，在行銷展現 4P 時，更是以消費者的同理心，來加以規劃及落實，真正讓行銷活動更永續更有價值。

　　刑老師在文中，提到管理工作要有：企劃、組織、人員配置、領導、監督／控制、溝通、創新、激勵等 8 項目修為。在此，我們更要提出：每一位行銷的伙伴與行銷主管們，也要有上述八項的功夫，才能順心來完成行銷使命。讓我們從看待消費者的內心深處開始，以同理心來執行各項行銷活動！

〔參閱：2017.01.25，經濟日報，A17 版，刑憲生撰〕

📑 活動與討論

1. 從本個案內容介紹管理大師Robbins的主張，又其主張與行銷有何關連性？
2. 分析一位行銷專業人士若要有傑出的表現，宜有哪些應有的修為功夫？並加以說明。

NOTE

Chapter 6

產品的市場區隔及
目標市場

認識內容行銷與個人品牌的型塑

最近型塑個人品牌的很夯，此個案先針對內容行銷與個人品牌的關係，進一步介紹如下：

個人品牌的意涵為何呢？依據電商巨擘亞馬遜創辦人貝佐斯（Jeff Bezos）指出：「你的品牌是指當你離開現在這個地方時，別人所談論的你」。有不少品牌專家建議，對於想發展個人品牌的朋友，宜先自我盤點，找到自己的興趣與強項。這樣才能找到利基與切入點。要有「個人品牌」在基本功夫的培養最重要的，也就是要強化自己的專業與溝通表達的技巧，就必須吸收大量的練習與實踐，才能讓人願意信賴你。

從上面資料我們可以了解到，個人品牌的型塑是可以在內容行銷策略性的應用面達到目標的。在學習行銷手法上，不妨試試內容行銷，並將其應用到個人、企業、社會、國家等層面上。

〔參閱：2023.02.27，經濟日報，B3 版，鄭緯筌撰〕

活動與討論

1. 請介紹貝佐斯對「個人品牌」的解釋。
2. 要建立個人品牌的基本功夫是哪些？

學習指引

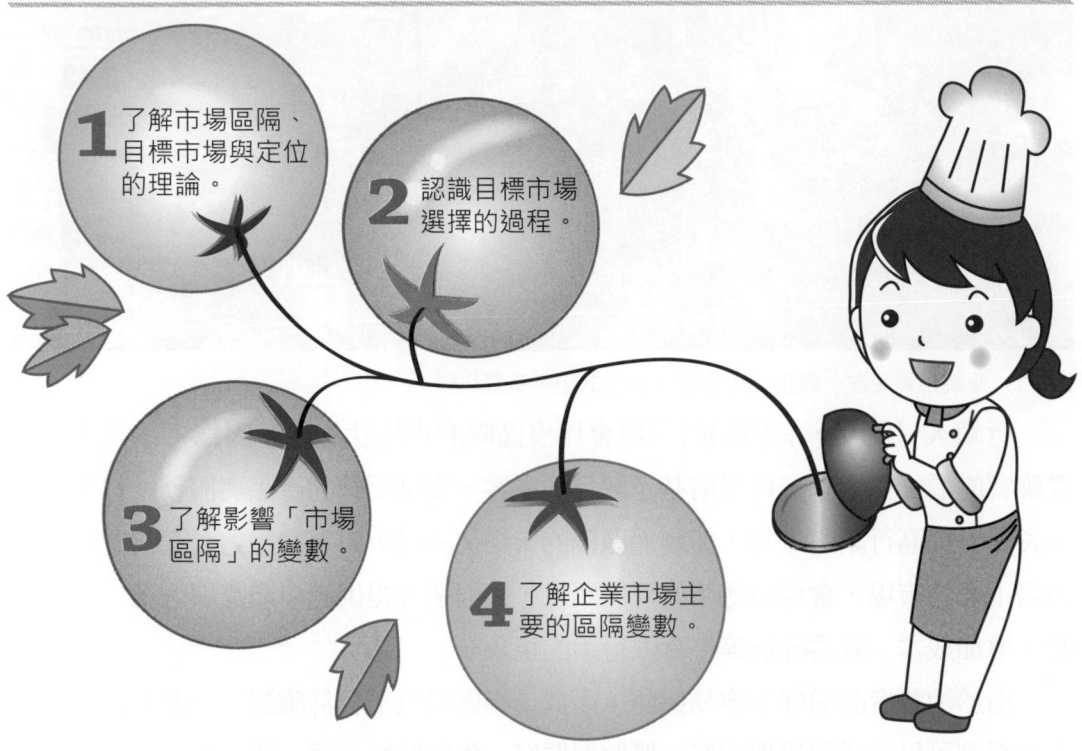

1 了解市場區隔、目標市場與定位的理論。

2 認識目標市場選擇的過程。

3 了解影響「市場區隔」的變數。

4 了解企業市場主要的區隔變數。

6-1 目標市場與區隔的理論

一、市場區隔理論

公司無法在一個廣大的市場上,只用一個商品滿足所有的消費者,所以行銷人員相信,市場是一定要區隔的。針對不同的購買者,要用不同的商品,進行不同的行銷需求組合(圖6-1)。市場區隔(Market segmentation)就是將市場劃分成幾個可以確認的區隔(Segments),在同一區隔內的一群消費者具有相近似的消費特質或行為。目標市場(Target market)就是指選擇一個或多個區隔的市場來經營,提供其所需商品,滿足該市場消費者的需求。

圖6-1　傳統市場（左）與現代化超市（右）的市場布置比較

　　行銷人員認為，有區隔的市場會比沒區隔的市場狀況好，因為可以找出消費者確實的偏好與需求，可以清楚了解目標顧客，提供明確的產品與服務，以集中行銷資源，提高行銷的效益，使經過區隔的市場更具吸引力與競爭力。而沒有區隔或區隔不好的市場，會導致過少的群體關注，因而造成提供過多產品與服務、浪費資源、增加成本、效益降低等不實際行銷的現象。

　　由於消費者的偏好不容易確認，因此市場區隔也不容易確認。一般而言，消費者的需求可以分成同質型偏好、擴散型偏好、集群偏好三種（圖6-2）。

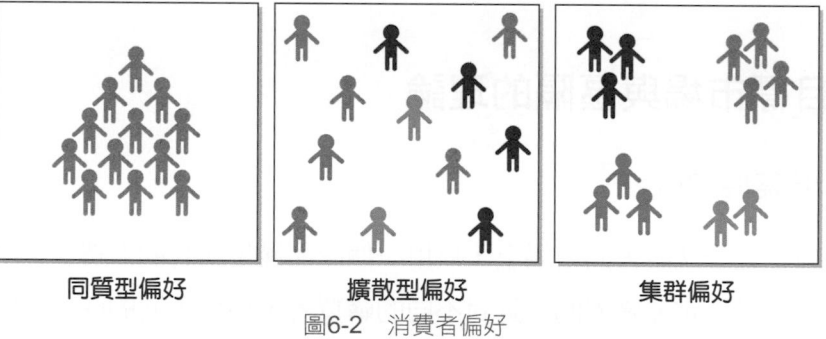

同質型偏好　　　　　擴散型偏好　　　　　集群偏好
圖6-2　消費者偏好

1. 同質型偏好：表示消費者對該商品或服務的偏好，是頗為一致的。

2. 擴散型偏好：表示消費者偏好是極不相同，差異性很大。

3. 集群偏好：表示消費者可以分成不同的若干群體，各群體內需求是相似的，但是群體之間是有差異的。

　　傳統的行銷是講求市場區隔與群聚間的目標市場行銷，現代行銷則是透過網際網路的電子商務技術，藉著一對一的行銷科技與工具，鎖定個別化的顧客，將行銷帶入新的領域。

二、市場區隔層級

　　市場區隔代表公司可以提高瞄準目標精確度的一種努力的過程。透過大量行銷，可以創造最大的潛在市場。區隔可以有四種層次，即大眾市場、利基、微市場（Micromarket）與個人。行銷人員相信，目標市場與區隔，應該會由大的市場區隔大量行銷，逐漸深入到以個人為主較細小的區隔，如圖 6-3 所示。這四種層次市場區隔的行銷意義，說明如下：

大眾市場 （Mass market）	利基 （Niche）	微市場 （Micro market）	個人 （Individual）
標準化組合行銷 （Marketing mix）	利基行銷 （Niche marketing）	個體行銷 （Micro marketing）	個人化行銷 （Personalization）

圖6-3　市場區隔演進概念

（一）標準化組合行銷

　　以市場作區隔，行銷人員根據消費者的慾望、購買力、地理區域、購買態度及購買習性的差異，尋找消費者偏好較大且可以確認的區隔，形成所謂大眾市場，這就是所謂的標準化組合行銷。根據市場的需求提供商品或勞務，例如汽車市場被區分為房車、休旅車、貨車的市場，再針對各市場特徵所擬定的行銷作法，就是標準化組合行銷。

（二）利基行銷

　　利基行銷（Niche marketing）是較小的一塊需求，由較小的市場中一些尚未被滿足的一群消費者所組成，這種較小的區隔，基本上不會吸引很多競爭廠商加入，市場的需求也較小，商品或服務往往需要做特別的修訂或特殊處理，這不是一般市場區隔者願意經營或有利可圖的市場。例如專售特大號球鞋、大尺碼禮服、六支手指頭的手套等。

（三）個體行銷

　　目標行銷可以將行銷對象層次鎖定在更細小的市場上，例如某個產品、某種通路或某個區域。舉例如下：

1. 針對特殊產品：提供某一小群人特別的需求，例如Levi's針對女性牛仔褲市場發展名師設計的牛仔褲、限量供應的個人化牛仔褲。

2. 針對特殊通路：依據顧客特殊屬性提供所需商品，例如專為貴婦紳士手工量製的西服店、皮鞋店。

3. 針對特定地區：對某些特定地區的顧客群加以研究，設計滿足其需要的行銷方案。這種地區群可以是貿易區域、鄰近區域、鄉鎮街道或個別的商店。例如銷售至美國地區和歐洲地區的寢具、床櫃之類的規格截然不同，美國地區有盆浴的習慣，歐洲地區大都淋浴，對浴盆的需求也不相同。

行銷快樂學

個體行銷（Micro-marketing）

所謂個體行銷，是指藉由預測消費者或顧客的需求，及引導滿足該需求的產品與服務，從生產者流向消費者及顧客的各種行為，此種行為主要用的在達成組織的目標。

（四）個人化行銷

個人化行銷（Individual marketing）區隔最終級的層次是每單一的個人，完全根據個別消費者的需求，量身訂作其需要，故可稱為「一對一行銷」或「顧客化行銷」。又或者個人可依照自己的方式和企業互動，因此又稱為「互動式行銷」，也就是企業的顧客關係管理內涵。

個人化是產品差異化的一個特殊情形。利用網路的資訊進行網路行銷，可以幫助個人作決策上的協助，行銷人員可以根據消費者的需求為顧客量身訂作，提供顧客個別所需要的資訊。就長期的觀點，協助顧客作決策、為顧客量身訂作，可以建立公司與顧客的忠誠度和信任。這種關係的建立是長期的，也是所謂的關係行銷。

6-2　目標市場選擇的過程

一、目標市場選擇過程步驟說明

選擇潛在市場、區隔、分析、並加以組合，這個過程就是所謂的目標市場選擇過程，重要過程步驟如圖 6-4 所示。雖然在實務上可能因產品、策略或行銷作業特性而有所修正或整合，但基本上，目標市場選擇過程仍可以有下列八大步驟：

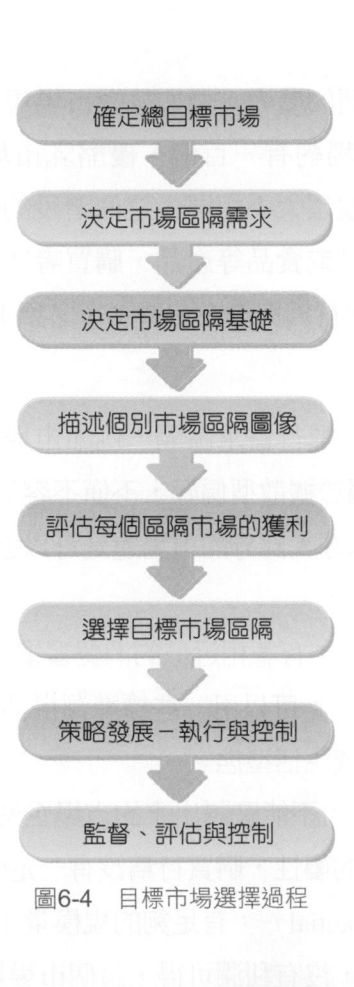

確定總目標市場

決定市場區隔需求

決定市場區隔基礎

描述個別市場區隔圖像

評估每個區隔市場的獲利

選擇目標市場區隔

策略發展－執行與控制

監督、評估與控制

圖6-4　目標市場選擇過程

（一）確定總目標市場

依照行銷人員的產業經驗、調查或已有的次級資料，確定所要進入市場的總規模大小、消費者的各種特性與消費購買習慣、商品服務特性與種類、總目標市場內的廠商與競爭對手，並對競爭者與競品作概略分析（圖 6-5）。

總目標市場規模大小的估計，通常可以了解這個目標市場過去的發展與未來的潛力，可以作為進入

圖6-5　行銷專員正在說明商品的特色，同時進行個人化的行銷。

這個產業，尋求機會與問題的參考。例如旅遊市場規模有一千億元，藥品市場規模有四百億元，速食麵市場約有一百億，優酪乳市場有三十億元，規模大小不同、成長不同，機會與問題也大不相同。這個階段的消費者與競爭對手，由於狀況還不明確，例如許多玩具或食品等產品，購買者和使用者是不一樣的，因此針對可能的產品與市場、購買行為與潛在消費者，必須進一步了解。

（二）決定市場區隔需求

並非所有的市場都可以進行需求區隔，例如市場為同質偏好市場，可能不需要作需求區隔；但若市場屬於擴散型偏好，不僅不容易擬定市場需求區隔，而且其區隔成效也不見樂觀。但幸好大部分的市場還是可以進行需求區隔，一個成功的區隔，包括以下五個重要因素：

1. 同質的（Homogeneous）：有著相近似的消費習慣、購買動機與行為。
2. 可衡量的（Measurable）：可以用一些標準測得消費者的偏好、性別、年齡、所得、職業、消費型態或生活型態。
3. 可接近的（Accessible）：不能區隔出來的市場企業無法經營，或是消費者群不容易辨認，找不出獨特的屬性，購買行為沒有一定的常態。
4. 有足夠的規模量（Substantial）：有足夠的規模量才能養活產品，使產品獲利。如果區隔市場規模太小，沒有利潤可得，這個市場是不能存在的。
5. 可行動的能力（Actionable）：不同的區隔，企業可以用不同的行銷組合、行銷資源進入不同的市場，影響消費者，使消費者產生購買行動。

（三）決定市場區隔基礎

這個步驟是運用區隔的各種相關變數作基礎，找出可以區隔的市場。一般常使用的區隔變數包括：地理變數、人口統計變數、心理變數與行為變數四大類。

通常很難一次就可以用區隔變數區隔出市場，往往必須嘗試很多不同的區隔變數，才能找到一個或幾個較合適的。進行區隔時，有時候要分層處理：第一層，先用某些變數界定出一些市場，再用一些變數在第一層的限制條件下找出第二層的區隔市場，然後反覆運作，找出可以經營的市場。市場愈複雜或愈細緻，則使用的分層愈多。

　　幾經辛苦區隔出來的市場，可以把市場上的競爭者或競爭產品帶入市場作測試，看看能不能反應市場的真實狀況，有沒有區別能力與分群的能力。很多實務上業界使用的區隔方法，常常是許多區隔變數的集合概念，反應出產業的經營智慧，可能不是在該產業就不會用到。例如有些速食麵業者用麵的形體來區隔市場，像袋麵、杯麵、碗麵、桶麵，在這些區隔下再分析市場。

（四）描述個別市場區隔圖像

　　所謂圖像（Profile）是指詳細形容市場區隔內的消費者特徵，通常可以用畫圖來解說，也可以用圖表列出。使用個別區隔圖像，主要在能夠清楚看出每一個區隔出來的市場是有獨特性，可以做行銷策略與組合的動作。例如將市場分成 ABC 三個市場，如表 6-1。

表6-1　市場區隔形式與圖像表

	A 市場	B 市場	C 市場
規模			
顧客人數			
成長率			
圖像			
地理變數			
人口統計變數			
心理變數			
行為變數			
產品使用情形			
知名品牌			
市場占有率			
使用時機			
其他			
溝通行為			
媒體使用			

表6-1　市場區隔形式與圖像表（續）

	A市場	B市場	C市場
廣告投資			
促銷活動			
其他			
購買行為			
通路分配			
購買地點			
購買頻率			
價格帶			
決策過程			
其他			
圖像說明			

（五）評估每個市場區隔的獲利

在經過個別區隔圖像描述後，針對每一個市場作需求預測、銷售量預測與成本分析，以計算經營該區隔的獲利能力。需求預測可以有短期需求和長期需求的規劃預測，可以借助一些分析工具來進行，通常至少有一年、三至五年，愈長期，準確與詳細程度會愈不精確，但可以看出未來趨勢。銷售量預測可以比照需求預測，並考量產能利用情形、通路擴散程度、消費者接納程度作調整。根據銷售預測，可以估算成本結構、單位成本，計算損益兩平的價與量並編製預算。

（六）選擇目標市場區隔

選擇目標區隔，並不是僅就獲利情況就可以做決定，獲利能力是一個選擇準則。但是，企業主管或行銷人員還可以有其他考量，例如企業本身是否有能力或意願進入該市場、進入障礙高或低、該市場競爭態勢是否有利於經營等。其他考量因素至少包括：1. 選擇市場最大的；2. 選擇最容易進入的；3. 選擇競爭對手較少的；4. 選擇產業競爭最小的；5. 選擇市場最小的；6. 選擇競爭對手很多的；7. 選擇資訊障礙最大的或最小的；8 可以和現有產業或通路競爭優勢結合，可以有綜效等。

其次，選擇目標區隔，可以只有一個目標區隔市場，也可以有兩個以上的選擇；一般把兩個市場合做一個市場來看，或多個市場合起來經營；也常有不同時期進入不同的區隔市場。就好像切蛋糕，可以切很多塊，每塊大小可以不一樣，可以一次吃一塊，也可以一次吃好幾塊，也可以先吃某一塊，再吃另一塊，下一次再吃哪一塊。不一定選最大塊的先吃，也不一定挑最好吃的先吃，料最多的那一塊先吃，還要看吃蛋糕當時的情境與自己的情況。

（七）策略發展－執行與控制

選擇出區隔的目標市場後，行銷人員要發展經營這個市場的定位策略，並據此草擬行銷組合方案。

二、選擇目標市場的策略

選擇目標市場的策略，可以從策略的觀點來看，把策略分成「無差異」及「差異」二個觀點，分述如下：

（一）無差異觀點

市場需求雖然有很大不同，多元化與差異化，但是把不同市場需求，看成一個市場，採取標準化的產品，一套行銷方法來應對不同市場需求，可稱為標準化全球行銷策略，或稱單一市場策略。採取這種策略的品牌，例如微軟視窗系統，全球市場占有率高達 90％以上，所以微軟將全球需求看成一個市場，基本視窗功能全世界都一樣，差別只是各地的語言輸入方式而已。其他像高科技產品，如各種

行銷快樂學

國外市場選擇策略（Market Selection Decision）

　　在觀光餐旅產業的國際行銷作法上，眾多國家的觀光客在進行國際行銷規劃與決策時，得選定一個或數個作為行銷對象，雖可以依文化、語言等熟悉因素為選擇標準，但通常都採用系統分析或合理性化的決策方式，來進行國外市場選擇決策。其步驟為：（1）評估目前市場潛能、（2）預估未來市場潛能、（3）預估市場占有率、（4）預估成本及利潤、（5）預估投資報酬率及風險分析等。觀光餐旅產業的國際行銷，在市場選擇決策步驟多重視與下功夫，可使觀光產業公司，選定機會最佳市場去進行開發。

防毒軟體、iPad、iPhone 等產品，都是標準化產品行銷全球。著名鑽石廠商戴比爾斯（DeBeers），全世界鑽石市場占有率高達 80%，全世界也採用「鑽石恆久遠」（A diamond is forever）作為廣告訴求。

（二）差異化觀點

差異化觀點或可稱多區隔觀點，這個觀點可以採用以下兩種策略：

1. 集中策略（Concentration strategy）：市場需求雖然有很多差異與不同，但只選擇其中一個市場來經營。例如賓士汽車、勞力士手錶、萬寶龍（Mont Blanc）筆，都是以高品質高價位市場來區隔消費者需求。採用這種策略的好處是可以集中使用資源並大量生產，產生規模經濟，且全球品牌形象較容易維持或塑造。其缺點是消費者買到的都是標準化產品，選擇性差；當消費者需求改變時，如果應變不好，可能會面臨虧損或退出市場的危機，例如英國積架（Jaguar）汽車，現代人已不喜歡手工且昂貴的汽車，所以銷售不佳，連年虧損，最後連福特也只好賣掉手上的握股。

2. 多市場多區隔策略：是指針對市場不同需求，提出不同產品、不同行銷方案來滿足消費者需求。這個策略又可以分成以下四種可選擇的策略：

    (1) 選擇性策略：是指如只選兩個或三個自己能力所能及的市場作目標，或稱差異化策略。例如賓士汽車，除了高價位高品質市場之外，還有一個小汽車市場──Smart汽車，也是高價位市場。

    (2) 產品專家策略：是指針對多個產品需求不同的市場所採用的策略，例如P&G與Unilever洗髮精市場的策略。P&G有飛柔、海倫仙度絲、沙宣、潘婷等品牌；Unilever有多芬、麗仕與mod's hair等品牌。

    (3) 市場專家策略：若將一個產品廣泛的在各個市場經營，例如可口可樂，可以在超市、量販店、便利超商買到，也可以在麥當勞、KTV、餐廳點用，雖然價格可能不同，但都是可口可樂。

    (4) 全市場策略：係指也可以採用所有市場區隔都經營的策略。例如Tiffany精品的策略，從很貴的百萬美元珠寶，到很便宜幾千元的白金飾品都有銷售。這些策略的優點是可以滿足顧客需求。但是缺點是當市場不夠大，消費者市場區隔過小，就會產生銷售遲緩、獲利減少。

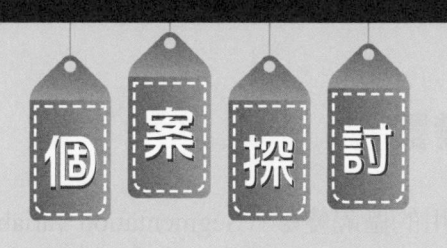

談遊戲公司的展望與動能

　　餐旅觀光產業，廣義來說也包括了遊戲產業。在人們的休閒活動，遊戲時間與活動是人生食衣住行育樂之一，依大陸的統計，上海 A 股遊戲公司 2016 年表現亮麗，其淨利倍增，在 46 家 A 股中，有 25 家發布 2016 年業績預告，23 家公司預估淨利潤成長，其中 10 家利潤預增幅度在一倍以上，總收入達到人民幣 1655.7 億元，年增 17.7％。在載具改變上，利用移動遊戲市場（即智慧手機產品上網）銷售激增，大於一般固定客戶端遊戲市場。遊戲產業專家分析，大陸遊戲行業人口紅利接近尾聲，手機遊戲將成為未來遊戲行業的核心增長點。

　　每位餐旅觀光界的朋友，在從事觀光行銷工作時，有關休閒的安排與活動設計，可能愈來愈為多元，而手遊的活動設計內容，也可能慢慢成為觀光行銷的附加項目，尤其現代的年輕族群，更需要隨時有愉悅的消遣玩樂內容，遊戲產業公司發展出相當多元的遊戲內涵，是大家可以重視，且每位觀光行銷人員要注意的行銷項目之一。

〔參閱：2017.01.19，經濟日報，A12 版，蔡敏姿撰〕

活動與討論

1. 就你的認知範圍說明手機遊戲的流行現況，並上網找資料來介紹。

2. 手遊族群對觀光休閒產業的重要性為何？請就廣義的觀光休閒產業角度，分析每一位觀光行銷人員應有的態度來加以說明。

6-3　市場區隔變數

消費者市場區隔常用的區隔變數（Segmentation variables），可以分成四大類：地理性區隔變數、人口統計區隔變數、心理方面區隔變數、行為方面區隔變數（如表 6-2），說明如下：

表6-2　常用市場區隔變數之說明

區隔變數		說明
地理變數 （Geographic variables）		地區、省籍、都會大小與位置、城鄉與郊區、天氣、氣候
人口統計變數 （Demographic variables）		年齡、性別、職業、教育、所得、家庭人數、家庭生命週期、世代、社會階層、宗教、國籍、種族、文化
心理統計變數 （Psychographic variables）		生活型態、消費者活動、興趣、意見、人格特質、價值觀
行為變數 （Behavioral variables）	利益訴求	品質、經濟、服務、速度、方便
	使用頻率	使用情境：一般、特殊 使用場合：地點、時間、氣氛 使用內容：未使用、初次使用、一般使用、重度使用
	品牌忠誠度	忠誠的程度、態度忠誠、購買忠誠
	品牌偏好	產品或品牌知名度、喜歡、偏好的程度
	購買情境	問題知覺、資訊蒐集、評估、決策、行動
	決策過程	產品涉入程度、購買知覺風險、購買傾向

一、地理性的區隔變數

地理性的區隔變數包括區域、城市、都會區域、鄉鎮、都市密集程度、氣候等。居住大臺北區的居民，都市化程度較高，中南部鄉村感受較強。住在陽明山外雙溪的高級別墅和三重新莊住宅區，人文景觀也有不同。

二、人口統計的區隔變數

人口統計區隔變數如年齡、家庭人數、家庭生命週期、性別、所得教育、宗教、種族、國籍、社會階層與世代，這是最普遍也最常使用的基礎。一方面是人口

統計變數較其他變數好衡量，另一方面也因為消費者的慾望偏好及使用情形，與這類變數有很好的關連（圖6-6）。目前對各網站的研究分析，大都也是以人口統計變數為主。

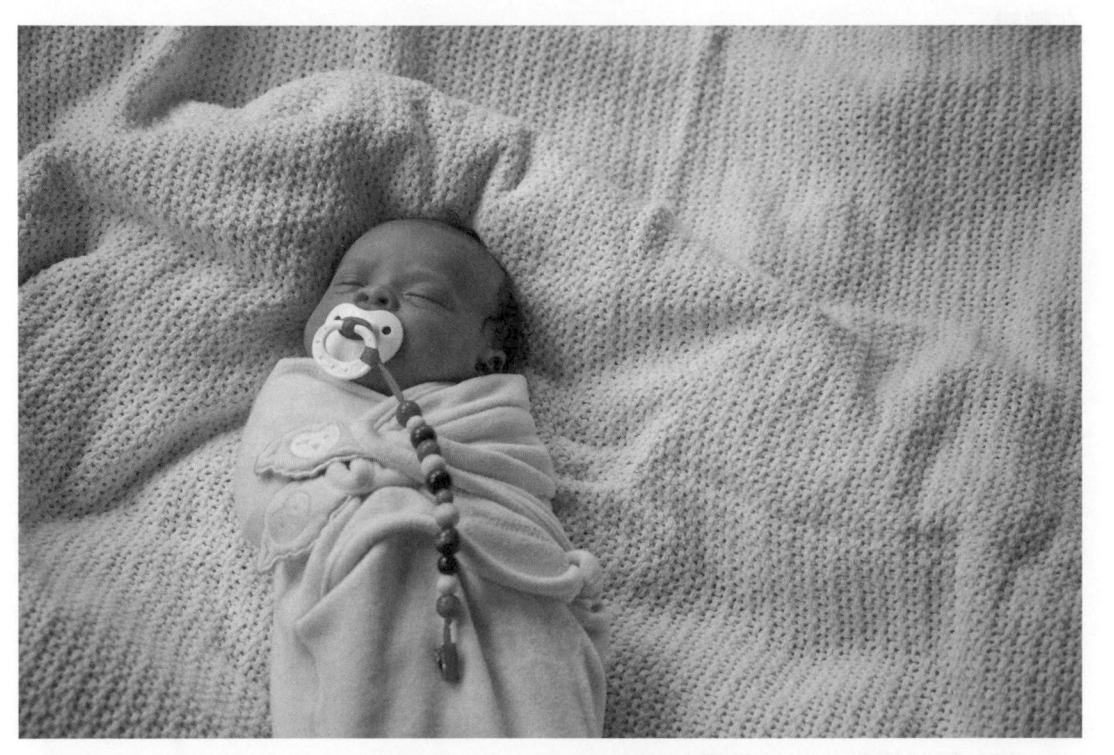

圖6-6　少子化會造成行銷規劃的改變，如嬰兒用品與教育市場的變動。

三、心理特徵的區隔變數

心理特徵的區隔，最常用生活型態、價值觀與人格變數。生活型態反應一個時期消費者對商品或服務的主流思考。例如臺灣啤酒請伍佰先生做代言人，反應本土與流行的訴求；日本三得力酒公司以親情共享做主題，表現生活溫馨的片刻；阿貴、幹譙龍、賤兔等都是網路行銷創造出來的角色，都可以代表現在時下年輕族群對生活的一種態度。

行銷人員很早就使用人格作為區隔市場的一個變數，賦予商品或服務一個品牌個性。尤其是汽車，福特汽車的購買者被認為是獨立、衝動、有男子氣概的一群人，而豐田汽車則被視為喜歡日本文化、細緻、節約、較不男性化的一群人。

　　價值觀是屬於消費者比較深層的一種態度，往往很難改變。例如上一代的人被教育成要勤儉，刻苦耐勞是一種美德。但是現代年輕人，喜歡消費，錢愈多愈好，工作過得去便可，對外在的新鮮，新奇的事項愈能接受，而且社會的價值觀也一直在轉變。

四、行為方面的區隔變數

　　行為變數可以依購買者對商品的知識、態度、使用時機或反應，區隔成不同的群體。行為的變數包括：使用時機、利益追求、使用者狀況、使用率、忠誠度、購買準備階段與態度。愈來愈多的行銷人員運用行為變數作區隔。例如平安旅遊保險，國內租車線上租用服務、餐飲業網路團體訂購服務、會員促銷電子報、旅遊資訊指南等。

　　傳統市場區隔的觀點，認為運用市場區隔變數，所區隔出來的市場也要有一些可衡量性，市場要夠大可被消費者接近。每個市場都是有差異化的，可以採取具體行動，才有意義。但是隨著個人化、顧客化行銷或網路行銷的衝擊，這些觀點都受到修正。既然市場是以個人為基礎，滿足其需要，獲取長期利益才是根本。市場會隨著顧客的需求被滿足，逐漸提升規模與深度。

　　將各區隔變數的條件整理如表 6-3：

表6-3　消費者市場的主要區隔數

區隔變數	條件	說明
地理變數	地區或國家	北美、西歐、中東、印度、加拿大、日本、東南亞
	區域	北部、中部、南部、東部
	城市或都會區的大小	5,000 人 以 下、5,000 ～ 20,000 人、20,000 ～ 50,000 人、50,000 ～ 100,000 人、100,000 ～ 250,000 人、250,000 ～ 500,000 人、500,000 ～ 1,000,000 人、1,000,000 ～ 5,000,000 人、5,000,000 人以上
	人口密度	都市、市郊、鄉村
	氣候	熱帶、溫帶、寒帶

區隔變數	條件	說明
人口變數	年齡	2 歲以下、2～5 歲、6～11 歲、12～19 歲、20～34 歲、35～49 歲、50～64 歲、65 歲以上
	性別	男、女
	家庭人數	1～2 人、3～4 人、5 人以上
	家庭生命	年輕－單身、年輕－已婚－無小孩、年輕－已婚－有小孩、年紀大－已婚－有小孩、年紀大－已婚－無小孩－年齡在 18 歲以下－年紀大－單身－其他
	週期	單身期、新婚期、滿巢期或空巢期
	所得	低所得、中所得、高所得、極高所得
	職業	專門職業與技術人員、經理人員、公務人員及老闆、職員、銷售人員、工藝人員、操作員、農人、已退休者、學生、家庭主婦、未就業者
	教育	小學或小學以下、中學肄業、中學畢業、大專畢業、研究所
	宗教	道教、佛教、天主教、基督教、猶太教、回教、印度教、其他
	種族	白人、黑人、亞洲人、非洲黑人
	族群	閩南人、客家人、外省籍、原住民（以臺灣為例）
	世代	X 世代、Y 世代、E 世代、D 世代
心理變數	生活型態	成就者、努力向上者、辛苦奮鬥者
	人格	強制的、合群的、權威的、有野心的，內控型與外控型
行為變數	使用場合	一般場合、特殊場合
	利益	品質、服務、經濟、便利、速度、安心、希望
	使用者狀況	未使用者、過去使用者、潛在使用者、第一次使用者、經常使用者
	使用率	輕度使用者、中度使用者、高度使用者
	忠誠度	無、中等、強烈、絕對態度忠誠、購買忠誠
	購買準備階段	不知曉、知曉、有興趣、有慾望、有意購買
	對產品的態度	熱衷、正面態度、冷淡、負面態度、有敵意

6-4　企業市場區隔

　　企業市場的區隔可以引用消費者市場區隔所使用的區隔變數，如地理的、利益的與使用率等變數。企業市場的區隔程序步驟，可以參考消費者市場的區隔步驟（圖6-7）。雖然有很多區隔觀點是可以共用的，但是兩個市場還是有一些差別，區隔的基礎、執行都有若干差異，例如企業市場的區隔一定要全面了解市場區隔變數，才能切實正確的擬訂出企業市場區隔的變數（表6-4）。各項區隔變數分別說明如下：

圖6-7　3C賣場布置醒目的環境保護標語，藉以提升其行銷力與品牌形象，如燦坤。

行銷快樂學

市場區隔化（Market Segmentation）

　　觀光餐旅產業在推動行銷策略時，要特別重視市場區隔化，尤其是國內的地理位置相當優異，如日本客、韓國客、東南客、歐美客、港澳客及大陸客，其實有很大的市場區隔化。

　　一般觀光國際行銷中，「市場區隔化」是指把一個市場分隔幾個不同的「次級市場」，使這些任何一個「次級市場」都可應用特定的行銷組合來服務，而達到行銷的目標。因此，當我們在進行各國家觀光客的市場區隔化時，需注意下列條件是否有成立：（1）可衡量性（有資料可分析）、（2）可接近性（公司可以依行銷力量選定之）、（3）足量性（區隔市場的觀光客量要夠）、（4）可行動性（沒有其他政治或干擾因素受阻等）。

表6-4 企業市場主要的區隔變數

區隔變數	說明
人口統計	產業、公司規模、成長趨勢、地理位置
作業特性	科技、使用者與非使用者狀態、顧客能力
採購方式	採購功能組織、權力結構、現行關係、採購政策、採購準則
情境因素	緊急情況、特定用途、訂購數量
人員特徵	買賣雙方相似性、對風險的態度、忠誠度

一、人口統計變數

人口統計變數包括企業所在的產業、規模大小、成長趨勢、地理位置等因素。有些中小企業屬於地方廠牌，有些企業如 IBM、Toyota、Nike、Apple 銷售全世界；有些公司產品項目較少，銷售管道有限，有些企業產品種類眾多，銷售通路廣泛，仍然需要有好的區隔市場，才能提供顧客較好的服務。

銷售公司在進行市場區隔時，同時要考慮自己的公司規模大小，自己公司對行銷資源運用的能力，公司行銷努力所能達到的範圍，不至於過分擴充行銷支持而超過公司負荷，造成公司負擔。

二、作業特性

作業特性是指目標市場的作業（如科技、產品或品牌使用的狀態、顧客的能力），以及科技使用的程度，會影響公司提供的產品型態，供應廠商來源，自然形成不同的區隔。相對而言，產品使用愈頻繁，上下游廠商關係愈密切；產品使用互動愈少，彼此關係就不會親密。

三、採購方式

採購方式可以分為內部因素與外部因素。內部因素包括組織所要購買的產品、採購政策、採購準則，例如價格、品質、成本、交期、數量。外部因素如買賣雙方的關係、供應商的數目、雙方的談判協商力量等。採購的過程還可分成初次採購、新採購、與長期採購者，不同過程可以形成不同的區隔，提供不同的需求。

四、情境因素

　　情境因素包括正常訂購或緊急訂購、使用作為加工的情況、大訂單或小訂單等，可以作為不同的區隔。例如貨運公司大都處理大訂單，運輸量大的產品，宅配公司大都處理較小訂單，運輸量少的產品，服務不同、取價不同、市場需求也不同。

五、人員特徵

　　買賣雙方的個性也會影響區隔，例如喜歡風險與規避風險。供應階段中的關係也可以形成區隔，如雙方有忠誠度較高或信任程度高低。

行銷快樂學

進入市場（Market Entry Strategy）

　　觀光餐旅產業要進入新市場時，得擬定新策略，以迎接觀光休閒時代的來臨。進入觀光市場策略是指公司進入新目標有區隔性的新市場策略（策略有3種：（1）收購策略、（2）內部發展策略、（3）共同發展策略），如利用收購現有的旅行社、餐廳、飯店、遊樂場所或相關的觀光餐旅產業相關公司。

問題討論

1. 說明市場區隔的想法。
2. 說明市場區隔的步驟。
3. 何謂利基行銷？
4. 說明消費者的圖像表內容。
5. 說明市場區隔的變數有哪些？
6. 說明選擇目標市場的策略有哪些？

參考文獻

1. Kotler, P., Marketing Management（N.J.: Prentice Hall, 2009）.

2. Al Ries and Jack Trout, Positioning: The Battle for Your Mind（NY: Warner Books,1982）.

3. W. Hanson, Principles of Internet Marketing（Ohio: South-Western College, 2000）.

4. J. Strauss and R. Frost, E-Marketing（N.J.: Prentice-Hall, 2001）.

5. Jock Bicker, Cohorts II: A New Approach to Market Segmentation, Journal of Consumer Marketing, Fall-Winter, 1997, pp.362-380.

6. www.nintendo.com/corp/history.html 與 sega.jp/IR/en/ar/ar2001html/ar2001-02.html 等網站。

學習心得

5 企業市場區隔變數有：
（1）人口統計、
（2）作業統計、
（3）採購方式、
（4）情境因素、
（5）人員特徵。

3 一個成功市場區隔的因素：
（1）同質的、
（2）可衡量的
、（3）可接近
的、（4）有足
夠的規模量、
（5）可行動的
能力。

4 市場區隔變數用：（1）
地理變數、（2）人口統
計變數、（3）心理統計
變數、（4）行為變數。

2 市場區隔層次有四種層次
：（1）大宗市場、（2）
利基市場、（3）微市場
、（4）個人化市場。

1 市場區隔不易確認，消費者
的需求可分為：同質型偏好
、擴散型偏好、集群偏好等
三種。

行銷工作者從「危機找商機」的三大觀念

　　市場經營是行銷工作者最重要的關鍵，在此關鍵議題中，一位行銷工作者面對快速變遷的觀光產業，要如何從「危機找商機」？下面有三大觀點，值得每位行銷工作者來學習。

1. 認清時代潮流與現代人的旅遊需求；並應用Big Data（大數據）的時代趨勢分析。趨勢大師日本人大前研一，也特別期待每一位行銷工作者，必須要有能從大量數據中，用數字和圖形來解釋社會現象和趨勢的能力，這是行銷人的第一觀念。

2. 認清自己的角色，深入了解現代旅遊消費者的生活型態與旅遊習慣，在整個觀光文化與變動趨勢，站好行銷工作者的自己的位置。

3. 行銷工作者也要做好個人生涯規劃，永遠對外在環境保持靈敏度，慎重規劃行銷生涯，並以樂觀進取的態度邁向有衝勁的行銷人生。若能把「危機找商機」做為一生的座右銘，就是最佳的行銷人生。

〔參閱：2017.02.24，經濟日報，A20版，顏長川撰〕

活動與討論

1. 說明一位行銷事業工作者，應有新觀念哪些？
2. 討論一位觀光界行銷人員，要如何從「危機找商機」尋找其成功的機會？

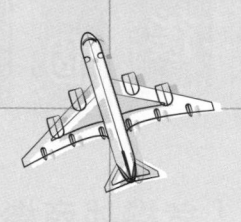

· Part III ·

行銷策略
與評估

Chapter 7
產品策略

07

介紹 Outlet 贏家（華泰名品城）的行銷手法

日本三井 Outlet 在國內的百貨公司業績表現，大家有目共睹。自 2020 年疫情趨緩，全台灣的百貨公司業績不再是負成長；一家在 Outlet 的華泰名品城表現一支獨秀，在董事長經營創新的理念之下，首次擠進「百億元俱樂部」；其經營策略中的特色，主要是以「品牌行銷力的展現」。華泰名品城是華泰飯店的二代接班人所經營，也是由飯店跨足到商場的代表作。依據華泰名品城的董事長兼總經理指出：日本 Outlet 的名品城，在後疫情時代，有諸多名牌精品加入，如：Gucci、Prada、Celine、Loewe，「都是只開一家（Outlet）別無分號」。並且有些精品品牌，原先都會往香港銷貨，但於疫情之後，很多精品都選擇先來台灣。華泰名品城董事長更明確指出，成功的行銷總策略在於配合消費者的需求，其作法有：1、市場預期哪些品項受歡迎，無論是一線或二線，就是要盡全力讓品牌表現更好；2、敏銳地去深入了解哪一種有潛力、有新增的趨勢，要進行正面的判斷能力，適當時機採取調整策略，並注意庫存與擴增的空間；3、有品牌的精品，也不用擔心沒有辦法去清庫存；4、不盲目的去做周年慶，而是應用精品的「品牌力行銷魅力」來吸引消費者；5、要特別強調與其他百貨公司的「差異化」，經營管理哲學以「消費者體驗為主」；6、以時間來說，而是用不同季節與主題陳列為主；7、讓消費者喜愛來，又說不出來為什麼喜歡來；8、重視「支柱品牌」，也採取「20/80」的管理哲學。9、處處考慮到消費者的立場，商場要怎麼走，動線比較順，還要考慮到老人與小孩等，且不忘公司成立的初衷之堅持。

〔參閱：2023.02.24，經濟日報，B5 版，何秀玲撰〕

📣 活動與討論

1. 請介紹後疫情時代的精品，由香港先銷售的情形，改變在台灣銷售之原因。

2. 介紹華泰名品城的經營理念與行銷策略。

學習指引

1 了解產品層次與分類。

2 認識產品階層與組合。

3 了解產品線的決策。

4 認識新產品開發流程。

7-1 產品層次與分類

一、產品的定義

什麼是產品？從狹義觀點來看，產品是具有實質屬性的東西，包括形體、結構、組成成分、形式、顏色等特質。產品（Product）或稱商品，是滿足消費者慾望或需求的任何東西，包括實體商品、勞務或某種概念等。產品的對象可以是商品（例如汽車、機械）、服務（例如觀光旅遊、娛樂、表演）、某些經驗、活動、事件、人物、地點、組織機構、程式、配方等（圖7-1）。

圖7-1　無人駕駛車商品是未來汽車市場的佼佼者，在全球也會愈來愈普及。

不只具體的產品才是行銷的標的物，其實無形的商品、旅遊服務也可以行銷，例如金融機構所提供的貸款、融資、投資商品、信用卡等金融服務，或如電影、音樂等無形產品。

通常實質產品同時包括實體和無形的產品層面，例如汽車銷售，除了販賣汽車商品本身外，還包括各種售後服務；航空公司提供飛行服務，當然也要有飛機、飛機場、機師、空服員、票務服務等。廠商從事國際行銷時，應該提供包括實體產品與無形的服務。

二、產品層次

行銷人員規劃產品時，一定要對產品的層次有進一步的了解，才可以對消費需求有更多的認識。一般將產品層次分為以下幾種，如圖 7-2 所示。

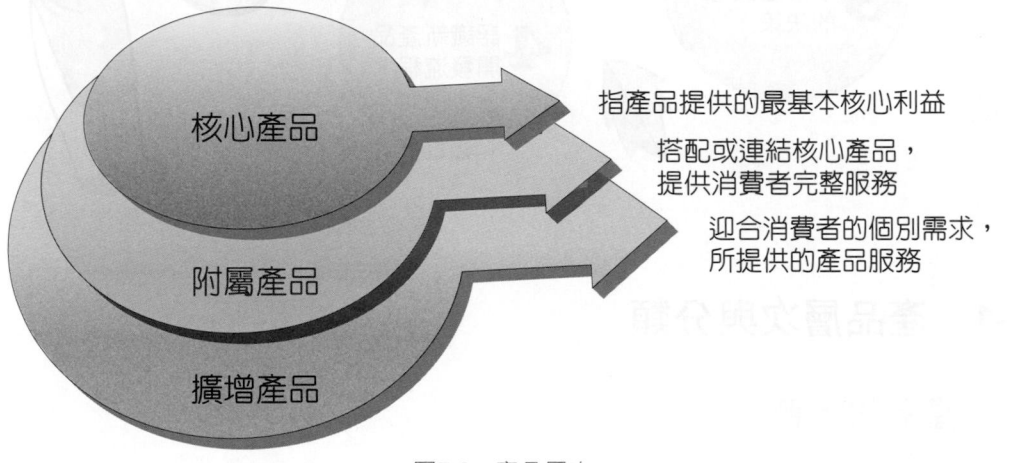

圖7-2　產品層次

1. 核心產品（Core product）：是指產品提供的最基本核心利益（Core benefit），是組成產品最根本要求。例如衣服要能保暖護身、汽車提供運輸功能、旅館提供休息的服務、自行車則是代步工具。
2. 附屬產品：或稱實際產品（Actual product）。這類商品是為了搭配或連結核心產品，提供消費者完整服務所需的附加要求，通常可使服務更具完整性。例如衣服上的口袋、高速公路附設休息站、旅館提供旅客接送服務。
3. 擴增產品：或稱引伸產品（Augmented product）。這類產品常是為迎合消費者的個別需求，所提供的產品與服務。

(1) 滿足消費者額外的需求，包括運輸、裝配、保證、售後服務與信用的提供。例如飛機上分頭等艙、商務艙與經濟艙，分別提供不同服務。

(2) 滿足消費者心理的需求。例如旅館提供客人新鮮花朵、美麗的海灘鞋、招待精緻的燭光晚餐等，除提供休憩，更強調休閒。

(3) 滿足消費者期望，提供差異化的服務，引發再消費的慾望。許多名牌衣服，如CD、香奈兒以流行、時髦、高級與美麗性感為號召。而有些服飾則以年齡、性別為訴求，如佐丹奴、班尼頓。

三、產品分類

依據產品特徵，進行產品分類，再根據產品分類設計不同的行銷組合策略。

（一）依產品耐久性與有形性區分

產品依耐久性與有形性可分為三類：

1. 非耐久財（Nondurable goods）：是指有形的產品，可供正常使用一次或少數幾次，如衛生紙、啤酒、餅乾等。這類產品的消費快且經常購買，所以應讓消費者可隨處都買得到，利用大量的廣告吸引消費者試用，並建立消費者偏好。

2. 耐久財（Durable goods）：指有形商品，正常情況下可重複使用，使用年限通常超過一年，如電冰箱、電視機、工具機等。耐久財不僅需要較多人員推銷與服務，還需要較多賣方的保證。

3. 服務（Services）：服務是無形、不可分割的、變異性大且易逝，例如醫療服務、教學服務等。企業應注意服務的品質、供應商信譽與調整的適應性。

（二）依消費者購物習慣區分

產品根據消費者購物習慣，區分為便利品、選購品、特殊品與非搜尋品。說明如下：

1. 便利品（Convenience goods）：指消費者經常購買、立即購買，且不花精力比較購買的產品。這類商品通常單價低、消費者忠誠度低、買錯的風險低、消費者喜歡嘗新與嘗鮮等特色，多屬於例行性購買或經驗品，例如番茄醬、冰淇淋、糖果、衛生紙等。

2. 選購品（Shopping goods）：消費者在選擇與購買過程中，會比較商品的品質、價格或式樣，例如家具、服飾、中古車等。

3. 特殊品（Special goods）：商品具獨特性，或有相當高的知名度，具特殊的社會意義，消費者願意花時間、精力努力去取得，例如古董珠寶、特殊音響、照相器材等。這類商品多屬於廣泛性搜尋的商品。

4. 非搜尋品（Unsought goods）：這類產品消費者通常不知道，或即使知道也不會去購買，或會花錢免除需求，例如墓地、人壽保險或百科全書等。

7-2 產品階層與組合

一、產品階層

產品階層（Product hierarchy）說明產品在滿足消費者需求時，產品本身的各種相對關係。由單一產品項到整個產品組合之間的關係，說明如下：

1. 產品品項（Product item）：產品最基本的型態，例如規格（Specification）、包裝量（Package）、單一條碼（Bar code），即市場上販售的最基本量。如一瓶洗髮精、一台筆記型電腦、一支筆、一條口紅、一包餅乾。

2. 產品線（Product line）：所有具相同或相似生產方式的產品品項集合（圖7-3）。例如P&G的洗髮精產品線，包括飛柔、潘婷、海倫仙度絲等。

圖7-3　智能衣是智慧化成衣市場的新寵兒

3. 產品型態（Product type）：在一個產品線內，所有產品品項的形式、包裝、規格與種類。例如P&G的洗髮精，飛柔、潘婷、海倫仙度絲，有200ml、400ml、750ml、800ml等不同容量。茶裏王有英式紅茶、日式綠茶、臺灣綠茶、清心烏龍茶、白毫烏龍、靜岡冷萃玉露茶等六種口味，稱為不同產品型態。

4. 產品組合（Product mix）：所有產品線的集合，稱為產品組合。如P&G的產品組合，包括洗髮精、洗衣粉、牙膏、尿片、香皂等；統一企業的茶產品組合，包括茶裏王（寶特瓶）、純喫茶（新鮮屋）、麥香紅茶（鋁箔包）等。

5. 產品群（Product class）：又稱產品類別（Product category），是將具有相同或相似生產方式的產品線的集合，或具相似滿足消費者需求功能之產品線的集合。例如洗髮精、洗衣粉、香皂等產品線，可稱為洗劑類產品群。

二、產品組合

描述產品組合的三個重要概念，分別為產品線長度、產品線廣度、產品線深度。

1. 長度（Length）：指一條產品線內，所有產品品項的個數，產品品項個數愈多，表示產品線長度愈長。例如表7-1中，P&G的洗髮精有六個品牌個數。

2. 廣度（Width）：指產品組合內所有產品線的個數，產品線的個數愈多，表示產品線廣度愈廣。例如表7-1中，P&G的產品線有五個，所以產品線廣度也相當廣。

3. 深度（Depth）：指一條產品線內所有的產品型態（規格）的個數，產品線內的產品型態的個數愈多，表示產品線深度愈深。例如茶裏王有六種口味；P&G的汰漬（Tide）洗衣粉有八種不同配方。

以上這三個概念，可以表達產品線的內涵，策略上行銷決策人員應該尋求產品組合長度、深度、廣度，達成相當的平衡與一致（Consistency）。換言之，企業以日用洗劑類為行銷策略核心，則日用洗劑品的產品組合應有相當的長度、深度與廣度，才能配合企業行銷目標與利潤。

表7-1 P&G公司產品線組合分析

	洗髮精	清潔劑	牙膏	尿片	香皂
	飛柔	汰漬	Crest	Pampers	Lvory
	潘婷	Dash	Gleem	Luvs	Camay
產品線長度	海倫仙度斯	Ivory snow			Safegurd
	彩研	Grain			Kirk's
	沙宣	Cheer			Zest
	草本精華	Dreft			Lava
		Oxydol			Coast
		Bold			歐蕾
		Era			

（上方橫跨標示：產品組合寬度）

7-3　產品線決策

　　產品線決策是決定一組產品或同一個系列許多產品品項的決策。例如同一組產品，不同規格尺寸的電視機，不同技術或不同訴求，是否可成為一條產品線。產品線決策包括下列七項內容：1. 產品線分析、2. 產品線長度分析、3. 產品線延伸策略、4. 產品線填補策略、5. 產品線現代化策略、6. 產品線特色化、7. 產品線刪減策略。這幾項決策，依照產品所要解決的問題，說明如下：

一、產品線分析

　　產品線分析能協助行銷人員了解各產品的行銷貢獻，找出核心產品與附屬產品。產品線負責人要進行產品線分析，來了解每一種品項的銷售額、成長、利潤、市場的動態與市場占有率。這些分析可能會有不同內涵，有些商品市場占有率高，但獲利不佳；有些商品銷售額大、利潤高、市場競爭少；有些產品市場競爭激烈，相對市場占有率低，銷售額與利潤都不高。

二、產品線長度分析

　　產品線長度多長是品牌行銷人員的責任。產品線太長，品項過多不易管理，生產、庫存、備料繁雜；產品線太短，消費者選擇少，影響利潤。此外，公司目標、經營策略也會影響產品線長度，例如公司強調產品市場占有率，可能會有較長的產品線以達成各個市場需求。

　　P&G 公司在洗髮精的市場，產品線就相當長，包括飛柔、海倫仙度絲、潘婷、沙宣、采研等系列，每個系列又各有多種規格。產品線組合的寬度包括洗髮精、清潔劑、牙膏、尿片、香皂、衛生棉、面紙、化妝品（SKII）、咖啡、刮鬍刀（吉列、百靈）、口腔保健（百靈歐樂 B）等。

三、產品線延伸策略

　　每個公司的產品線大多只涵蓋部分市場區隔。當公司想超過原有市場區隔時，會產生產品線延伸的情形。而產品延伸策略有以下三個方向：

1. 向下延伸（Downward stretch）：把原來的商品改變成比較經濟實惠、低價格、簡便包裝或使用的年齡層越往年輕消費族群訴求。例如量販店常出現相同商品的組合包或量販規格商品；一般成人用的口香糖，延伸成小朋友吃的口香糖，進入另一個較年輕的市場。

2. 向上延伸（Upward stretch）：將原來產品高級化、精緻化、提高單價或進入較年長的市場，稱為向上延伸。如小朋友用的洗髮精或痱子粉，向上延伸為成年人或年輕女性也可以使用。豐田汽車（Toyota）除了可樂納、Camry，還推出 Lexus 汽車。

3. 雙向延伸（Stretching both ways）：是指企業將產品同時向上延伸與向下延伸。著名的 Marriott 旅館就採這種策略，一方面推出高級的 Marriott Marquis 產品線，一方面推出 Courtyard 與 Fairfield 旅館，往休閒與低價市場發展。

四、產品線填補策略

　　為克服現有產品線沒有辦法滿足市場需要，而增加產品線的項目，稱為產品線填補策略。產品線填補策略還可以滿足增加利潤的目標，提高剩餘產能利用的程度，增加經銷商銷售品項，堵住市場空隙，防止競爭者進入。

五、產品線現代化策略

面對快速變遷的市場,產品易發生過時、被淘汰的命運。因此,隨著時代的進步,必須持續更新產品品質、包裝、內容物、價格等,不斷的從事產品線現代化。例如餐廳或零售店,每隔三、五年就要重新裝潢、重新開張(圖 7-4)。商品每隔一段時間就推出新配方、新訴求、新外觀,以迎合消費者喜新厭舊的思潮。

圖7-4　連鎖店商品品項陳列方式是吸引顧客的重要因素

六、產品線特色化

面對消費資訊極端豐富的時代,消費者能夠清楚記憶的商品有限,因此行銷人員傾向產品線特色化的策略,以一個商品或少數幾項產品為代表加深消費者對產品的認同,方便記憶與購買。像雀巢檸檬茶訴求涼快到底;麥斯威爾咖啡是好東西與好朋友分享;藍山咖啡則是卓然品味。

七、產品線刪減策略

產品線行銷人員,要經常檢討產品線是不是過長,哪些商品的貢獻較高,哪些商品銷路不佳,利潤貢獻不理想,再對那些利潤不佳、市場占有率小、銷售未達一定規模,沒有未來性的產品加以刪除。

航空公司促銷「淡季機票」的行銷策略

在國內二大航空公司機票行銷策略方面，於長榮航空公司掀開促銷活動，而中華航空也開始新規劃攜手「新『南威爾斯』旅遊局」盼擴大澳洲航線效益，增加澳洲、紐西蘭的航班；並配合雪梨燈光音樂節暖身，推出傳照片抽機票等活動，激勵旅客搶先規劃澳洲行程。另一邊，長榮航空的促銷戰火，在 2017 年春節即展開，期望拉抬春節過後航空載客率，以延續「淡季不淡」的力度，推出購票優惠活動，計畫全力拉高 2 月、3 月淡季營運。2017 年春節落在 1 月底，在過年期間到 2 月 6 日前，推出購票最高折扣 3,000 元等優惠活動，並加碼抽折扣機票，盼搶先逼出未來數月的機票買氣。長榮航空去年累計營收 1446.8 億元，年成長 5.5％，尤其在 2016 年 11 月開航芝加哥後，北美各航點同步增班，推升北美營運走強。

航空公司一年中，旺季包括：耶誕節前後、元旦跨年前後、新春前後等，都是載客率成長的好機會。長榮航空表示，在 2016 年春節促銷活動獲得熱烈迴響，2017 年將再利用開春這個最重要的習俗，以「搶頭香」為主題，規劃以闖關活動來賀新年，用充滿喜氣的小遊戲，讓旅客在享受趣味的同時，還能以優惠的價格，提早規劃 2017 年的旅遊行程。

〔參閱：2017.01.24，經濟日報，C5 版，陳景淵撰〕

活動與討論

1. 介紹一位行銷人員應如何規劃淡季時的促銷？可參考本個案中，兩大航空公司的作法。
2. 說明長榮航空公司近年的營收，是如何成長的？其與行銷策略有哪些關聯性？

7-4 新產品開發流程

每年有無數的新商品上市，但是能被消費者接受，在市場上活存下來的，實在有限。產品上市之前，要經過許多步驟，結合眾人的智慧與力量（圖7-5）。新產品開發的流程包括創意產生（Idea development）、創意篩選（The screening of new ideas）、產品觀念測試（Product concept test）、商業分析、（Business analysis）、產品發展（Product development）、試銷（Test marketing）、商業化（Commercialization）等七大步驟（如圖7-6）。分別說明如下：

圖7-5　行銷人員正與產品經理討論新產品開發及行銷的策略重點

圖7-6　新產品開發步驟

一、創意產生

創意的來源越廣泛越好，可以是來自內部的行銷調查與相關成員（例如工程師、研究人員、老闆、公司高階主管與公司員工）。外部來源如廣告公司、管理顧問公司、專業出版期刊、專利代理人、大學或研究機構等，也有可能來自消費者或競爭對手。國內很多新產品創意的來源，大都是老闆或高級主管到國外去參展或旅遊，取得新產品或新概念，提供相關部門或行銷人員進行開發。

知名的創意設計公司 IDEO，每年至少有 90 種新品上市。他們有三個「腦力激盪室」，有寬寬的白板牆，到處可以塗塗寫寫，還有攝影裝置，可以把創意過程錄製下來。

二、創意篩選

行銷經理或創意發展小組，把產生的創意，依照公司的目標，評估企業的能力、生產與行銷的可能性。考量的標準包括：消費者需求、市場競爭、技術變革、社會趨勢、政治經濟、環境保護等因素。在這個階段，藉由以下兩個準則，可以篩選出符合公司要求的創意：準則一、有能力滿足消費者需求或是消費者有更多的選擇；準則二、性能或產出可以比現有的產品還好。

三、產品觀念測試

產品觀念測試是把通過篩選的創意，變成可以發展為產品的構想。一個創意可以發展成多種產品觀念，經過產品定位圖（Product-positioning map）找到所需要的產品觀念。例如現在流行西式訂婚喜餅，在觀念測試時，西式的概念可以演化成歐式、美式，歐式還可進一步細分成義大利式、法國式、英國式等，還可以定位成宮廷式、鄉野式、抽象式或寫真式，以尋求市場上可以生存或競爭的地位。

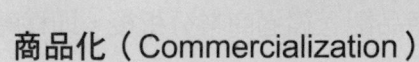

行銷快樂學

商品化（Commercialization）

商品化是指觀光餐旅產業的廠商，正式將新產品構想上市的活動。在商品化前會有產品設計、樣品試生產、測試樣品、大量生產及試銷等，而商品化是新產品發展的最後階段，廠商須有一套指引新產品至各「產品生命週期」階段的策略。

一般觀光餐旅業者在正式商品化之前，廠商可以建立一套臨時性的行銷方案以推介新產品，並在市場試銷階段，不斷修正對行銷效果的評估，至較完善為宜，再正式進行產品商品化。

四、商業分析

公司發展出產品觀念後，就要評估產品未來的銷售、經營策略、成本與預估利潤，以確定該項產品是否能達到公司的目標。這個階段的評估，還要考慮市場的大小、未來發展的潛力、市場的競爭情況，以了解這些因素對產品的影響。通常可以發展一年期的計畫、三至五年的計畫，有些公司甚至要求十年以上的計畫，以了解公司對該產品長短期的規劃。

行銷快樂學

市場發展策略（Market Development Strategy）

觀光餐旅業是21世紀的新興產業，其市場發展正在加速，因此，每個國家或地區，無不加強規劃其觀光市場發展，訂出最有利發展的策略，打入新市場，吸引更多的國內外觀光來消費休閒。在觀光市場發展策略中，如到其他國家和地區辦理觀光旅遊展，或介紹給其他國家的人們了解自家國家的特色，可稱為增開新地理性市場，包括（1）地區性擴張、（2）全國性擴張、（3）國際性擴張。

五、產品發展

產品觀念經過商業分析後，即移轉至研發部門或工程部門，發展實體的產品。在這個階段以前，產品可能只是文字敘述或一些圖形、粗略的模樣。到了這個階段，會有產品的雛形、原型（Prototype）、打樣或模子。相較於以前的發展，產品發展階段相當昂貴，進入這個階段的產品相對的少了許多。這個階段必需確認產品創意能夠轉化為商品，製成的商品要能符合工程上、品質上、功能上與設計上的要求，並通過各種必要的測試，如功能性測試與消費者測試。同時也要測試行銷組合中的許多要素，如文案、包裝、廣告詞、商標、口味等，以發展出完整的行銷策略。

六、試銷

　　試銷就是在一個自然環境中的有限區域，以較小規模的行銷作法測試銷售。藉由試銷測試產品，雖然費用昂貴，但可降低產品上市的失敗。試銷的目的在了解消費者及經銷商對持有、使用及購買該產品的反應，並了解市場潛量的大小。試銷的決策包括：選擇試銷的城市、地區、商店類型與數量、所要蒐集的資訊、應採取的動作。

七、商業化

　　商業化或商品化是將試銷成功的產品正式上市，產品正式量產，配銷到各個銷售據點，運用完整的行銷策略、廣告、促銷宣傳，全面的在市場上銷售。通常必須考量上市的時機、上市的地區、潛在的目標市場以及如何進入市場。由於現在產品競爭激烈，並不是所有的產品都得經過試銷，經過試銷成功的商品，也未必可以完全商品化成功，只是經過這樣謹慎嚴格的過程，可以將失敗的機率降到最低。

行銷快樂學

市場需求（Market Demand）

　　觀光餐旅產業中，市場需求隨著觀光產業的日漸發達而變大。一般市場需求是在一定的行銷策略與方針之下，在一定地區、一定的時間、一定行銷的環境及一定顧客群的購買額度，稱為市場需求。市場需求是一個函數觀念，不是指單一個數目，如「市場需求函數」就有下列變數：（1）商品、（2）總量、（3）購買、（4）顧客群、（5）地理區域、（6）時間期限、（7）行銷環境、（8）行銷企劃方案。

1. 說明產品的層次。

2. 根據消費者購物習慣，說明產品的分類。

3. 產品線有哪些決策？

4. 說明品牌的定義與品牌傳達的意義。

5. 何謂品牌權益？

6. 說明新產品開發的程序。

參考文獻

1. Kotler, P., Marketing Management（N.J.: Prentice Hall, 2003）.

2. Kotler, P. and G. Armstrong, Principles of Marketing（N.J.: Prentice Hall, 2001）.

3. Czinkota M. R., Marketing: Best Practices（NY: The Dryden Press, 2000）.

4. Aaker, D. A. and K. L. Keller（1990）, Consumer Evaluations of Brand Extensions, Journal of marketing, 54（Winter）, 27-41.

5. Keller, K. L.（1998）, Strategic Brand management（Upper saddle River, NJ: Prentice Hall）.

6. Aaker, D. A. Building Strong Brands（NY: Free Press, 1995）.

7. Desai, K. K., and K. L. Keller（2002）The Effects of ingredient Branding Strategies on Host Brand Extendibility, Journal of marketing, 66（Jan）, 73-93.

學習心得

5 產品線決策包括：（1）產品線分析、（2）產品線長度分析、（3）產品線延伸策略、（4）產品線填補策略、（5）產品線現代化策略、（6）產品線特色化、（7）產品線刪減策略。

6 新產品開發流程分為：（1）創意產生、（2）創意篩選、（3）產品觀念測試、（4）商業分析、（5）產品發展、（6）試銷、（7）商業化等七大步驟。

4 產品組合有三種重要概念：（1）產品線長度、（2）產品線廣度、（3）產品線深度。

3 產品階層包括：（1）產品品項、（2）產品線、（3）產品型態、（4）產品組合、（5）產品群。

1 產品層次可以分為：核心產品、附屬產品及擴增產品等三種層次。

2 產品依耐久性與有形性分為三類：（1）非耐久財、（2）耐久財、（3）服務；若依消費者購物習慣，區分為：（1）便利品、（2）選購品、（3）特殊品、（4）非搜尋品。

創意行銷抓得住「妳」

　　霈方國際公司，是新學的美容產品代理商，強攻美容產品，並與醫美診所合作，通路深入美療沙龍，強化服務深度會員，同時計畫在全球展店。創辦人呂先生是澎湖在地人，原來是學習建築專長，因遇到房地產不景氣，與哥哥一起打拚，剛開始投入商品是賣澎湖珊瑚、文石等收藏品，但一下子就虧了 200 萬元，後來改變公司的商品定位。因為每天在百貨公司工作，發現銷售最好的就是美容保養品和服飾。在因緣聚會下有朋友在美國加州，有機會代理美國品牌 EDN 保養品，就此踏入「女人的世界」。

　　呂先生經營的霈方國際公司開始投入美容保養品的行銷，主打送試用包，填寫資料成為會員的行銷策略，強力吸引小資族、愛美族群的目光，營造出櫃位前人山人海的景氣，這些新穎的行銷方法與主張，都是呂先生的行銷理念。呂先生的行銷名言是：「想賣東西得先了解通路，等懂得通路運作方式後，再賣東西，自然會成功。」呂創辦人一路從珠寶飾品貿易轉行到生技美容，不僅打造了臺灣本土的自有品牌，同時也開創了他的事業版圖，僅在銷售保養品，就已創造了年銷售額 8 億臺幣的佳績。

〔參閱：2017.01.23，經濟日報，A14 版，江碩涵撰〕

🗐 活動與討論

1. 分析「行銷通路」在霈方國際公司的應用策略如何？進一步說明該公司的創業過程。

2. 「創意行銷理念」對行銷人員相當重要，請就霈方國際公司的成功與失敗行銷經驗，來說明其轉行賣美容保養商品的歷程，並點出其創意行銷的作法。

Chapter 8
品牌策略與決策

08

觀光產業的創意「品牌行銷」要如何做到？

　　針對「品牌行銷」在創意性行銷手法的選擇上，應思考如何讓商品更有價值，也就是說「品牌價值」要與「品牌行銷」相互依存，相互應用。依行銷與廣告的專家學者，提出「品牌行銷」的核心價值觀念，介紹世界的大公司「品牌行銷」作法，提供觀光產業發展之參考，由下列資料，來說明企業要努力做創意設計的「品牌行銷與品牌價值」，應具備的觀念與做法，說明如下：

　　（一）蘋果、谷歌、三星、朋馳、迪士尼、耐吉、麥當勞，這七家大型公司，其共同的特徵是「品牌經營與行銷，不受景氣影響」，例如全球受到嚴重性的肺炎疫情影響，各行各業經營績效普遍出現衰退現象；但是，前七大的世界級公司的品牌價值，維持現狀，保住自己的價值與魅力，這是一點一滴的「品牌行銷」之表現。足夠告訴企業經營的秘訣中——「品牌行銷」的手法是創意行銷的重點。

　　（二）、透過品牌行銷策略的運用，所屬的品牌價值，是來自於企業的高竿經營。企業家的成功，在應用品牌行銷與型塑品牌價值中，是高竿的經營必將得到的成果。同時，我們要知道，「品牌」與「消費者」的關係，常建立在企業多重層面經營策略上，這些大型企業不論在科技、創新、信念、情感、忠誠、文化等深層的意義，不容易被取代；這就是說「品牌生命週期比產品生命週期更長久的事實」，更證明各企業必須要重視「品牌行銷」來經營「品牌價值」。

〔參閱：2023.02.17，經濟日報，B5版，林隆儀撰〕

活動與討論

1. 請同學上網查詢「品牌行銷」與「品牌價值」的意涵。
2. 試尋找美國蘋果公司，在推動「品牌行銷」與「品牌價值」的做法。又 得其他企業學習的有哪些呢？

學習指引

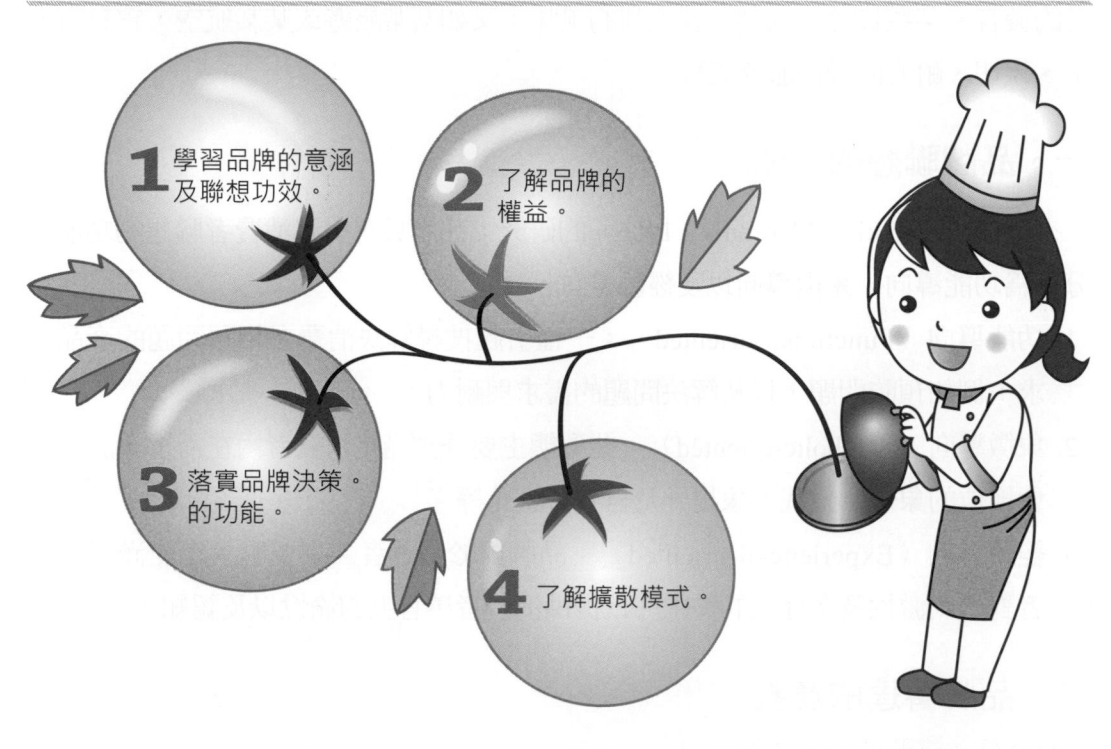

1 學習品牌的意涵及聯想功效。

2 了解品牌的權益。

3 落實品牌決策。的功能。

4 了解擴散模式。

8-1　品牌的意涵

品牌（Brand）又稱「品牌元素（Brand elements）」。根據美國行銷學會（AMA）定義的品牌，是指一個名稱（Name）術語、（Term）標記、（Sign）象徵符號、（Symbol）、設計（Design）或上述聯合使用。品牌是消費者用來辨識某位廠商或製造商所生

圖8-1　汽車行銷公司塑造新車款形象時，可以藉新款車子的特色來行銷宣傳。

產的產品或服務，是該產品或服務與競爭者的區隔。這種區別分別來自於以下兩種差異，一種是產品功能，屬實質上的差異；另一種是象徵、情感或無形的差異。

根據上述的定義，品牌也可以是一種聲音、商標（Trademark）、專利（Patent）或抽象的概念（Construct or concept）（圖 8-1）。例如花王「一匙靈」濃縮洗衣粉，

上面有「花王」和「一匙靈」的商標，它有獨特的配方專利，廣告片尾都有花王專有的發音。某些披薩，強調有義大利的風味；又如某某旅遊或某某航空，它具有安全、親切、耐心的最佳服務表現。

一、品牌聯想的功能

根據 Jaworski & MacInnis（1986）的研究，品牌具有引起消費者聯想的功能，分別為功能導向、象徵導向以及經驗導向。

1. 功能導向（Functional-oriented）：一種引起搜尋解決消費者相關問題的產品需求，例如預防問題，以及解決問題的需求與耐力。

2. 象徵導向（Symbolic-oriented）：此型態主要強調滿足消費者內在需求，諸如社會地位的象徵、自我形象提升及自我豐富化等。

3. 經驗導向（Experiencial-oriented）：品牌對於消費者，主要訴求為能滿足消費者對於刺激性及多樣化的需求，以提供消費者感官上的愉悅以及認知刺激。

二、品牌傳達的意義

品牌是銷售者提供購買者一組一致性且具特定屬性、利益與服務的承諾。品牌也可以是一種品質的保證，代表一種價值的思考，根據研究，品牌可以傳達六種意義給消費者：

行銷快樂學

品牌（Brand）

「品牌」是指一個產品（或商品）或一組行銷人員的服務內涵，有別於競爭者的名稱（Name）、記號（Sign）、符號（Symbol）、術語（Term）及設計（Design）或其組合。廠商努力致力自有品牌的理由有：

（1）為了「鑑別或凸顯自己」的目的，使每一產品有一個牌號。

（2）需要申請商標及專利，以保護該產品的特性，以免被他人仿造。

（3）凸顯本產品所提供的特性，使滿意的購買者易於辨認及重複購買。

（4）利用品牌所賦予其產品特殊的歷史背景及特色，以創造產品的差異性。

1. 屬性：品牌可以讓消費者在看到或聽到該品牌時，聯想到其屬性。例如想到賓士，消費者會認為是價格昂貴、高貴、有錢人開的車子；想到雙貓或三支雨傘標感冒液，消費者可能會認為是本土的、很「親切」的意義。

2. 利益：商品的屬性要能轉換成消費者的利益。高貴有錢人開的賓士，可以轉化成「我感覺到重要地位與令人羨慕的成就」。

3. 價值：品牌也傳達某些價值的思考。賓士汽車代表高性能、高聲望。點睛品或鎮金店，代表金飾與鑽石的一種流行。

4. 文化：品牌往往可以傳達文化的意義。遊故宮博物院代表中華文化、賓士汽車代表德國文化、可口可樂及麥當勞代表美國文化。

5. 個性：品牌可以反應某些個性。百事可樂訴求「新生代的選擇」。喜歡愛快羅蜜歐跑車的消費者和喜歡開 March 汽車的人，個性上應該是不同的。

6. 使用者：品牌可以看出使用者是何種類型的人。年紀大一點的人開賓士汽車，可能是老闆級人物；年輕的小伙子開賓士汽車，則可能被看成是開車的司機。

三、品牌化與品牌化的利益

　　品牌化（Branding）是指賦予產品或服務品牌的力量。賦予產品品牌名稱，也就是給產品一個名字，運用品牌元素來幫助消費者做確認：這是什麼產品與產品使用的理由。

　　品牌化包括創造心智結構與建立消費者組織產品的相關知識，建立品牌的利益，如表 8-1 所示。

表8-1　品牌化的利益

艾克（Aaker, 2005）觀點	凱勒（K. L. Keller, 2003）觀點
1. 評估考量可能的策略選擇。 2. 塑造一個長期觀點。 3. 呈現透明化的資源分配決策。 4. 協助策略分析及相關的決策。 5. 提供一組策略管理及控制的系統。 6. 提供垂直式及水平式的協調溝通系統。 7. 協助企業對「變動」的調整及應變。	1. 獲得較大的顧客忠誠度。 2. 在競爭市場活動及危機下，暴露較少的弱點。 3. 較高的利潤貢獻。 4. 對價格調降，具有較多的價格彈性。 5. 對價格調漲，具有較低的價格彈性。 6. 較高的經銷商合作與支持。 7. 增進行銷溝通的效率與效果。 8. 具可能的授權機會。 9. 獲得較有利的品牌延伸評估。

8-2 品牌權益

一、品牌權益的定義

「品牌權益」（Brand equity）的研究是 1980 年代以後幾年的事。品牌權益的概念是認爲品牌是企業可以獲利的資產，應該妥善加以管理。公司必須不斷的投資，有效的廣告、建立商品品質、提供顧客滿意的服務，才可以有效提升權益資產。

品牌權益可從不同角度觀察，評量「品牌資產化」及「資本化」。品牌權益是指因品牌名稱或符號，所賦予實體產品的附加價值。根據相關研究認爲，品牌權益指因品牌而具有的市場地位，經由品牌喚起對該品牌的注意力，影響消費者購買，有關思考、知覺與聯想的一連串特殊組合的訊息。

Fournier（1998）從心理學的觀點來看，認爲品牌與消費者之間是一種關係建立的過程，可以從四個方面說明：

1. 品牌當成關係夥伴，夥伴之間互相依賴（圖8-2）。品牌是消費者人格，或擬人化的表現。

圖8-2　獲獎的旅遊公司，員工露出喜悅的心情，這股年青熱血正是觀光行銷的新活力。

2. 在社會心理文化層面上品牌提供生活經驗的意義。例如生命的主題（Life themes），如深層憂慮、焦慮、緊張；生活計畫（Life projects）如畢業、退休、結婚、日常生活、性別、年齡、生命週期、家庭等。

3. 消費者與品牌的關係是多層面的複雜現象，例如友誼、愛、喜歡、沉溺、自我價值、安全、社會支持等。

4. 消費者與品牌關係是動態的觀點，例如重複交換、互動、關係成長與變化，不同階段，不同的情感與機制—親密、喜歡、愛、承諾、信任、互賴、新奇、比較、壓力等。

二、以廠商觀點的品牌權益

Aaker（1991）從廠商的觀點，定義品牌權益為：「聯結於品牌名稱（Brand name）和符號（Symbol）的一套資產與負債的集合，藉此可能增加或減少對消費者和廠商於該產品及服務的利益」。Aaker（1995）認為品牌權益可以分成五項來源：品牌忠誠度、品牌知名度、知覺品質、品牌聯想與其他專屬品牌權益（圖8-3），並說明如下：

1. 品牌忠誠度（Brand loyalty）：消費者願意繼續購買的強度。這是指消費者重複購買某一品牌，程度上又比品牌偏好再深入一些。消費者買不到該產品，會到其他地方再找。在一家西藥房內，買不到京都念慈菴的川楨枇杷膏，消費者常常會轉身到別家買，表示該消費者有相當高的品牌忠誠度。

2. 品牌知名度（Brand awareness）：或稱「品牌知曉」，是指消費者對品牌的辨識（Recognition）與回憶（Recall）的程度。消費者對購買自己所認識或記憶的品牌，認為其品質較值得信賴。品牌知名度愈高，消費者愈會指名購買。市場上那麼多洗衣粉，為什麼你要選「白蘭」；牙膏品牌很多，你為什麼選「黑人牙膏」，這就是品牌知名度高所帶來的經營利益。

行銷快樂學

品牌信念（Brand Beliefs）

品牌信念，是指消費者（觀光客）對某特定品牌，在各個產品（或商品）屬性上給予的評價。例如：某些消費者對某航空或旅行社服務的安全可靠性、服務高品質化、親切接待等，有其偏好及讚美，此稱為品牌信念。

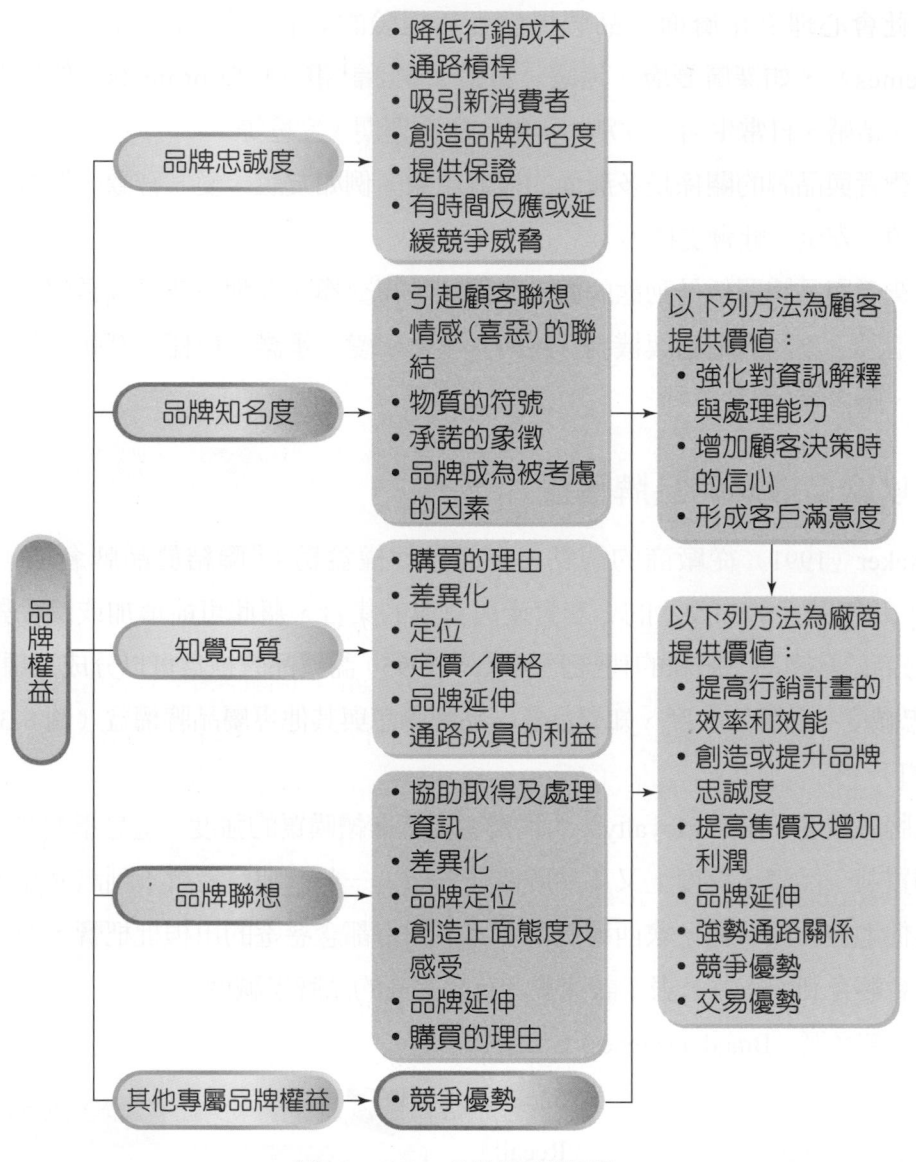

圖8-3　Aaker 品牌權益構面圖

資料來源：Aaker（1991）

3. 知覺品質（Perceived quality）：知覺品質是相對於其他競爭品牌，消費者會對
   該產品有全面性品質的認知。消費者對該產品或服務的整體品質與優越程度的
   評價。例如來自德國的汽車，消費者都會認為品質較好；大陸製造的產品普遍
   認為品質較差。

4. 品牌聯想（Brand association）：品牌聯想指任何與品牌有關聯的事物，例如產品外觀、廣告或代表人物等，可以協助消費者處理相關資訊。品牌與消費者記憶中任一事物與品牌的聯結，這些聯想有些來自功能利益屬性，有些來自象徵地位或角色以及經驗上的聯想。

5. 其他專屬的品牌權益（Other assets）屬於個別廠商的資產：例如通路關係、商標、專利等，作為防禦競爭對手的基礎。

三、以消費者觀點的品牌權益

從消費者的基礎來看，品牌權益是消費者選擇的主觀評價（Vogel, Evanschitzky, and Ramaseshan, 2008），代表產品或服務過去行銷組合投資所產生的附加價值。品牌形象愈強，愈有獨特性，需求程度愈高，則品牌權益愈高。Rust 等人（2000）認為品牌權益會跟消費者購買意願、重覆購買高度相關。

Keller（1993）對品牌權益定義，為個別消費者對品牌知識差異化效果（Differential effect）的反應。品牌權益來自行銷效果，而行銷活動主要功能乃創造不同的品牌效果，由行銷活動所反應的程度中，判別消費者品牌知識的差異性。Keller 的品牌權益構面圖，如圖 8-4 所示。

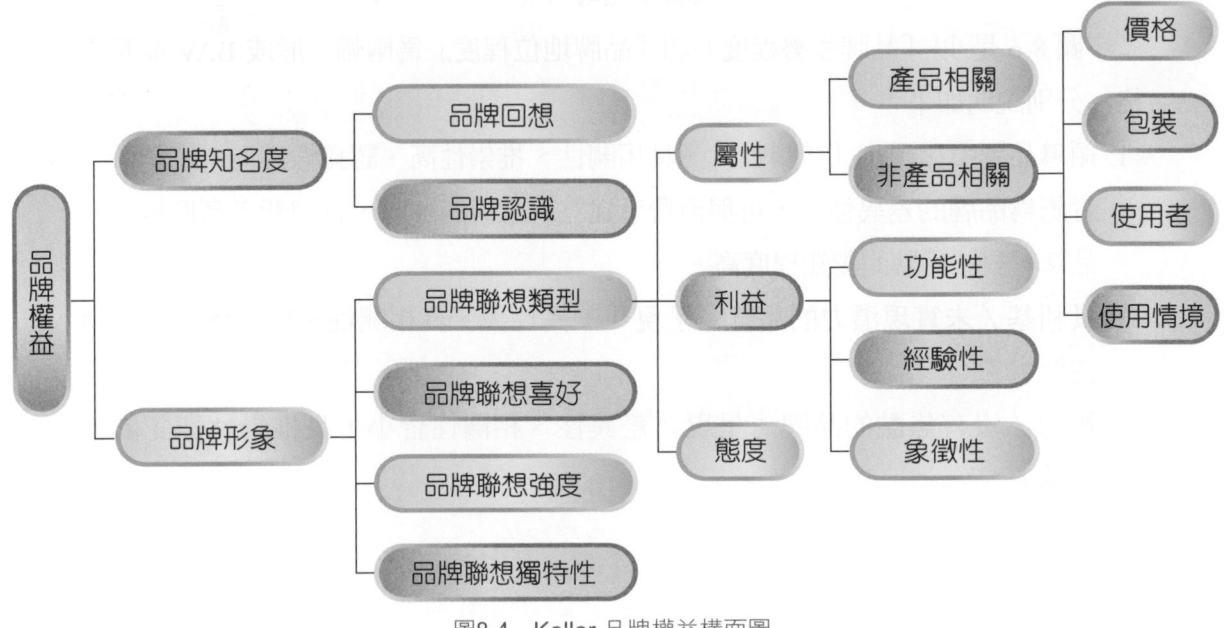

圖8-4 Keller 品牌權益構面圖

四、品牌資產評價因子模式（BAV 模式）

　　Y&R 恩雅廣告公司提出 BAV 模式（Brand asset valuator），以「品牌強勢程度」和「品牌地位程度」衡量品牌權益。圖 8-5 可知品牌強勢又分爲「品牌差異性」與「相關性」，這兩要素反映了品牌的未來價值；品牌地位則分爲「推崇性」與「認識性」，此兩構面則反映品牌過去的績效。

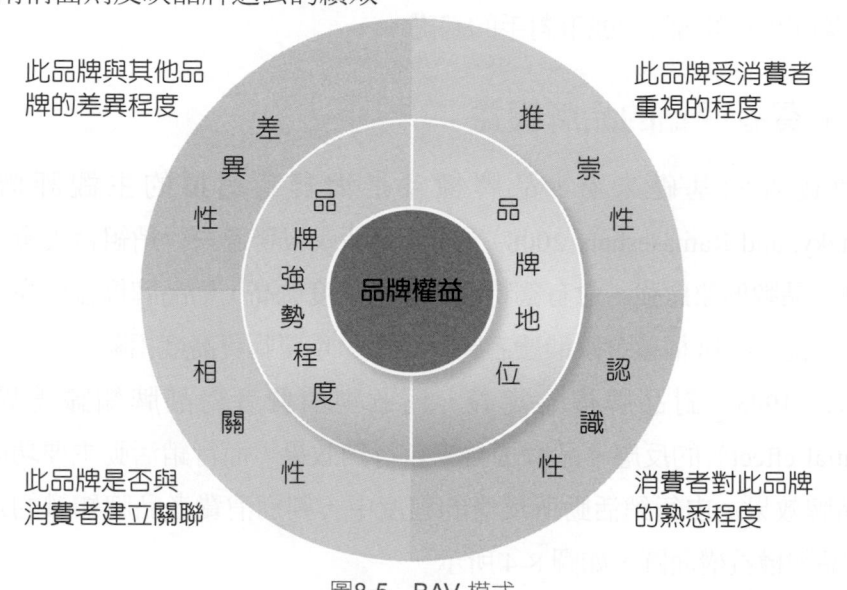

此品牌與其他品牌的差異程度

此品牌受消費者重視的程度

此品牌是否與消費者建立關聯

消費者對此品牌的熟悉程度

差異性　相關性　品牌強勢程度　品牌權益　品牌地位　推崇性　認識性

圖8-5　BAV 模式

　　圖 8-6 是 以「品牌強勢程度」和「品牌地位程度」爲兩軸，形成 BAV 能量方格，分別說明如下：

1. 領導品牌：呈現出「差異性大、具相關性、推崇性高、認識性高」。意謂消費者認爲品牌的差異性大，可與消費者建立有意義的關聯、且消費者高度推崇該品牌，對該品牌的認知程度高。

2. 具利基／未實現潛力的品牌：呈現「差異性大、具相關性，但推崇性與認識性低」。

3. 新的／沒有焦點的品牌：呈現「差異性、相關性皆小，且推崇性與認識性皆低」。

4. 侵蝕（Eroding）的品牌：呈現出「差異性、相關性皆小，但是推崇性與認識性高」。

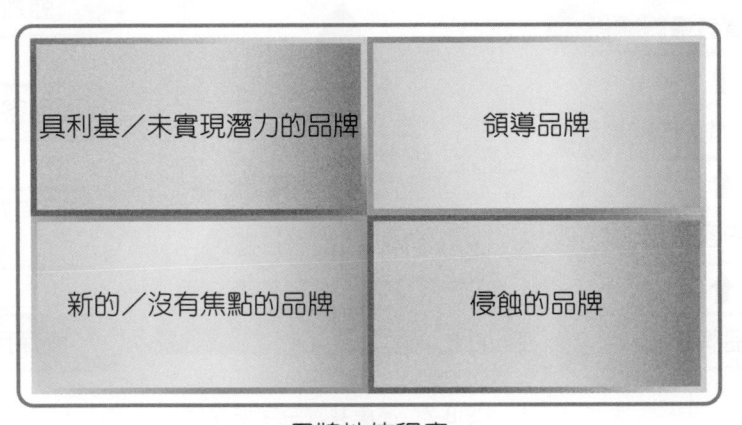

圖8-6　BAV 能量方格

五、品牌共鳴金字塔模式（BRANDZ 模式）

　　BRANDZ 模式（Brand resonance pyamid）由 WPP & Millard Brown 提出，強調品牌優勢是一種心理層面金字塔式的概念，包括出現（Presence）、相關（Relevance）、結果（Performance）、優勢（Advantage）、結合（Bonding）等層次。

　　如圖 8-7，左側說明品牌的相關構面，包括品牌定義、品牌的內容、品牌對消費者的影響、品牌與消費者的關聯性。最右側是從消費者層面來看品牌，從廣泛的認識到強烈的品牌忠誠，分成四個層次；中間是說明品牌和消費者內心產生連結的過程，從簡單的認識品牌特色，到品牌形象、品牌共鳴，愈往上愈不容易發展，形成一個像金字塔的圖形。這個內心發展的過程，消費者會從外認識品牌的功能、利益、屬性，建立內心的品牌形象；到第三層次，消費者會從外在品牌影響形成品牌判斷，說明影響的連結性與強度，內心產生品牌情感或品牌知覺。最高層次是產生品牌共鳴，此時消費者和產品有深刻的連結，品牌忠誠度高。

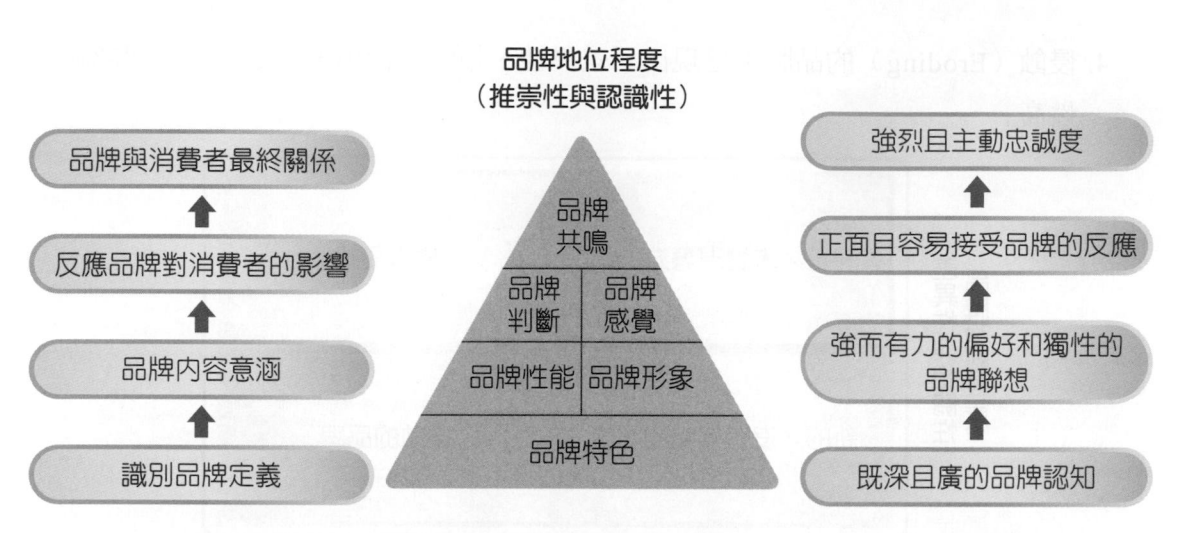

品牌地位程度
（推崇性與認識性）

品牌與消費者最終關係

↑

反應品牌對消費者的影響

↑

品牌內容意涵

↑

識別品牌定義

品牌
共鳴

品牌
判斷 ｜ 品牌
感覺

品牌性能 ｜ 品牌形象

品牌特色

強烈且主動忠誠度

↑

正面且容易接受品牌的反應

↑

強而有力的偏好和獨性的
品牌聯想

↑

既深且廣的品牌認知

圖8-7　品牌共鳴金字塔模式

六、建立品牌的方法

根據 Kotler（2011）的研究心得，在建立品牌要掌握三個方法，包括：

1. 選擇品牌元素或確認品牌的組成。確認產品的名稱、術語、標記、象徵符號、設計、商標、文案、標語（Slogans）、串場音樂（Jingles）、包裝與簽名（Signage）。

2. 產品與服務需要行銷活動與行銷方案的支持。

3. 其他有關品牌間接聯想的移轉與連結。

可口可樂、百事可樂、IBM、麥當勞、Toyota 等著名品牌在國際上具高品牌權益，廠商每年對該品牌投注龐大的行銷支出。從品牌權益的觀點而言，每年對產品的行銷支出，可以視為對消費者品牌知識的投資。對品牌投資而言，投資的品質更重於投資金額的大小。如果投資金額不當使用，也會造成過度投資與浪費。

投資品牌權益應該告訴消費者品牌未來的方向，可以讓消費者決定他們要如何思考，如何看待這個品牌，甚至要不要接受該品牌的新產品。品牌承諾（Brand promise）是行銷人員認為品牌是什麼，以及該為消費者做些什麼的遠景。行銷人員承諾品牌提供消費者品牌的價值、效用、功能或屬性。消費者會從這些品牌承諾累積他們對品牌的知識。

行銷座右銘——「商品就是代言人」

　　在商品的行銷策略中，充滿了各種的行銷理念；就以法國精品品牌愛馬仕（HERMES）來說，愛馬仕強打「品牌」，他們的行銷座右銘是「商品就是代言人」。愛馬仕的行銷策略有三點：1.重視臺灣市場：以目前臺灣來說，短時間內無開新店的計畫，不過未來若有具潛力的地點，就會再考慮開新店，例如 SOGO 復興館店點將在今年改裝，會以不同風貌面世。大中華區執行官韓祿恪表示，臺灣有很多死忠的 VIP 顧客，就像親人一般的關係；2.推動虛實整合體驗：韓執行官認為網路行銷是吸引年輕世代的最重要途徑，也是向他們呈現品牌面貌的管道。HERMES 公司的行銷策略是「幫客戶創造不同的購買經驗，虛擬和實體會是並存的」；3.黏著消費客層：愛馬仕公司認為「代言人就是愛馬仕的商品」，HERMES 的行銷理念是，HERMES 品牌本身希望消費者關注於商品本身，不希望代言人轉移了消費者的目光。

　　韓執行官認為兩岸大中華區擁有無窮的機會和潛力，而且逐年增長，愛馬仕幾乎每年都開一家新的店。針對本項行銷策略的作法，韓執行官表示：最重要的是，無論是軟硬體，都必須以最好的方式呈現愛馬仕的商品，消費者對品牌黏著度才會更高。

〔參閱：2017.01.25，經濟日報，A17 版，何秀玲撰〕

活動與討論

1. 愛馬仕（HERMES）公司是法國精品店，對觀光產業有密切關連性，在觀光行銷的探討中，請說明愛馬仕公司的行銷策略作法有何特點？並加入評析。

2. 就「商品就是代言人」的行銷座右銘而言，你認為觀光產業要如何參考以建立自己的品牌，並開拓成功商品化的行銷？全班同學可以分為若干組，並推舉1人當召集人，討論品牌、商品及代言人在觀光產業行銷的應用。

8-3　品牌建立決策

品牌建立決策，對行銷人員而言，是很大的挑戰。品牌建立一般分成七個相關決策議題，每個決策都相互影響。

一、品牌有無的決策

產品是否需有品牌，是一項重要的決策。大部分的商品都會有一個品牌名稱，像是多芬、黑松之類。但還是有一些商品沒有名稱，像前一陣子頗為流行的「無印良品」，其一些手工藝、床頭飾品、小吊飾都很可愛，但是都沒有名字。「生活工廠」也有很多這類商品。另外，幫別人代工或 OEM 委託製造的商品，通常也都不是自己的品牌名稱。

二、品牌提供者的決策

製造商必須決定該品牌由誰提供，這一項決策可分成兩類：

1. 從廠商立場來看：產品可以分製造商品牌、配銷商品牌與零售商品牌三種。例如大同、聲寶是製造商品牌，家樂福、大潤發量販店有自己的品牌，統一超商有自己的統一御便當、大燒包、關東煮。

2. 從地理涵蓋面的觀點來看：產品可以分成全國性品牌、地區性品牌。上述的品牌大多是全國性品牌，地方上的品牌，例如花蓮的麻糬、臺南的擔仔麵，某些著名的蜜餞、糕餅，只有在當地才能品嚐到的美味等。

配銷商或零售商自有的品牌又稱為私品牌（Private brand），也有各自的商標。例如家樂福或大潤發的麵包、衛生紙、餅乾、冷凍食品等，都可以看到家樂福或大潤發自有品牌。這些自有品牌的零售通路商，對製造商品牌的訴求是可以節省廣告促銷的通路費用，並回饋給零售商，提供消費者更便宜、更經濟實惠的產品。當銷售量大到一定程度，零售商也想自己來經營，可以有規模經濟，如統一超商的御便當、大亨堡等產品，都是統一超商自有品牌。

三、品牌名稱的決策

決定品牌名稱的決策有四類，說明如下：

1. 個別名稱：每一個品項都有不同個別的名稱。例如飛柔、潘婷、幫寶適、佳美、舒潔、靠得住等。

2. 以公司為產品系列名稱：例如大同電視、大同冰箱、大同洗衣機。

3. 家族式名稱：一個系列用一個品牌名稱，不同系列用不同品牌系列名稱。例如電視機系列稱為「轟天雷」；洗衣機系列稱為「媽媽樂」；冷氣機系列叫「夢鄉」或「雙胞胎」。

4. 公司名稱加上家族系列名稱：例如統一企業的統一咖啡廣場，有各種不同口味；莊臣愛地潔，也有不同的清潔用品。

其次，選擇品牌元素，除了要符合法律規定與公司形象一致外，一個好的品牌名稱應具有下列幾個特質：

1. 指出產品的利益所在，如化妝品可以命名為美麗、青春、精華露；手錶命名為精準或酷；衛生紙命名舒潔、柔軟。

2. 展現產品具有的品質與格調，例如電池命名叫勁量、永備；飲料稱為御茶園、鮮果多。

行銷快樂學

品牌命名（Brand Naming）

品牌在廠商的意義，誠如父母為新生兒女命名一樣，廠商為新產品必須要擬定一個有效的品牌名稱（Brand Name），此種作法，即稱為品牌命名。

優良的品牌命名，可強化產品的行銷績效，一個優異的品牌名稱具有下列特質：

（1）能指出產品能給予消費者（觀光客）的利益所在。

（2）能表現其產品的品質價值。

（3）品牌將求易發音、易懂及好記難忘掉，且字句要短，如長榮航空、中華航空、圓山飯店、劍湖山。

（4）應有特色（與他人有區別性），如i-phone、Toyota等。

3. 容易發音、識別與記憶，例如感冒用斯斯，洗衣粉用白蘭。

4. 產品命名應具有特殊性，例如聯邦快遞。

5. 產品命名的適合性，應考量在地的語言與文化，避免負面諧音或意思。例如家樂氏臺語發音「吃了死」、舒跑是「輸了就跑」，bluebird 中譯後也會令人想入非非，不是很好聽。

　產品的命名，可以採用以下多種方式：

1. 以人物命名，如中正、羅斯福、洛克菲勒。

2. 以地點命名，如德州炸雞、台北小城。

3. 以品質命名，如靠得住、潔美。

4. 以氣氛與幻想命名，如東方、香格里拉、花街草巷。

5. 以生活形態命名，如健康、美而廉。

6. 以人造的名字命名，如宏碁、Exxon。

　最好能表現商品的特色，名稱能信、雅、達，避免不良意義，如商品叫「夏流」、「建人」、「白木」、「酷伯」等。

四、品牌數目的決策

　品牌數目的決策，公司可以採用品牌延伸、多品牌、共品牌、新品牌、副品牌、品牌傘等方式。

1. 品牌延伸：即現有產品的延伸，是指在原有產品的基礎上，加上配方、成分、規格等調整。可以改變產品大小與口味。例如白蘭洗衣粉，加上無磷，加上柔軟精，加上增艷劑，就組成各種不同的洗劑產品系列。

2. 多品牌：指公司同時擁有不只一個品牌。

3. 共品牌：是指市場上兩家企業或兩個以上品牌共同創立另一個新的品牌，如中國信託和慈濟共同推出蓮花卡；富豪（Volvo）汽車宣稱使用米其林輪胎等。

4. 新品牌：在原有產品之外，創立新的品牌名稱。副品牌是指在原有主力商品之外，另建一個非主力的品牌，有時是為了分攤成本，有時是為了占據某市場空間，與競爭者對抗。

5. 品牌傘：多個產品共同使用一個品牌名稱。像 Polo、Adida，有衣服、球鞋、背包、襪子；香奈兒有香水、化妝品之外，也有衣服、皮包、手錶、鞋子、飾品等。通常採用品牌傘決策，主要是能很快找到定位，容易上貨架，新產品可以很快進入市場，但是也有其弊害，一旦商品失敗，可能會連累其他產品，產品缺乏獨特的個性，不容易被記憶，產品線過多使得品牌地位模糊，造成品牌稀釋（Brand dilute）[1]。

　　品牌組合（Brand portfolio）是指某一廠商，將所有相關的品牌與品牌線的集合。不同品牌有不同的市場區隔，所有相同目標市場的產品可歸成一類，類似產品類別，藉由品牌組合可以增加公司對品牌的控管、增加市場占有率、提高競爭力與獲利能力。

　　有關品牌組合的決策作法，學者 Morgan and Rego 在 2008 年指出以下三點看法，說明如下：

1. 品牌的數目與市場數目的範圍有多大。
2. 在相同的市場或區隔定位中，品牌組合內有各個品牌所面臨的競爭對手與競爭狀況。
3. 消費者會影響到品牌的品質知覺與價格的定位。

五、品牌重新定位的決策

　　若一品牌在市場上的定位，不符合現代需要，就可以採取重定位策略，重新為該商品找出一個適切的定位。

六、品牌活動設計與執行的決策

　　若要尋求個人化、整合化與內部化的品牌活動設計與執行決策，其意義進一步說明如下：

1. 個人化（Personalization）：提供消費者個人的經驗與品牌接觸，讓消費者覺得自己與品牌有相關，通常可以用說故事的表達方式，來引起消費者共鳴。例如奮起湖便當、鐵路便當等，引發消費者個人經驗與感觸。

---

[1] 品牌稀釋是消費者因為該品牌太廣泛，逐漸對該產品的定位不清楚。如消費者現在大多不能確切說出 Polo、Adida 到底是甚麼意義。

2. 整合化（Integration）：指將所有行銷活動加以整合，產生最大效果，提高消費者對品牌知覺（Brand awareness），使品牌形象更好（圖8-8）。

3. 內部化（Internalization）：是指所有的行銷活動與方案，都能夠得到內部員工的支持，鼓舞內部員工的士氣。

圖8-8　五星級飯店能以貼心的服務來提升顧客滿意度

七、與各種品牌次級聯想槓桿的決策

充分使用各種品牌的聯想，增強消費者對品牌的屬性、利益、功能的聯想強度，包括各種次級的聯想。次級聯想是指對品牌間接的相關資訊與知識，將品牌的知識使用在其他非關產品的領域上。例如和別人發展共品牌、與其他品牌策略聯盟、運用品牌提供贊助或從事社會公益活動或提供品牌供第三人使用。如使用華碩品牌贊助孩童營養午餐、華碩贊助奧運活動、舉辦華碩盃高爾夫球賽、華碩盃網球公開賽等。

8-4　使用擴散模式

一、模式說明

史氏與文卡特許（Shih and Venkatesh, 2004）提出使用擴散（Use-Diffusion, UD）模式，替代以前所用的採用擴散使用概念。

傳統擴散將擴散曲線分為「導入期」、「成長期」及「成熟期」。之後又延伸出以採用者劃分為「創新者」、「早期採用者」、「早期大眾」、「晚期大眾」與「後採用者」（Rogers, 1995）。

科技創新擴散的過程，不能只考慮「採用者」的行為，應該進一步顧及「使用者」的行為。使用擴散模式重視的是使用行為，例如使用頻率（Rate of use）與使用多樣化（Variety of use）。模式則包含使用的特質（頻率與多樣）、持續性的或停

止使用,以及科技可能的影響結果(包括認知科技的重要性、科技的影響力、科技使用滿意度與使用者可能傾向採用新的科技)。兩個模式特性進一步比較如表 8-2 所示。

表8-2 採用擴散與使用擴散的特性比較

模式	利益變數	人口分類	相關標準
採用擴散	採用	1. 創新者 2. 早期採用者 3. 早期大眾 4. 晚期大眾 5. 保守者	採用的時機或採用率
使用擴散	使用	1. 熱情使用者 2. 專業使用者 3. 非專業使用者 4. 有限使用者	使用率、使用多元性

二、使用擴散的衡量構面

根據「使用頻率」與「使用多樣化」兩變數來衡量,分類出熱情使用者、專業使用者、非專業使用者與有限使用者四種使用型態(圖 8-9),且四個類型分別為四個完全互斥的集合,但使用者也不一定會一直固定在同一種使用型態中,可以在四種型態中切換轉變,但不會同時處在兩種使用型態的情形

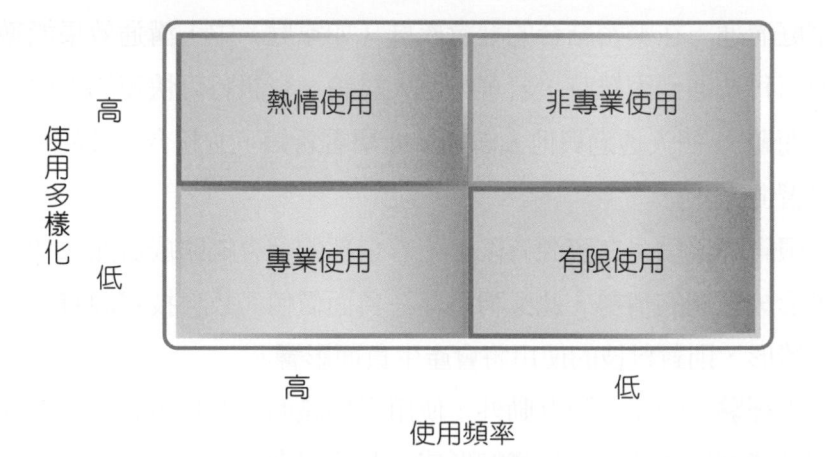

圖8-9 使用型態的分類

1. 熱情使用者（Intense users）：使用者同時擁有明顯的高度使用多樣化與高度使用率。此類型通常會花費相當多的時間於創新產品上，並將此創新產品用在不同用途上。

2. 專業使用者（Specialized users）：使用者在使用率方面與使用多樣化相比，使用率高於使用多樣化，明顯只著重於使用率。此類使用者的使用行為通常會把創新產品視為是一種專業工具，並把創新產品用於一種固定的用途上。

3. 非專業使用者（Nonspecialized users）：使用者在使用多樣化方面與使用率相比，使用多樣化會高於使用率。此類使用者，對於最初接觸創新產品時通常都抱持一種嘗試錯誤法的心態，來認定創新產品對於使用者的適用性。

4. 有限使用者（Limited users）：使用者不論使用多樣化的程度或是使用頻率方面均相當低。潛在因素才是影響有限使用者採用創新產品的原因。所以相對很少有相關的用途可讓此類使用者去使用此創新產品，甚至有可能是抱持著不採用的態度。

三、使用擴散的決定因素

在使用擴散的決定因素分成四個主要構面，分別為「家庭社會背景」、「科技構面」、「個人構面」，以及「外在構面」，分別說明如下：

1. 家庭社會背景

   (1) 家庭溝通：在緊密結合的社會族群（如家庭）中，溝通效果能獲得強化。使用科技遇到困難時，若可與他人討論，資訊將可快速的被傳遞，進而解決問題。 個人透過與他人溝通，能學習新知，並整合科技的使用方法與使用習慣。

   (2) 有限資源競爭：在資源有限下，若全部的社會網路成員無法利用資源時，將形成緊繃的情勢，此又稱為存在負面價值。故科技資源有限下，發生上述情形，則對科技的使用將會產生負面影響。

   (3) 使用經驗：除了人際互動外，使用者知識的更新也會影響使用擴散。科技的複雜度影響使用者知識的形成，及使用者位於何種使用型態，與所扮演的角色。使用者的知識可由經驗累積而來，使用經驗提供使用者有能力去使用新科技。正面的產品經驗能引發重複使用。

2. 科技構面

(1) 科技熟稔：即指科技的多用性與耐用性等特性。此特性也讓使用者得知科技的能力界限與應用範圍。使用者對於科技熟稔程度愈高的科技愈是熟悉，科技使用困難的情況也愈不容易在其身上看到。

(2) 科技互補：即研究使用者使用其他科技、產品互補創新科技或產品的程度。「科技密度」（Technology density）互補科技愈多，使用者於特定用途上的選擇也會愈多，因此，可能影響使用者對創新科技的使用。

3. 個人構面

(1) 使用創新：即使用者具能力（創造力）與動機（好奇心）的前提下，能用多種新穎方法來使用已存在的科技或產品。若使用者具使用創新傾向，其將抱持著試驗性的態度嘗試使用同一科技於不同的用途上，進而提升使用者對創新科技的使用變化程度（圖8-10）。

(2) 對科技的挫折感：複雜的科技往往讓使用者在使用科技時感到挫折。設計者在開發新科技時，應投入較多時間發展更人性化的科技。

圖8-10　休閒農業是臺灣新興的旅遊產業，而產業中的企業可盡情地展現本土文化於行銷內涵中。

4. 外在構面

(1) 外在溝通：溝通不止於家庭內溝通，也包括外在溝通。使用者與其朋友或同事談論創新產品的同時，也因溝通讓使用者更相信該創新產品，並產生信任。使用者透過與他人討論問題，使資訊快速交換，並克服使用上的困難。

(2) 在外科技之聯結：在家庭外使用科技，讓使用者對科技使用的多樣化更加熟悉，進而提升其科技的使用多樣化，但使用率方面，隨在家庭外使用科技愈久，可能降低在家庭內使用科技的意願。

(3) 媒體展露：高度媒體展露能產生連帶效果，刺激使用者提升使用程度。廣告呈現方式，影響消費者在認知過程對產品廣告的評價，進一步影響消費者對訊息的接受程度。廣告呈現是訊息創造策略的重要因素之一，其中包括了使用的溝通媒介的使用與運用動態、音樂、影像及情境等資源。使用者透過不同的管道接觸廣告，而提升使用者的媒體展露程度，進而影響其使用程度。

四、使用擴散的結果

使用擴散的結果分成「科技的知覺影響」、「科技的滿意度」、「對未來科技之興趣」等三個構面。

1. 科技的知覺影響：使用科技的程度直接影響使用者的知覺。例如在使用擴散的使用型態中，熱情使用者會對科技產生「文明依賴感」，而有離不開科技的現象。但對有限使用者來說，不會對科技產生依賴感，甚至可能認為於其日常生活中。

2. 對科技之滿意度：客戶對一項產品的滿意度即指該項產品滿足其預期的功能。滿意度與使用習慣之間具有高度的相關性。若個人能力能成功使用產品，達到其預期結果，就能引發高度的滿意度。由此可知，熱情使用者的滿意度勢必高於有限使用者。

3. 對未來科技的興趣：一項既存科技的滿意度將增加採用另一項替代新科技的阻力，意謂降低替代新科技被採用的可能性。但將科技運用到生活中的使用者，最不抗拒獲取類似的科技，過去美好的使用經驗除了減少學習使用上的窘境，

也使其意識到新科技可能帶來的益處。熱情的使用者對未來科技的取得展現最高興趣，其次是非專業的使用者。相較之下，專業使用者對未來科技取得的興趣可能不會提高，因使用者已投入時間與心力在把既有科技應用在重複使用或應用在一組專業工作上發展專門知識，使用者若成功的把科技整合於其生活中，則其若要獲取相同類型科技時，採用的阻力將比其他人來得少。

　　擴散結果如圖 8-11 所示，熱情使用者皆顯著高於其他型態的使用者，亦即熱情使用者會具較佳的滿意度，也相信家庭受科技影響較大，也更可能視電腦為重要的科技。

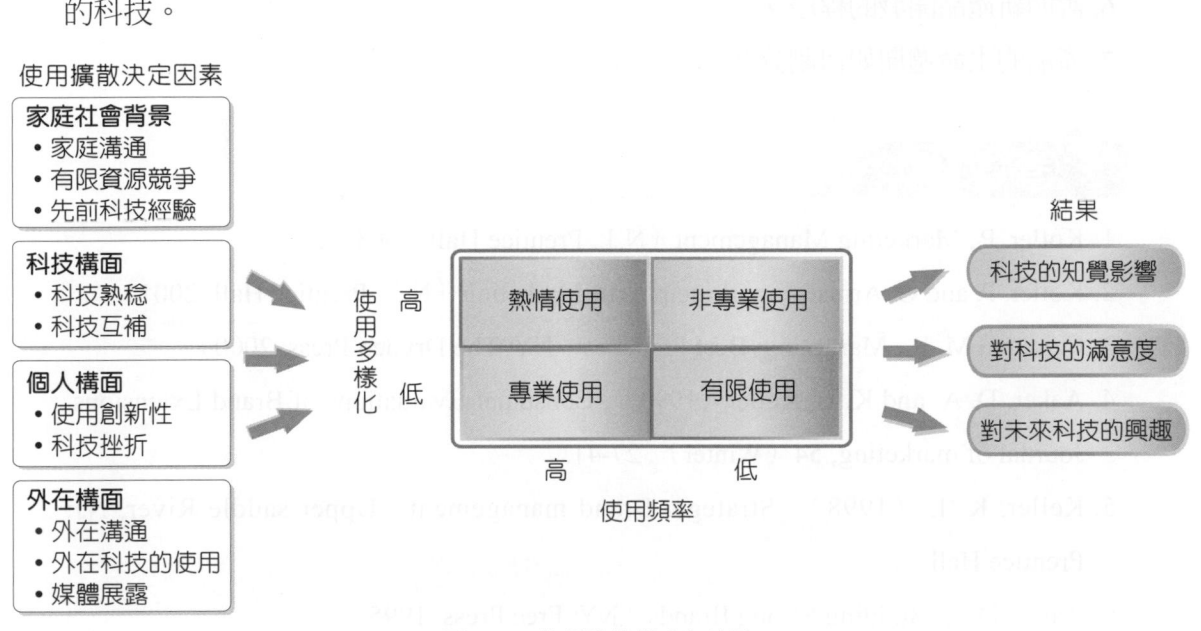

圖8-11　使用擴散模式之結果

1. 說明產品的層次。

2. 根據消費者購物習慣，說明產品的分類。

3. 產品線有哪些決策？

4. 說明品牌的定義與品牌傳達的意義。

5. 何謂品牌權益？

6. 說明新產品開發的程序。

7. 產品的生命週期如何劃分？

1. Kotler, P., Marketing Management（N.J.: Prentice Hall, 2003）.

2. Kotler, P. and G. Armstrong, Principles of Marketing（N.J.: Prentice Hall, 2001）.

3. Czinkota M. R., Marketing: Best Practices（NY: The Dryden Press, 2000）.

4. Aaker, D. A. and K. L. Keller（1990）, Consumer Evaluations of Brand Extensions, Journal of marketing, 54（Winter）, 27-41.

5. Keller, K. L.（1998）, Strategic Brand management（Upper saddle River, NJ: Prentice Hall）.

6. Aaker, D. A. Building Strong Brands（NY: Free Press, 1995）.

7. Desai, K. K., and K. L. Keller（2002）The Effects of ingredient Branding Strategies on Host Brand Extendibility, Journal of marketing, 66（Jan）, 73-93.

學習心得

5 使用品牌擴散模式可以分類為：（1）創新者、（2）早期採用者、（3）早期大眾、（4）晚期大眾、（5）保守者。

4 品牌數目的決策，公司可以採用：（1）品牌延伸、（2）多品牌、（3）共品牌、（4）新品牌、（5）創品牌、（6）品牌傘等方式。

3 品牌提供者的決策有：（1）從廠商立場及（2）地理涵蓋面的觀點來看。

2 品牌的權益概念是指：品牌是企業可以獲利的資產，應該妥善加以管理。公司得不斷地經營品牌，如投資、廣告、建立品質、提高顧客滿意度，才可以有效提升權益資產。

1 品牌又稱品牌元素，是指一個名稱、術語、標記、象徵符號、設計等單獨應用或組合應用之。又品牌的聯想功效分別有：功能導向、象徵導向及經驗導向。

旅遊行銷的另一重要問題──行程中搭車安全

　　觀光界在推廣旅遊行程中，應以全部行程的安全為首要工作，才能算是一個成功的旅遊設計，2017 年 2 月 13 日國 5 遊覽車意外，造成三十多位遊客死亡的大車禍，全民關注。在我們學習各種旅遊行銷的技巧中，應同時來討論旅遊行銷的另一重點，旅遊搭車安全的知識，究竟要如何選對團，坐對車，又如何挑對座位，並在各種意外發生時自保？本個案提供一些旅遊乘車安全資訊，說明如下：

1. 上車前勤打聽：找合法旅行社，簽定型化契約，是否依規定投保旅平險，確認旅行社派合格司機、導遊領隊、問清楚車齡、車況。
2. 上車後睜大眼：檢查逃生門逃生窗位置，檢查滅火器。
3. 坐哪裡較安全：司機後方最安全，車後方較危險。不過，坐在哪裡導致的傷勢狀況要依意外類型而定。
4. 搭車時注意：繫安全帶仔細看搭車安全錄影帶；注意司機是否超速、打瞌睡、飲酒；注意車上是否有不當物品如汽油等。
5. 乘客如何自救逃生：司機若昏迷，坐上駕駛座，暫時控制煞車和油門，取車窗擊破器往安全車窗的四角落敲擊，將車窗推開逃生。若車輛翻覆，可從車頂逃生口逃出。
6. 安全姿勢圖：若有車體失控等緊急事件，乘客應將上身下彎，手抱膝，再將頭埋進手臂懷抱中。

〔參閱：2017.02.16，Upaper，第 3 版，非看不可的綜合報導〕

活動與討論

1. 說明行銷旅遊活動與旅遊安全有何相關性。
2. 列舉3點以上，說明乘坐遊覽車的安全措施。

Chapter 9

服務行銷策略與品質

旅宿業之業績首重「行銷平台」的開發

在後疫情時代，Kkday（旅遊天）公司的執行長陳明明先生，在 2023 年轉型拓展國內路線，打造優質的預訂平台「rezio」。同時進攻國際市場，充分掌握疫情後，抓住突發的爆炸性旅遊商機。陳執行長有二個重要策略：1、專注本業，其特色是開發預訂平台及掌握海外市場反彈契機；2、調整組織，其特色是同時 動兩大成長引擎並解決痛點後把壓力變禮物。

KKday 公司的行銷策略相當成功，具備創新性，是亞洲主要行程旅業者，已經有九十個國家、超過 550 個城市提供超過 30 萬個旅遊體驗行程。當 KKday 公司成立以來，快速解決自由行旅客安排食宿之外還研究當地行程的痛點，現在是其他同類公司的學習標竿。KKday 公司的優勢是團隊年輕、轉型快，一有商機，內部立刻做組織調整，以採取一體方式，用一種變形蟲型態，為顧客服務。另外，陳執行長的觀光商機行銷策略有四個字：「見、識、謀、斷」，以此四個字訣做決定。「見」是觀看市場機會， 讀趨勢報導，重視市場調查的數據；「識」把資料變成可用的資訊，幫助決策判斷，判別真假；「謀」聽取簡報與建議，並進行「SWOT」分析，進行行銷策略分析。「斷」最重要，前面三項有人協助處理，而「決斷」，是一個人的，必須扛責任。並力求符合企業的條件與戰略。KKday 公司的國旅事業、禮品事業等已經快速發展成新事業。

〔參閱：2023.02.06，經濟日報，A4 版，彭慧明撰〕

🗐 活動與討論

1. 請介紹KKday公司的行銷策略特色。
2. 介紹陳執行長的經營公司策略為何？

學習指引

1 了解服務本質與服務業的特性。

2 認識服務品質與評量表。

3 了解觀光服務業的行銷策略。

9-1　服務的本質

　　服務（Services）是指一個組織，提供另一個組織的任何行為、努力或成效（Deeds, Efforts, Performances）。服務是無形且無法產生事物所有權。服務可能與實體商品有關，也可能無關，例如網際網路的服務。

　　服務業的興盛，隨著經濟發達愈來愈重要。根據統計，我國近幾年來服務業的比例已位居三級產業結構之首（服務業、工業、農業），自民國 2004 年起，政府大力推動，截至 2016 年，全國服務業產值已經達總生產毛額的百分之六十五以上，產業結構已經和先進已開發國家，如美國相當。許多服務社會的工作因應而生，吸引許多的就業人口，例如保險金融服務、瘦身美容服務、觀光休閒旅遊、餐飲服務業等。

　　服務業涵蓋的範圍相當廣泛，如表 9-1。一般而言，服務業包括政府服務、金融保險、不動產業、健康醫療業、教育業、運輸倉儲及通信業、公共設備業、商

業、批發零售與其他。在我國，餐飲業亦屬服務業。服務業的分工愈來愈細，結合了各種科技發展與人性需求，也出現愈來愈多新的行業，例如電話行銷結合電腦科技與保險金融的新業別，郵政服務之外還有民間郵局、快遞公司與宅配。

　　網際網路上也出現大量的服務行業，提供的服務更是琳瑯滿目，包括提供個人消費的書籍買賣、音樂、玩具、拍賣、點選各種線上服務、入口網站或各種軟硬體，如 app store 裡面的服務。

表9-1　服務業的類型

政府服務	警察、消防、社會安全與福利、社會工作、大眾運輸、全民健保與國民年金、郵政
非營利服務	社區服務、醫院、紅十字會、宗教團體、各種社會福利基金會、老人照顧
營利服務	租車、洗車、電影娛樂、乾洗、航空服務、美容瘦身、旅遊、觀光
專業服務	法律、醫療、保險、財務金融、建築、教育、會計、顧問諮詢
網際網路服務	入口網站、拍賣、app store、音樂、點選視聽娛樂、MP3、聊天交友

　　根據學者的研究，純商品與純服務是相對的概念，純實體商品，例如包裝食品、各種洗衣粉、洗髮精；純服務包括教書、醫療服務、當保姆、諮詢顧問等。界於兩者之間可以區分為三類：一是商品密集服務，即以實體商品為主，提供服務為輔，例如房屋仲介、電腦銷售；另一是服務密集商品，即以服務為主，實體商品是完成服務的工具，例如航空服務、提供旅行運輸、視聽娛樂、看電影聽歌等；介於上述兩者間的稱為混合型，一般都以速食業、餐飲業作代表，表示實體商品、硬體設施與軟體服務皆具重要影響（表 9-2）。

表9-2　商品與服務概念區分

分類	相對的純商品	商品密集服務	混合型	服務密集商品	相對的純服務
圖例					
實例	包裝食品 洗衣粉 洗髮精	房屋仲介 物流運輸 電腦銷售	速食業	航空運輸 影視娛樂	顧問諮詢 美容瘦身 教育工作

註：圖中藍色處為實體商品部份，其餘為服務。

9-2　服務與服務業的特性

一、服務的特性

服務具有四個主要特性：無形性、不可分割性、異質性與易逝性。這些特性對擬定行銷組合具重大影響。

（一）無形性（Intangibility）

服務最大的特性是無形性，它不像實體商品可以看得到摸得到。服務可以是一種行為、一項表演或一種努力。例如觀賞張惠妹的表演、替人媒介交友、職場工作等都是一種服務。又如美容、醫療，購買該產品前無法看到具體結果，經驗或結果可能因人而異，且靠主觀判斷，對消費者而言消費因此充滿了不確定性。

行銷人員通常藉由具體化服務品質或提供某些保證，以降低消費者購買的不確定感，利用場所佈置、服務人員、設備、宣傳資料、標誌、價格或會員化加強服務管理，可以給消費者加強消費的信心，將無形的事物有形化，加深消費者印象（圖 9-1）。

圖9-1　服務行銷是現代餐旅產業的行銷重點，該家餐廳正在熱銷季節性特餐。

（二）不可分割性（Inseparability）

不可分割性是指實體商品通常會經由製造、儲存、配送與銷售等步驟，但是服務往往是生產與消費同時發生。例如一場張惠妹的演唱會，在載歌載舞的同時，就是一種生產行為，對觀賞的群眾而言，欣賞張惠妹表演的同時即是一種消費行為。服務的生產與消費不可分割、同時產生，且兩者的互動也影響服務的結果。

因應生產與消費同時產生的特性，服務提供者可以嘗試在服務產生時，提供給更多人消費。例如本來是一對一的心理治療，改變成一對多或小群體治療；利用網際網路教學，可以同時讓不同地區或國家的學員共同學習。

（三）異質性（Heterogeneity）

異質性是指服務完成的過程中的變動程度。受到服務對象、服務時間、地點、提供服務的人不同，服務品質也易有差異。服務具有高度的可變性，因此控制服務品質的一致程度相當不容易。

維持服務品質的一致程度，減少變動，可以透過制度或程序來加以控制。一是從人員甄選與訓練加強著手，找來素質較高的人員，給予較完整的訓練。第二是公司實施標準化服務績效評核制度，如麥當勞建立標準作業程序（SOP）或參與 ISO 品質認證。第三是透過顧客申訴制度、抱怨處理、顧客調查等顧客滿意制度，來追蹤顧客服務的滿意情形（圖 9-2）。

圖9-2　餐飲服務品質是餐旅行銷的保證，圖中的王品集團，其各品牌都是國內餐飲業的標竿餐廳，同時利用各自的商標吸引顧客。

（四）易逝性（Perishability）

易逝性是指服務不能儲存，沒有存貨。儘管服務可以在事前作需求規劃，但是服務具有時間性，不即時使用就形同報廢。例如旅館的空房間，今天沒售出，不能留到明天再賣或飛機起飛以後的空位，沒有賣出，就沒有服務可言。

為了解決易逝性的問題，行銷人員可以嘗試以下幾種做法：

1. 需求規劃上：用差別定價或辦促銷活動來區別尖峰與離峰、淡季與旺季的需求；用補償性的服務延伸服務的不足，例如提供咖啡或休息給等候過久的顧客；採用預約制度，充分利用每一個服務時間。

2. 供給規劃上：增加尖峰時間兼職人員，共乘搭車，共享服務或預先規劃未來所需設備或空間。淡季以促銷、低價、搭贈等活動，鼓勵消費者使用閒置的服務或提供給其他企業使用。

二、服務變動的特性

　　服務具有變動的特性，會隨服務的人或事物而有所不同，可由以下六個層面來看：

1. 客製化服務到標準化服務：客製化的服務（Customized service）是指完全依照顧客的需求提供服務，如服飾剪裁，完全適合顧客所要尺碼、顏色而量身訂作；標準化服務（Standardized service），像航空公司提供航班時間表、氣象報告預報天氣，不會因人不同，而有不同的安排及變化。

2. 個人化服務到機構式服務：個人化服務（Personalized service）如會計師，律師提供的服務是針對特定的對象。機構式服務（Institutionalized service）如到電信局去辦電話申請、繳電話費一樣，在該機構的櫃檯就可以得到一定的服務，不必在意對方是誰。

3. 獨特的智慧到廣泛的技藝：有些服務具有特殊性，因人、因事而異，像室內裝潢設計或建築師設計房屋，都有其獨特的智慧（Unique talents），一般是看需求對象而有所不同。廣泛的技藝（Widely available skills），像銀行的櫃檯人員或學校裡教書的老師，需要有一定專業的知識與技藝，但卻可以大量的培養與訓練。

4. 勞力密集到資本密集：有些服務業務大量依賴勞力供應，像統一超商需要很多工讀生打工，就是屬於勞力密集（Labor intensive）。但是像電力設備、高科技產業，需要投入的資本很高，相對用到一般勞力就少，因此為資本密集（Capital intensive）。

5. 高進入障礙到低進入障礙：高進入障礙（High entry barriers）通常可以來自專利權、高資本投入或政府特殊的許可。例如固網事業，政府只允許三家經營；低進入障礙（Low entry barriers）一般技術層次較低，投資資金不大的行業，例如文具業、禮品業、美容店，五金材料行等，都是低進入障礙的服務業。

6. 產能具適應性到產能調整困難：服務產能適應性（Adaptable）端視服務隨環境、技術改變的程度。一般像會計師事務所、公關公司、瘦身美容業，能因應環境及科技的變化，快速調整業務。電廠發電量、航空公司的航線決定，就比較難以改變，一旦決定，往往會運作很長的一段時間。

9-3 服務品質

一、服務品質的定義

　　評估服務的好壞，通常以服務品質來衡量。根據相關學者研究（如 Parasuraman, Zeithaml and Berry, 1985, 1988 後人稱此理論為 PZB 服務品質模式），服務品質（Service quality）是指消費者對服務的滿意程度，即預期的服務水準與消費者所認知的服務水準二者之間的差距。服務品質的產生是發生在消費者與第一線服務人員之間的互動過程，因此，服務品質與服務人員的表現具有高度相關。

　　顧客期望的服務水準與實際的服務水準之間往往會有落差，很難盡如人意。根據服務品質衡量模式（Conceptual model of service quality）（圖 9-3），消費者與提供服務者之間服務品質會有五個缺口（可能產生服務品質的缺陷）：

1. 缺口一：消費者與管理者之間對期望認知的落差。此缺口產生的原因為行銷時服務人員未能真正了解顧客對於服務品質的需求所致。

2. 缺口二：管理者未將消費者的期望轉為服務品質規格。此缺口產生的原因為服務人員了解到顧客需求與期望之後，將其轉換為服務時受限於內部條件，使服務業者無法提供顧客所期望的服務品質。

3. 缺口三：服務品質規格與服務傳遞過程間的落差。此缺口產生的原因為服務人員提供給顧客的服務水準無法達到顧客期望。

4. 缺口四：服務傳遞與消費者外部溝通間的落差。此缺口產生的原因為外部溝通不良造成顧客所預期的服務水準與服務人員實際提供服務水準有落差。

5. 缺口五：消費者所期望的服務與所感受的服務之間有落差。此缺口產生的原因為顧客對所期望的服務品質與接受服務後所感受的服務品質認知之間有差異。

　　想要滿足顧客的服務品質，必須降低顧客整體的主觀性。降低顧客主觀性的重點就是縮短顧客期望的落差。建立一個有效的服務品質，找出顧客期望什麼，針對顧客的期望面作為服務品質提升的執行面。

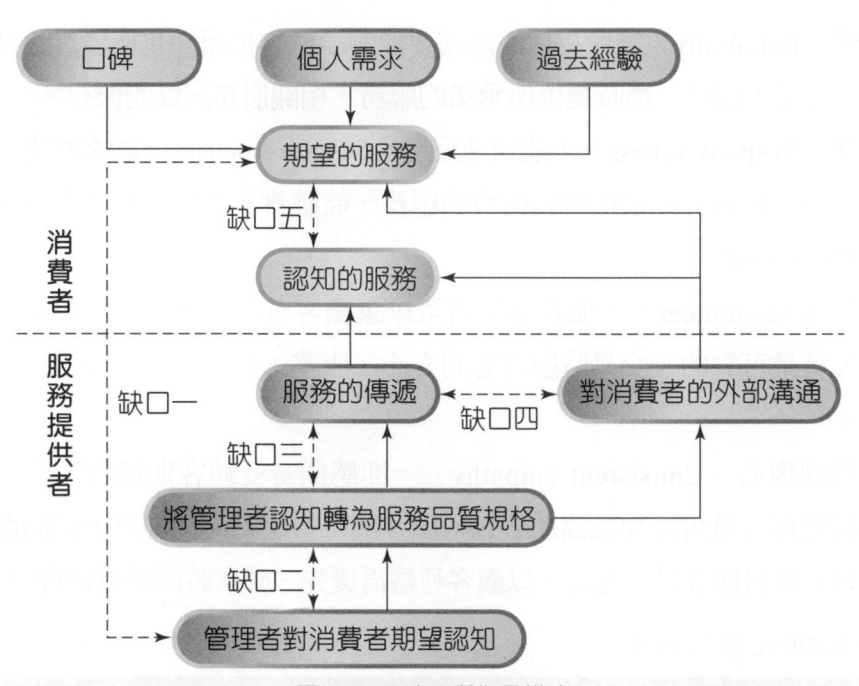

圖9-3　服務品質衡量模式

資料來源：Parasuraman，Zeithaml 和 Berry（1985）

二、服務品質量表

　　許多研究發現，消費者對服務品質的知覺是建立在傳遞服務的過程中：服務傳遞者及其態度直接影響消費者的滿意度（圖9-4）。　表 9-3 是 Parasuraman、Zeithaml 與 Berry 在 1985 年提出的第一種服務品質模式，又稱服務品質量表（SERVQUAL），用以測量服務的有形性、可靠性、

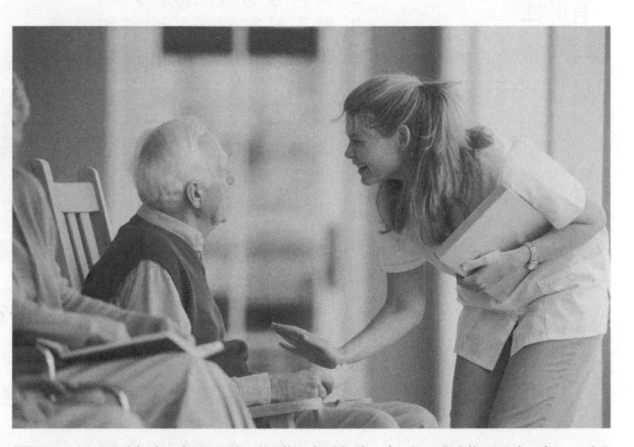

圖9-4　經營老人服務產業的養老中心或護理之家，都是以高接觸為主的服務。這類服務產業在行銷時，要以服務口碑為主要的訴求。

回應性、確實性和一致的同理心等五個構面。說明如下：

1. 有形性（Tangibles）：或稱實體性。就是將無形的服務實體化，包括具有先進的服務設備、服務設施具有吸引力、服務人員穿著得體、整體公司外觀設施與服務協調、履行對顧客的承諾。

2. 可靠性（Reliability）：所提供的服務要能夠給顧客依賴。包括顧客遭遇困難表示關心並提供協助、準時提供所承諾的服務、相關服務記錄的保存。

3. 回應性（Responsiveness）：能快速反應（Quick responses）顧客的需求並加以解決。包括顧客可以很快得到應有的服務、能確實告知何時提供服務、服務人員有幫忙的熱誠。

4. 確實性（Assurances）：服務發生時可以讓顧客有踏實的感覺。包括顧客相信服務人員是可靠的、交易時顧客感到安心、服務人員能互相協助以提供更好的服務。

5. 一致的同理心（Consistent empathy）：即感同身受顧客期待的，所遇到的問題，且服務人員可以加以協助，包括顧客期待對服務人員提供不同的服務、期待服務人員對顧客付出愛心、以顧客利益為優先、營業時間能方便顧客。

表9-3　SERVQUAL 量表的構面與問項

構面	問項
有形性	1. 具有現代化的設備。 2. 具有吸引人的設施外觀。 3. 員工具有整潔的服裝和外表。 4. 服務設施與提供的服務能夠相互配合。
可靠性	1. 能夠及時完成對顧客承諾的事情。 2. 能夠盡力協助並解決顧客所遭遇的問題。 3. 公司是可以信賴的。 4. 能夠在答應顧客的期限內提供服務。 5. 保持記錄的正確性。
回應性	1. 能夠對顧客提供詳盡的業務或服務說明。 2. 員工能夠對顧客做迅速的服務。 3. 員工有服務或幫助顧客的意願。 4. 員工不會因為太忙碌而疏於回應顧客。
確實性	1. 員工的行為能夠建立顧客信心。 2. 與該家公司交易有安全的感覺。 3. 員工應保持對顧客的禮貌性。 4. 員工可以透過公司所提供的資源來完成他們的工作。
一致的同理心	1. 能夠滿足顧客的個別需求。 2. 針對不同的顧客給予個別關懷。 一致的同理心 3. 了解顧客的喜好。 4. 了解顧客的需求。 5. 能夠提供顧客最舒適的服務。

資料來源：Parasuraman，Zeithaml 和 Berry（1985）。

9-4　服務業的行銷策略

　　長久以來，服務業的行銷（如餐旅服務業）被視爲是實體產品行銷的一環，沒有受到應有的重視，策略發展也有待更多探討。服務業的行銷策略可以從幾個層面來看，一是從傳統的行銷 4P 來看，一是從差異化策略來看，另一則是從提升競爭生產力的角度來看。

一、傳統的行銷組合

　　運用 4P 在服務業上，須加上幾個條件：人員、實體呈現（Physical evidence）與服務過程。

1. 人員：服務業主要由人組成，人員的素質決定服務的品質，所以有關員工的甄選、訓練與獎勵，都會影響顧客滿意度。一般認爲員工應該具有親切的態度、關懷顧客、反應能力、主動積極與解決問題的能力。

2. 實體呈現：是指以有形的實體來具體化服務。麥當勞以有形的時間衡量速度，外觀的整潔乾淨來說明其價值與品質。很多餐廳以外表裝潢的富麗堂皇來表示其高格調與高價值。

3. 服務過程：服務的過程，依內外活動分成內部行銷與外部行銷。內部行銷是指有效的訓練與激勵，公司內部員工，提供顧客滿意的服務；外部行銷是指公司對外所作的標準服務、定價、配銷、促銷活動或廣告。

　　在網際網路行銷方面，講究互動（Interactive）行銷，顧客可以藉網路和行銷人員或員工交談。如 Charles Schwab 是第一家提供證券交易的主要經紀商之一，1998 年在其線上交易網有 2 百多萬個投資者，利用 Web 創造結合高科技，提供創新服務。透過 Web 網站與其他投資工具 Charles Schwab 扮演線上投資顧問的角色。

二、差異化策略

　　服務業競爭到一定程度，進入成長期或成熟期時，如果進入障礙不高，技術層次較低，同業之間很容易因模仿而失掉競爭優勢，此刻，採用差異化策略就顯得十分重要。Charles Schwab 以線上交易作投資顧問也是一種差異化的想法。Wal-Mart 百貨公司，除了每日最低價的做法外，還有很多加強服務，對顧客親切服務的做法，也是在尋求與競爭者之間建立差異化。

　　差異化可以來自公司提供的服務，就如同產品分類一樣，服務也可以是以組合（Package）的概念來區別，分成基本服務組合（Primary service package）與次級服務組合（Secondary service package）。基本組合可以滿足顧客基本需求，次級服務組合可以附加延伸的價值。航空公司除了飛機準時安全外，還提供個別電影放映服務、空中電話服務、經常搭飛機的優惠服務；保全公司除了提供人員巡邏、安全警衛服務之外，還可以提供代收代管客戶資料、宅即便服務、大額提款護衛、孩童暫時看護的額外服務。

　　這些次級的服務組合很容易被模仿，因此不斷創新、研發以獲取優勢，建立聲譽則可以確保顧客的惠顧。例如臺灣大哥大不斷的推出各種手機服務，如行動寫真、超低價、超值通話優惠、手機繳款、鈴聲下載、卡拉 OK 歡唱、手機上網、連結社群網站 facebook 等多種創新附加服務，不斷吸引消費者使用，也確保其市場占有率。

　　差異化也可以以企業形象、價值傳送作區別。例如消費者耳熟能詳的麥當勞企業標誌、肯德基的上校標誌。信用卡市場上，各家信用下結會，各種活動，巧妙的切入不同市場需求，也將企業經營信用卡的理念傳送給服務對象。

三、提升服務力

　　服務業很容易受到競爭的影響，使得成本上升，因此降低成本與提高服務力往往是經營上的一大壓力。一般可以透過下列幾種方法來提高生產力：

1. 專業分工：透過較佳的甄選與訓練，僱用素質較好的員工。
2. 共享的實施：若干需求較強的服務，可以降低服務的時間，增加服務的量。如公車共乘，醫師同時做小組治療或縮短每個人的服務時間，增加服務更多的人。
3. 服務科技化：即利用科技設備來達成。可以將生產或服務作業標準化，就像麥當勞做漢堡一樣，以標準化作業及重覆或複製的概念，以大量生產降低成本。
4. 利用科技創新發明：以降低或消除對服務的需求，如發明抗生素降低對疾病治療的需求、發明免燙衣服，降低對洗衣需求、利用數位相機，減低對膠捲底片的需求。

5. 提供顧客誘因：鼓勵顧客自己動手或自助，減少公司對顧客的服務。例如自助洗衣、自助卡拉 OK、自助沙拉吧，讓顧客自己組合需求。

6. 充分運用電腦科技：設計出更有效的服務。利用 Web 網站，提供顧客互動式的服務、利用知識庫學習，加強人員的法律觀念，減少對律師的需求。

行銷快樂學

公司行銷機會（Company Marketing Opportunity）

　　觀光餐旅產業的公司行銷機會，是指可能帶給該公司的某些特殊活動與利益的行銷。行銷機會亦可說明如下：

（1）對目前情況，而有更進一步突破的替代方式。

（2）新設計的產品內容與形態，比目前的情況更引人入勝。

（3）公司若能採取某種行銷活動，來強化新的行銷策略與方法，使其成本可降低，績效提升。

　　因此，觀光餐旅業者得組合公司的人力、商品設計力、財力，以及行銷力，全力擴展機會，創造公司的行銷機會。

日本應用行銷美食拚經濟新動能

　　日本以往以科技產品行銷最為傲人，但是，近年來在工業產品的出口動能已停滯；而日本的創新人士，則利用當地的美食文化，扮演起提供高品質食品給全世界的角色。

　　日本 2015 年食品和漁獲的出口額為 7 千多億日圓，僅占總出口的 1%，但首相安倍晉三要在未來三年內將此數字提高三分之一，達到 1 兆日圓。日本負責食品外銷的官員也認為：「就像義大利用美食、法國用紅酒推動食品出口，希望日本料理也能如此。」

　　香港是日本食品出口最多的地區，也是讓日本看到食品出口成長潛力的典範。香港囊括日本近四分之一的食品出口，其次是美國、臺灣、中國和南韓。

　　從上述的故事，可以發現日本人（食品餐飲業）以美食拚外銷，創造經濟的新動能，非常值得臺灣餐旅觀光產業界的朋友參考。餐旅業為了業績，也可以「臺灣美食」來吸引觀光客，行銷「臺灣小吃」特色，再創造另一項經濟新奇蹟。

〔參閱：2016.11.19，經濟日報，世界格子趣版，林佳錚撰〕

📝 活動與討論

1. 介紹工業大國——日本，應用日本美食的品質行銷世界之企圖心與作法。

2. 臺灣小吃及臺灣夜市文化，如何配合觀光行銷來增加觀光客的外匯收入？請加以分析討論。

問題討論

1. 說明服務的定義與分類。
2. 說明服務具有哪些特性。
3. 說明服務變動的特性。
4. 服務業可以使用的傳統行銷組合策略有哪些？
5. 服務業可以使用的差異化策略為何？
6. 如何提高服務業的生產力？
7. 說明服務品質的意義與內容。

1. 鄭華清（2009），企業管理，臺北，新文京。

2. Kotler, P. , Marketing Management（N.J.: Prentice Hall, 2009）.

3. Parasuraman, A., V. A. Zeithaml, and L. L. Berry（1985），A Conceptual Model of Service Quality and Its Implications for Future research, Journal of Marketing, Fall, 41-50.

4. Berry, L. L. and A. Parasuraman, Marketing Services: Competing Through Quality （NY: The Free Press, 1991）.

5. Zeithaml, V. A. , A. Parasuraman, and L. L. Berry（1996），The Behavioral Consequences of Service Quality, Journal of Marketing, vol.60, April, 31-46.

6. A. H. Lovelock, and P. Eiglier, Services Marketing: New Insights from consumers and Managers（ MA: Marketing Science Institute, 1996）.

7. S. M. Keaveney（1995），Customer Switching Behavior In Service Industries: An Exploratory Study, Journal of Marketing, April, 71-82.

學習心得

5 觀光服務業的行銷策略，可以從：（1）傳統行銷4P、（2）差異化策略及（3）提升觀光產業競爭力的角度來執行之。

4 服務品質量表（SERVQUAL）用來量測服務的：（1）有形性、（2）可靠性、（3）回應性、（4）確實性及（5）一致的同理心。

3 服務品質是指消費者對服務的滿意程度，即預期的服務水準與消費者所認知的服務水準二者之間的差距。

2 服務是有四大特性：（1）無形性、（2）不可分別性、（3）異質性、（4）易逝性等。

1 服務是指一個組織提供另一個組織的任何行為、努力或成效。其類型眾多，如：政府服務、非營利服務、營利服務、事業服務、網際網路服務等。

行銷創新，觀光客需求擺第一

　　行銷創新的修練是每位觀光餐旅從業人員必修的功課，而創新新點子之成效與行銷創新的本質密不可分；例如公司推出的商品不夠新奇？不夠獨特？不夠吸引旅客，是無法達到行銷效果。行銷創新的做法，之所以常給人抽象的刻板印象，是因為旅遊商品也因每人的想法，而有很大的差異。但是，基本上以「觀光客需求擺第一」是正確的。

　　我們在行銷企劃及提案中，應利用觸類旁通法及腦力激盪法進行。第一點：當觀光客需求的服務及商品在溝通中時，應開發一套可以應用科技媒體的技術，在遠距離與顧客互動完全無障礙的溝通，方便與國外觀光客溝通與連繫；第二點：行銷創新可以引導年輕人發揮創意，尤其是剛出校門的大學生，他們富有熱情及學習力，若給以機會和創新的啟發，相信是一種相當良好的培育行銷人才方法。

〔參閱：2017.02.22，經濟日報，B4 版，林隆儀撰〕

📑 活動與討論

1. 你認為以「觀光客需求擺第一」之行銷創新是觀光界值得推廣的行銷策略嗎？原因何在？

2. 年輕人富有熱情及創意，以觀光界的行銷特質來看，若你是一位觀光企業創辦人，會如何讓年輕的行銷人員展現其創意？

NOTE

Chapter 10
定價策略與促銷組合

10

要如何把創意變成生意？現在告訴你！

我們可以從「創新者的思考：看見生意與創意的源頭」一書了解，在學習觀光行銷的我們，我們一起來了解生意與創意如何達成呢？這個的核心價值在「創意行銷」的實現，也是一種三創（創意、創新、創業）的表現。

書中介紹許多企業成功的個案，提供了相當多的 發。這些 發性的創意，成為源源不絕創意人的創意設計。並將想法變成事業構想及有數字依據的商業機會。此書特別提醒在創意變成生意的過程中，要特別留意下列重點：1、必須要持續不斷地思考，對任何事物抱持關心度，訓練自己想出很多的構想，盡可能有技巧地節省成本。2、常常詢問「為什麼」，反覆思考「為什麼」，許多創業家都是提出質疑的人，遇到可能知道答案的人會窮追不放棄的。3、要事業做得到有差異化，最重要的是：「速度」，同時也要有能夠解決顧客困難的能力，藉以讓顧客有利。

一個企業公司，從創意到有生意，而創業成功，其核心價值就是在發揮「三創的精神」，在我們學習此，觀光行銷學的過程，本案例提供一個「創意行銷」的重要性，是我們邁向成功企業家的必修課程，在此建議同學要時時都有創意思維、創新的想法及成為傑出創業的自我期許，這是本個的最後期待，各位同學好好加油喔！

（參閱：2023.02.16，經濟日報 B5 版，魏興中譯）

📧 活動與討論

1. 請介紹「創新者的思考：看見生意與創意的源頭」一書核心價值。
2. 介紹「創意、創新、創業」的三創精神的意涵。

學習指引

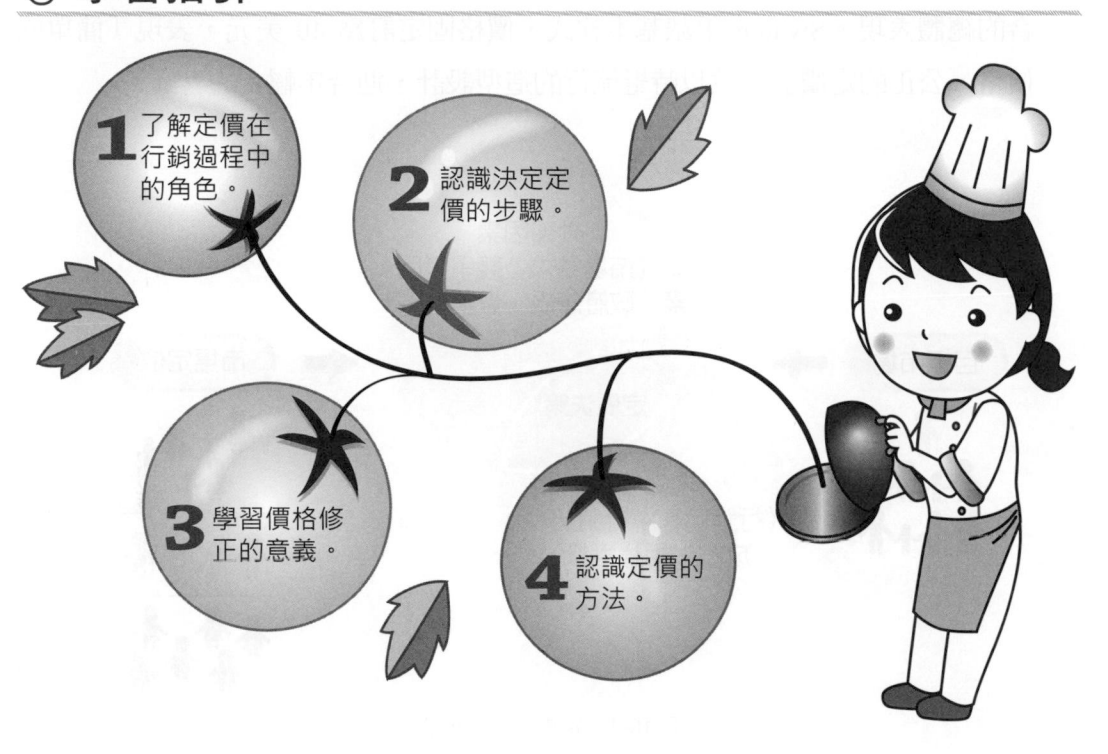

1 了解定價在行銷過程中的角色。

2 認識決定定價的步驟。

3 學習價格修正的意義。

4 認識定價的方法。

10-1 定價在行銷過程中的角色

　　價格或定價是指為了獲取財物、勞務，進行交易所必須付出的代價或犧牲。在商品行銷，價格通常是指交易過程中貨幣的支出或為了取得商品或勞務所花費的時間、精神上或體力的付出。同樣是冰淇淋，為什麼哈根達斯（Häagen Dazs）可以賣這麼貴？小美、雙葉賣得這麼便宜？

　　產品如何定價，往往令人頭痛，價格太高，賣不出去；價格太低，影響企業經營，價格一旦訂定便很難改變，想漲價，會失去市場；要降價，則削弱利潤。同時，價格的訂定也必須與行銷策略一致。

　　定價決策除須考量內部因素和外部因素，還須對準目標市場和清楚的市場定位，如圖 10-1 所示。根據學者的研究，定價在行銷組合中，扮演下列四個角色：

1. 定價是行銷策略整合的總體表現：例如 Swatch 手錶的定價，是一種行銷策略整合的總體表現。Swatch 手錶基本款式，價格固定訂為 40 美元，表現「簡單的價格，公正的定價」，並以時髦流行的造型設計，迎合年輕人的喜好。

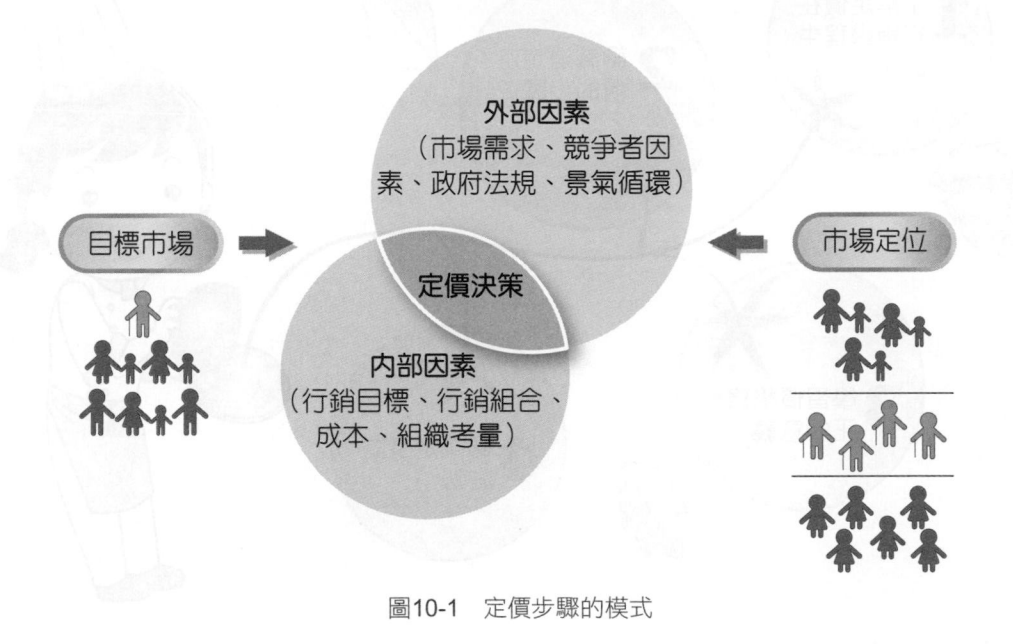

圖10-1　定價步驟的模式

行銷快樂學

競爭導向定價法（Competition-Oriented Pricing）

　　所謂競爭導向定價法，是指觀光相關企業廠商以競爭者的價格水準作為定價的基礎，雖然自己的價格不一定與競爭者完全相同。觀光企業廠商通常保持「高」或「低」於對方價格的一定百分比，而忽略自己的「成本」與顧客的「需求」。觀光企業公司常樂於採用競爭導向定價法，其理由為：

（1）當產品成本很難衡量時，以一般其他企業公司的價格為定價基礎，即代表大家集思廣益的行為，又可獲得相當的報酬。

（2）所定價格與現行市場價格一致，可維持企業之間的和諧，不受干擾破壞。

（3）若定價與其他同業差別很大，則顧客與競爭者將會作任何反應，很難預料，所以最好維持相同的價格水準，以免招來不必要災害。

2. 定價表現價值與品質：消費者往往以價格代表產品的價值與品質，高價格表示高價值與高品質；低價格表示低價值與低品質。Häagen Dazs冰淇淋的高價格，表示產品是超高品質（High premium），賓士汽車的高價位，同樣表示價值與尊榮。國產的很多文具，像玉兔、雄獅、利百代的鉛筆、橡皮擦、鉛筆盒等相對上價格都賣得很大眾化。

3. 價格代表市場區隔：許多產業以差別定價來區隔市場。不同的價格區間，表示不同的市場或不同的消費群（圖10-2）。常見的有公車票價、電影院的票價、球賽、演唱會等，都會因時段、區位、早晚、前後場排有不同定價。

圖10-2　百貨店利用4P中的定價（Price），標示各商品的定價及折扣。

4. 價格代表不同的顧客服務：低價格表示對顧客服務比較經濟、簡單、顧客自助式服務較多；價格高表示顧客可以享受較好、較親切、較賓至如歸的服務。例如搭飛機，坐在經濟艙的服務就不如商務艙或頭等艙的服務來得多與好。

10-2　定價策略的說明

就理性的思考來說，訂定價格可以分成六個步驟：選定定價的目標、確定商品或服務的需求、估計成本、分析競爭者的產品、價格與成本、選定定價的方法、決定最後的價格。

一、選定定價的目標

企業在決定價格目標前，要先清楚產品區隔與定位，定價的目標可分成幾項，包括：求生存、利潤最大化、最大市場占有率、滲透定價、市場吸脂最大化及品質領導。如果公司面臨生產過剩、競爭激烈、消費者需求改變，進而影響企業利潤與

生存時，「求生存」就成為產品定價的目標，一般會追求當期利潤最大，以對股東負責，並能存活下來。有些公司以最大市場占有率為定價目標，主要著眼於市場占有率增加後，可增加產能，有效降低單位成本，增加單位利潤，使企業長期獲利，此即滲透定價（Penetration pricing）。

有些公司偏好吸脂定價法（Skimming pricing），手機銷售廠商常用這種方法，產品剛上市時，零售價最高，吸引最早期喜歡新奇的一群消費者，然後再降低價格，吸引另一群早期使用的大眾，一直到當市場飽和時，零售價最低，最後再逐步退出市場。這種定價方式，可確保廠商在每一個階段的獲利最高，就好像在刮牛奶的脂肪。

新產品上市通常採「滲透定價」與「吸脂定價法」故又稱新產品上市定價法。企業以追求品質精進目標，通常是產業上的領導品牌或是產業技術講究穩定成熟的企業，都採這類定價策略。

二、確定需求

不同需求曲線意謂消費者對商品價格的敏感度不同，對定價的接受度自然不同。常見需求的估計方法有三種：

1. 以過去價格、銷售量及其他因素來估計需求，據此建立的資料可以是縱斷面（時間數列）資料，也可以是橫斷面（同一時間不同地點）的資料。

2. 進行價格實驗，以有系統的方式，觀察或實驗在不同店、不同價格下需求的變化。

3. 調查消費者在不同價格的假設下，願意購買的數量。

實務上，估計需求尤其是新產品上市，首先估計第一波鋪貨量，各零售通路，設定進貨量，訂定初期需求量。其次，估計流通量，即正常市面銷售需求量，再估算每月至整年的需求量，獲知該商品的年銷售需求量。如果可行，最好能估算銷售週期或一至三年的銷售量，以了解該商品成長狀況。

三、估算成本

公司的成本可分為固定成本與變動成本。固定成本是指不受產量變動影響的成本，例如租金支出、利息支出、折舊。變動成本與生產水準有直接關係，隨產量變動而變動的成本，如用電量、包裝費用或隨產量變動的績效獎金。

　　總成本即固定成本與變動成本的總和。每種產業或每一家企業的固定成本與變動成本占總成本的比例不同、成本結構不同，其生產規模也不同，因此能夠忍受虧損的程度自然不同。決策者藉由損益兩平（Break-even point）了解不賺也不賠時，要有多少產量與銷售量，如圖 10-3 所示。

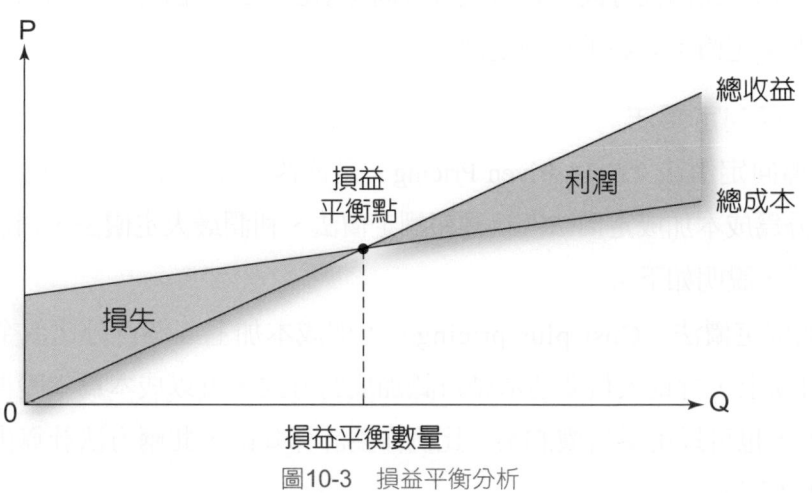

圖10-3　損益平衡分析

四、分析競爭者產品、價格與成本

　　定價方式大抵反映公司的定價決策，在做決策時行銷人員還要考慮競爭者的定價（圖 10-4）。

　　尤其處在寡占市場，廠商彼此的銷售與成本會互相影響，更要考量競爭者的產品、價格與成本。如果雙方產品差異不大或消費者不易辨識產品差異時，公司的定

圖10-4　行銷人員正在開會討論新款產品的定價會議

價必須考慮同業競品的價格差異，否則公司將因定價不實而受害。如果公司產品品質與競爭對手的產品差異很大，消費者認同這種差異，則公司可以有較大價格決定權。

五、選擇定價的方法

選擇定價的方法很多，端視公司所處的產品生命週期階段或企業所定訂的營業目標。

一般可以分為四種導向：1. 以成本導向定價法；2. 從顧客的認知來定價；3. 以消費者心理來定價；4. 競爭導向定價法。

（一）成本導向定價法

成本導向定價法（Cost-driven Pricing）是依據產品成本與利潤為主的定價方式，又可分為成本加成定價法、目標報酬定價法、利潤最大定價法、損益兩平定價法四種方式，說明如下：

1. 成本加成定價法（Cost-plus pricing）：即成本加上某個百分比或金額作為定價。實務上，行銷人員要能清楚辨識加成的方式，可以成本為基礎再將利潤外加上去，也可以用零售價的某一比例作為計算基礎，此兩方法計算出來的加成比率也不同。

2. 目標報酬定價法（Target-Return Pricing）：即根據企業追求的投資報酬率標準決定價格。通常是將原有的獲利金額或比率加上所追求的一定報酬金額或比率作為定價。例如台電、自來水公司都使用這種定價法來決定水電價格。

3. 利潤最大定價法（Maximum profit pricing）：根據經濟學的觀點，在邊際收益等於邊際成本時，將總收益減去總成本，可以找出在一定成本下，利潤最大的地方作為定價。

4. 損益兩平定價法（Break-Even Point, BEP）：即總收益與總成本相等的定價。

（二）價值導向定價法

價值導向定價法（Valued-based pricing）是依據消費者對產品或服務的認知來定價，例如同樣兩個化妝品，但品牌不同、包裝不同，消費者認定的價值也會不同，進而衍生出認知定價法與價值定價法兩種方式，說明如下：

1. 認知價值定價法（Perceived-value pricing）：根據顧客認知價值來定價，而非銷售者實際的成本，例如珠寶鑽石的定價，往往跟實際成本沒有必然的關係。某些礦石、食品，成本很低，但經過設計師或大師的「加持」，價格往往爆增好幾十倍。

2. 價值定價法（Value pricing）：即對高品質產品訂低價，使消費者有「物超所值」的感受。例如房地產常以最低價、特惠價來吸引消費者購買；某些商品，像 CD 唱片，買某人 CD 專輯，送簽名海報、演唱會門票，還外加禮物，就是要讓消費者覺得物超所值。

（三）心理導向定價法

心理導向定價法（Psychological-oriented pricing）是根據消費者考量價格的心理反應，而決定該價格，常用的有心理定價法、畸零定價法、綁標定價法三種方式，說明如下：

1. 心理定價法（Psychological pricing）：針對消費者心理的某些特性所採取的定價方式。例如犧牲價（Loss leader）定價法（或稱每日特價法）。就是對某一商品訂很低的價格，以爲犧牲品，引誘消費者進店購買，由於消費者不會只買該特價商品，也會買其他商品，而達到促銷的目的。實務上又稱該商品爲「帶路貨」，做犧牲主打用。全聯超市的「每日一物」特價、家樂福量販店的「天天都便宜」、「Craze item」，都是採這類定價手法。

2. 畸零定 價法（Odd princing）：尾端的銷售價格，不以整數標示，往往以 99、199、299 等方式定價。明明一套衣服標價三千元，廠商卻定價 2,990 元，在

行銷快樂學

對定價的心理反應（Pricing Psychology）

一般經濟學者在討論價格對需求量的影響時，常有一些主觀的看法，其認為在物價上升時，必引起需求量的上升或下降，而常常忽略了消費者重視知覺因素，經常沒有將此現象，進一步解釋為徐徐反應的干擾變數，其實此現象是代表消費者對價格變動的心理反應。

觀光客對價格變動，並不一定持直接而客觀的解釋。當價格下降時，觀光客可能認為此產品會很快地被取代；當價格上升時，觀光客即可能認為此產品很熱門，不立即買可能會錯過機會，而買不到。因此，觀光對價格（定價）的反應，完全視當時狀況及其主觀心理因素而定。在觀光產業中運用定價策略時，宜設法使觀光客加深對真正價格的了解，以達到最好的溝通。

消費者心理會認為該衣服，兩千多元就可以買到了，而不是三千多元，產生價差的錯覺。另一種常和畸零定價法一起使用的方式是「吃到飽」（all you can eat）。例如牛排館、涮涮鍋、麻辣火鍋等等，價格都會標 299、399、699 吃到飽。

3. 綁標定價法（Bait pricing）：這種定價法通常以一個很低的價格吸引消費者購買某項商品或服務，因為享有該低價，必須購買一定的數量或消費一定期間，常見的如廠商以很低的價格賣手機給消費者，但卻要求消費者要與該電信業候簽定一定期間的合約。

（四）競爭導向定價法

競爭導向定價法（Competition-based pricing）是以競爭者相同產品的價格作為定價的方法，可分為現行水準定價法及密封投標定價法兩種方式，說明如下：

1. 現行水準定價法（Going-rate pricing）：通常採這種定價法的原因，一方面可能成本細項難估算，一方面也可以表現產業的集體智慧。實務上使用相當普遍，往往以較大企業為標竿，其他企業跟隨相近似或相同的價格，這樣還可避免價格競爭，維護產業和諧。例如中油與台塑油品的定價。

2. 密封投標定價法（Sealed-bid pricing）：是指若干工程或工業品採用此稱定價法為取得競標標的物為目標，訂立一個價格，以爭取到合約為目的。

六、決定最後的價格

考量各種價格決策後，公司在選定最終價格時，還需考量一些因素，如心理定價、其他行銷組合對價格因素的影響、價格對其他團體的影響、價格變動的可能性等因素。訂定價格須為一整體考量，除單一品項的價格外，還要顧及整個產品線的定價，追求整個企業獲取最大利益的定價。

10-3 價格修正

定價的策略不是只有定價而已，還牽涉公司所有銷售產品或服務的價格結構，以反映價格在不同因素上的差異。本節所討論的價格修正，包括四項：地理定價、價格折扣與折讓、促銷定價、差別定價。

一、地理定價

　　地理定價是指公司對不同地區、不同國家或區域，訂定不同價格。例如以國際貿易運輸定價方式，FOB 定價（FOB pricing）、單一運費定價（Uniform delivered pricing）、區域定價（Zone pricing）等。偏遠地區或是需求較分散的市場，是否為了考量成本，要將售價提高？在匯率變動激烈的國家，價格如何訂定才能負擔風險？購買者要用強勢貨幣還是以商品服務為抵付？

　　跨國經營中，以商品服務抵付，則會涉及如以物易物（Barter）、補償性交易（Compensation deal）、購回式協定（Buyback）與沖抵（Offset）。

1. 以物易物：直接以商品交換，牽涉金錢往來，如以服飾交換廣告刊登。

2. 補償性交易：即賣方接受買方部分款項以貨幣支付，部分以產品抵帳，例如英國賣飛機給巴西，巴西 70% 以現金給付，30% 以咖啡補償。

3. 購回式協定：是賣方同意買方以將來實際製造完成後之若干產出作為給付。例如美國幫印度蓋一座化學廠，並接受其以部分的若干產出為現金，部分以該廠所製造的化學品為給付。

4. 沖抵：是指賣方接受買方的貨款後，同意以一定的比例購買買方的產品，例如將百事可樂賣給蘇聯，獲得蘇聯的現金給付，但同意以若干百分比購買蘇聯的伏特加酒回美國銷售。

二、價格折扣與折讓

　　大多數的公司都對一些情況給予折扣或折讓，例如顧客提早付款、大量採購、鼓勵淡季購買，修正末端流通零售價，較正常為低。常見的工具包括：現金折扣、數量折扣、交易折扣、季節性折扣、促銷折讓、抵換折讓、退佣（Rebates）、零利率貸款、零利率分期付款等。

　　這些工具因為會影響流通價格，降低公司利潤，在使用這些工具時，應該與公司信用政策相互配合。

三、促銷定價

促銷定價（Promotional pricing）是為了刺激消費者提前購買或買得更多，通常會創造消費者購買的誘因。常見的有：犧牲打定價[1]、特殊定價法、現金回扣、低利貸款、較長的貸款條件、保證與服務合約、舉辦週年慶、換季大拍賣、便利商店，千店開幕慶等。

很多銀行的房屋貸款有相當低的優惠利率或長達二、三十年的長期低利貸款。有時候為了鼓勵消費者在一定期間購買更多的商品，往往會給予現金折扣或特別優惠給消費者，或者集點換贈品，這樣不僅不必降低價格，又可以達到增加銷量的目的。

四、差別定價

差別定價（Discriminatory pricing）是指公司以兩種以上價格來銷售同一種商品或服務。而這些價格的差異並非反應成本差異。差別定價可因顧客不同、產品形式、形象不同、地點不同、時間早晚差異而有不同的定價。顧客不同，如公車票價會因成人票價與老人殘障票價不同。依產品形式定價，如經濟包、量販包、或個人化的小包裝，分別在不同的通路銷售。依形象不同定價，如香水放在不同容器內會有不同形象。戲院、演唱會常會依不同的時段演出、早晚場次、座位前後而有不同票價。就像前面所說，差別定價會和企業的區隔策略相關連，代表不同的意義，行銷人員應該加以運用。

行銷快樂學

價格歧視（Price Discrimination）

價格歧視又稱為差別訂價，是把一種產品以數種價格出售，而售價並不反應成本差異的比例，換句話說，不論成本如何，對需求程度高的顧客要求高價格，對需求程度低的顧客要求低價格。事實上，就是需求導向的訂價方式。

觀光區的旅館由於季節性變化，旺季時收取較高費用，淡季時則以折扣招來顧客，此種依季節性而採取價格差異，是很自然的現象。有些公司以不同價格在不同市場出售，有時運用時也要膽大心細，才能達到與顧客有良好的互動。

---

[1] 藉由少數幾種項目，以極低的價格售出，以吸引人潮並購買一般售價的產品。

10-4 產品線組合定價

當產品有多個產品線時，應該針對不同的產品組成，發展整體策略，制訂一組產品線組合價格。定價的方法包括下列六種：產品線定價、選配定價、交叉定價、副產品定價、整組產品定價及兩段式定價。

一、產品線定價

價格線定價（Price lining）是為了占據同一市場的不同價位，於是提供不同的商品給目標客戶，以滿足不同價位消費者的需求，產品線定價（Product-line pricing）是依據商品的不同訴求，所形成的價差。價差要大到可以讓消費者辨識品質的差異，但也不至於形成一個價格帶中空，讓競爭品牌有機可乘，切入市場。例如速食麵市場，每差五元就可以形成一個市場區隔，若產品線定價以甲商品 20 元，乙商品 25 元，丙商品 30 元，丁商品 35 元，就可以形成一個價格區隔帶。

二、選配定價

選配定價是（Option-feature pricing）隨主產品的銷售、選擇與商品或服務相關的產品屬性或服務做搭配。如購買汽車，消費者可決定是否購買電動窗、裝皮椅、自動導航系統或 ABS 防鎖煞車等配件；餐廳可以對餐點定低價，把飲料、菸酒定高價，以吸引一些價格敏感度高的顧客上門；或是像有些 KTV、卡拉 OK 店，包廂點唱價格定得很低，用餐、點心、飲料價格就定的比較高，以吸引許多年輕族群或上班族的眷顧。

三、交叉定價

交叉定價（Captive product pricing）是指某些商品，有主產品與補充商品，其中，一個採用高定價，另一個採用較低的定價。如刮鬍刀和刀片、照相機的定價關係。刮鬍刀和照相機，製造商通常會把價格定的較低，以吸引顧客購買；將刀片和底片的價格定得較高，消費者通常都要配合該品牌的刀片，很少會再換其他牌子的刀片，使廠商得以獲取專有的利潤。

四、副產品定價

某些商品的生產，通常會有副產品，例如石油、化學產品的生產。當副產品對某些顧客群具有價值，則其應該為這些價值多付一些錢。

五、整組產品定價

公司有時將各別產品成套，訂定一個較低的價格出售。目的是吸引銷售者長期惠顧、獲取現金進帳，再提供將來服務以相抵。例如球賽、電影院或演唱會出售套票、季票，以較低的價格吸引消費者購買；餐飲服務以套餐吸引顧客；電腦銷售以整套出售等。

六、兩段式定價

電話、手機等服務業經常使用兩段式定價。在某一個範圍內，採用固定費用，在某一個區間內，採變動使用費用。電話用戶每個月支付基本費，再加上某一個範圍的通話次數費用；遊樂場進場收取入場費，玩各項遊樂設施再另外收取費用。固定費用與變動費用收取高低，依公司經營策略，或想吸引顧客類型，或想攤銷費用成本高低，訂定不同費率（圖 10-5）。

類型			3G	4G		
				300型	500型	1000型
售價(元)			300	300	500	1,000
內含金額			300元	120元	200元	0元
語音費率 (元/秒)	網內	一般	0.09	0.05	0.05	0.05
		減價	0.06			
	網外	一般	0.1036	0.1	0.1	0.1
		減價	0.0646			
	市話	一般	0.1036	0.1	0.1	0.1
		減價	0.0646			
簡訊費率(元/則)			1.4803	1	1	1
數據費率			0.005(元/封包)	0.001(元/KB)		
優惠	通信費	網內語音	可申購上網方案	2,000元	3,000元	0元
		網內簡訊		100則	150則	0則
	上網傳輸量	內含+贈送傳輸量		1.2GB	2.2GB	8GB

圖10-5 電信公司常應用兩段式定價的行銷管理，以吸引消費者的注意。圖中為電信公司公布的每月基本費，並說明某一個範圍的通話次數費用。

「寶可夢」的行銷技巧

　　在 2016 年七、八月間，寶可夢公司推出了免費下載遊戲：「Pokemon Go」，「Pokemon Go」的行銷技巧，推動了寶可夢經濟學，商機大爆發。其主要行銷技巧是：「利用玩家想要更上一層樓來接受挑戰，玩下去就得透過應用程式內的購買方式（In-App Purchases，IAP）取得道具或培訓精靈」，這種行銷技巧讓所有週邊關係產業，如任天堂、蘋果 App Store 和 Google Android Play 等，都能從中分一杯羹。此遊戲甚至結合地圖定位（GPS）和擴增實境（AR），成為人氣手遊，為真實世界帶進滾滾錢潮。

　　寶可夢遊戲也應用長尾理論來行銷，例如：在日本與當地麥當勞合作，讓日本麥當勞 2900 家門市變為決鬥道館或補給站，除了使 2016 年 7 月營收大增 26.6%，每人平均消費金額也攀升 15%。這種利用長尾理論並應用「地點贊助」的行銷技巧模式，更讓各門市或連鎖店帶進人潮，「Pokemon Go」以「帶進人潮」的行銷技巧，實在太厲害了！

〔參閱：2016.8.7 經濟日報 A4 版，余曉惠譯〕

活動與討論

1. 從本個案指出人氣手遊「寶可夢GO」藉由建立社群而暴紅的行銷技巧作法。

2. 說明「寶可夢經濟學」如何應用長尾理論的應用，讓週邊產業共同發展業績，以「帶進人潮」的行銷技巧，繁榮經濟？並提出你對「寶可夢行銷技巧」看法與評價。

問題討論

1. 說明定價在行銷組合中所扮演角色。
2. 說明定價的目標。
3. 訂定價格有哪些步驟？
4. 價格的修正有哪些方式？
5. 產品線組合定價有哪幾種方式？
6. 何謂促銷？促銷的工具有哪些？
7. 在實務上促銷可以有哪些考量？

參考文獻

1. 方世榮譯，P. Kotler（2000），行銷管理學（Marketing Management），臺北，東華。

2. O. C. Ferrell and G. Hirt, Business: A Changing World（N.Y. : McGraw-Hill, 2000），3rded.

3. D. J. Bowersox and M. B. Cooper, Strategic Marketing Channel Management（N.Y. :McGraw-Hill, 1992）.

4. Kotler, P., Marketing Management（N.J. : Prentice Hall, 2009）.

學習心得

3 造成價格修正的原因與做法為：（1）地理定價、（2）價格折扣與折讓、（3）促價定價、（4）差別定價。

4 一般定價的方法，包括：（1）產品線定價、（2）選配定價、（3）交叉定價、（4）副產品定價、（5）整組產品定價、（6）面段式定價。

2 決定定價的步驟一般有六項：（1）確認定價的目標、（2）確認需求、（3）估算成本、（4）分析競爭者產品、價格與成本、（5）選定定價的方法、（6）決定最後的價格。

1 定價在行銷過程中的四個角色為：（1）定價是行銷策略整合的總體表現、（2）定價表現價值與品質、（3）價格代表市場區隔、（4）價格代表不同顧客服務。

行銷臺灣之美，行銷人員主動出擊

　　臺灣觀光協會會長葉菊蘭女士表示，她走遍臺灣各地，深覺臺灣非常美，有很多地方值得分享給世界各地的旅客。協會的新目標就是「行銷臺灣之美」，她希望協會要與中央、地方政府和觀光相關業者合作，主動出擊向全世界行銷推廣，不能僅侷限在參加各種該國旅展。據了解葉女士第一個出擊的地方是德國，計畫 3 月 6 日前往德國參加全球最大的柏林旅展。葉女士認為：過去觀光協會都是被動跟業者一起去參加旅展，結束後，就沒有下文了，這樣效果不好，她要改變作法：主動行銷，與業者結合設計一套 Pattern（樣式）。她認為臺灣觀光協會可以和交通部觀光局、地方政府、航空公司、飯店、遊樂區業者等合作設計行程；誠如臺灣的山、海很美，又有很好的自行車路線，歐美人士應該會很喜歡；現在德國、英國一年來臺灣的只有 8 萬多人，可是他們都喜歡去泰國，可請華航協助，用套票的方式，讓歐洲旅客願意「順道」來臺灣旅遊，也就是應用主動行銷提供誘因，創造新的觀光客。

〔參閱：2017.02.20，經濟日報，A5 版，楊文琪撰〕

📃 活動與討論

1. 請同學利用電腦或智慧型手機，上到臺灣觀光協會官網，蒐集臺灣觀光協會的現況資料及對業界的合作項目，並加以討論。
2. 針對主動行銷臺灣之美，來協助發展臺灣觀光產業的個案，你認為要如何進行應有的行銷策略？

Chapter 11
行銷通路管理

學習「科技行銷」將數據資料變「現」

　　介紹一個國內隱形冠軍的案例：愛酷智能科技股份有限公司，愛酷公司完全轉動「科技資料的行銷」，將巨量資料利用科技分析、精準打入顧客心理，再結合科技的行銷模式，改變傳統銷售關係。

　　依據愛酷智能科技公司林執行長的經驗，公司定位在「數據顧問」服務，將「數據」進行分析，建立分析技術，主要是協助企業自有數據資產，管理價值化，將「資料變現」，過程中強化並建立顧客資料平台，為企業客戶找到更多潛在客戶。

　　再介紹林執行長對於「科技行銷」的看法，他常問自己：要如何「創造價值」？提高利潤，他認為要從協助企業將「數位資產走向創造價值」；其中成敗關鍵在於「企業收集的數據可信度，成為科技行銷成功關鍵」，為了確保數據的可信度，開始進行深入研究，投入人力，達到近 60 人的數據開發中心，落實數據顧問的角色，真正協助企業掌握自己的數據，發揮數據的價值。「科技行銷」的策略，要重視「專利」戰，緊抓「專利」築起護城河，建立公司的獨特性。愛酷公司已經成為各產業的數據價值化的典範企業，透過「科技行銷」的技術與經驗，建立品牌形象，真正做到「創造價值」的數據顧問公司。

〔參閱：2023.03.05，經濟日報，A5 版，彭慧明撰〕

📑 活動與討論

1. 請說明本個案中，愛酷公司在科技行銷的重點為何？
2. 請從創意行銷策略的角度，介紹「分析資料」的技術能力與企業如何互動呢？

學習指引

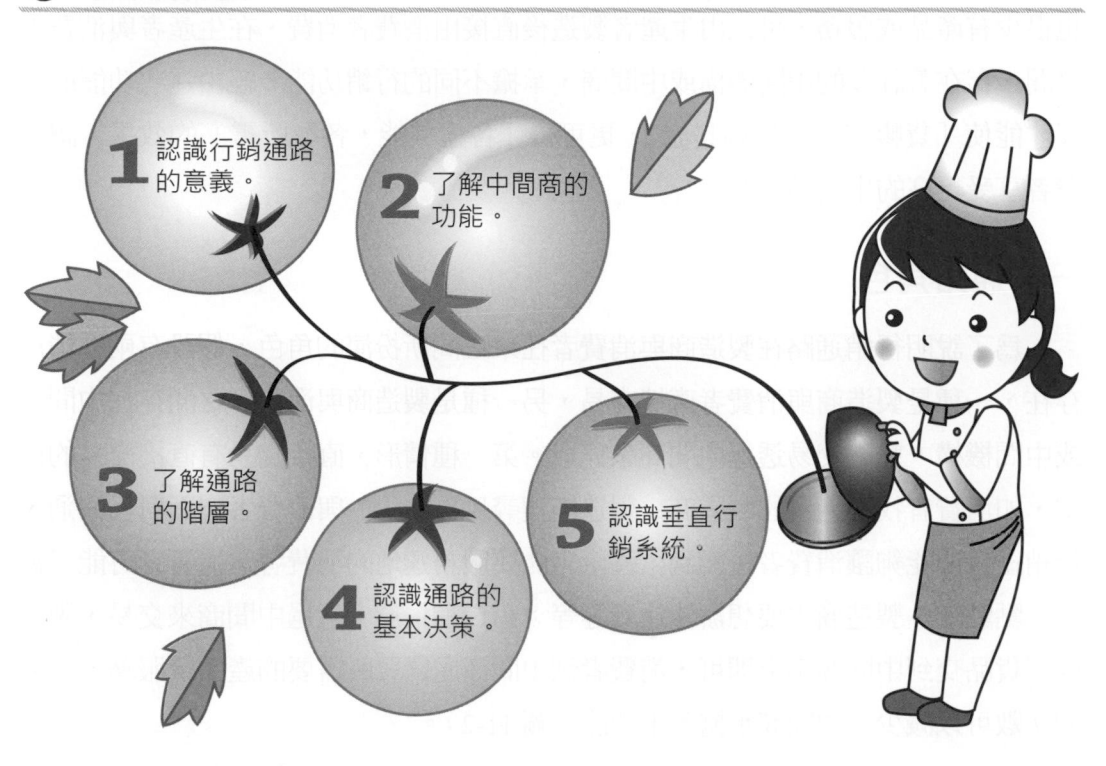

1 認識行銷通路的意義。

2 了解中間商的功能。

3 了解通路的階層。

4 認識通路的基本決策。

5 認識垂直行銷系統。

11-1　行銷通路的本質與功能

行銷通路（Marketing channel）是指透過組織的價值網路（Value network），經過經銷商、零售商或合作夥伴創造來源，擴大與傳遞價值，為顧客與企業創造時間、地點、所有權效益的過程（圖11-1）。同時也是產品或服務，透過生產者的製造與作業後，交到消費者手上的過程。

圖11-1　航空公司與各旅行社之間，可以形成最好的夥伴，共同經營行銷通路，達到雙贏的效果。

通路是一種價值傳遞的過程,在現代大量分工的時代,即使是網路虛擬事業,也很少有產品或服務,可以由生產者製造後直接由消費者消費,在生產者與消費者之間,存在著許多的中間機構或中間商,承擔不同的行銷功能,經由這些功能的發揮才能使「貨暢其行,物暢其流」,更可得「各盡其能,各取所需」的效果,讓消費者享受更高的生活品質。

一、通路角色

為了說明行銷通路在製造商與消費者往來之間所扮演的角色,假設有兩種情形存在,一種是製造商與消費者直接交易,另一種是製造商與消費者之間存在中間商或中間機構,雙方交易透過中間商來完成。第一種情形,直接交易有直接交易的成本,如消費者找尋適合的製造商,製造商搜尋目標市場,與消費者作面對面溝通,行銷組合要能夠讓消費者接觸到,甚至可能要服務遠地的消費者,消費者可能只需要一點點量,製造商也要想辦法送到等等;第二種情形,透過中間商來交易,製造商把貨品交到中間商手上即可,消費者到中間商處購買所需要的產品或服務,交易的次數可以減少,中間商承擔若干功能(圖11-2)。

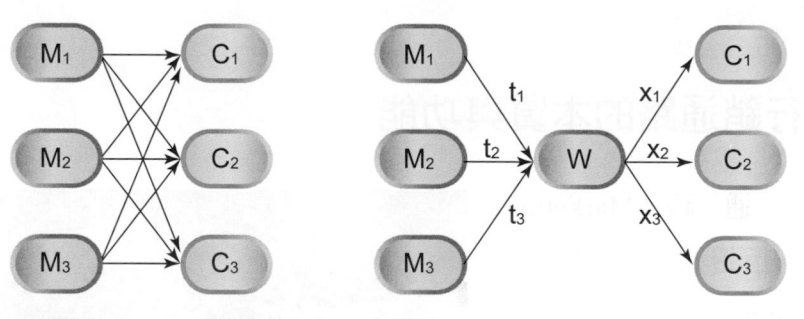

M=製造商　C=消費者　W=中間商

圖11-2　中間通路商的效益

設 T =所有製造商和消費者直接交易的成本

　　S =有中間商的交易成本=中間商的價差

　　　=賣給消費者的銷售-從製造商取得的進價

　　　=(x1+x2+x3)-(t1+t2+t3)

其中 x1、x2、x3 是賣給消費者的銷售值,t 1、t2、t3 是製造商賣給中間商的銷售值。

　　假設沒有存貨問題與其他狀況不變的條件，則：

1. T＞S：存在中間商交易，利用中間商有助於市場流通。

2. T＜S：不會存在中間商，直接由製造商和消費者交易比較有效益。也就是說在這種情況下，中間商會阻礙交易的進行，產生沒效率的交易行為。

　　經由上述的分析，只要直接交易所產生的成本高於付給中間商的成本，透過行銷通路來進行交易是有效率的。

二、中間商功能

　　從製造商的角度來看，中間商或行銷通路具有下列功能：

1. 基本功能：中間商基本的功能，是承擔製造商到消費者之間的實體配送的功能，主要包括：

(1) 實體的倉儲、存貨、運送與移轉所有權的功能。

(2) 向製造商下單或向下游廠商或零售商取單，這對中間商而言是一種銷售服務的功能。

(3) 與製造商訂約，作產品或價格上的協議，包括進貨批量、銷售區域、特殊產品規格需求、價格優惠條件、年度業績訂定等。

2. 協調配合的功能：協調配合功能，主要是配合製造商需求所產生的。包括：

(1) 配合製造商行銷組合的協助與執行，如廣告活動前各賣場通路鋪貨、DM發放、廣告活動中各種海報佈置物陳列、特價商品的展示與執行、活動後商品或促銷品的處理，發布各種地方活動公關訊息、促銷活動的配合等。

(2) 提供當地交易服務，例如與當地政府、各行政機關、工會、法律事務及零售商往來或解決議題與爭端。

(3) 衝突爭端的處理是指通路與通路之間難免發生因為價格、服務等因素所產生的衝突，如拚價、削價競爭、爭奪地盤或爭奪客戶，影響製造商與中間商的共同利益，因此需要雙方加以協調配合，解決衝突。

3. 擴增的功能：中間商擴增的功能，端視製造商與中間商之間的合約約定或是合作的信任程度，決定雙方承擔何種程度的功能，包括各種資訊提供、金融的功能與生產合作：

(1) 提供製造商有關市場、競爭者或消費者資訊。如果雙方合作愈好，中間商通常會主動提供市場各種動態資訊，有利於製造商作各種決策。

(2) 了解當地消費者的需求，提供各種刺激當地消費者購買的活動。

(3) 中間商提供金融功能，買賣雙方支付款項的數量、期間或條件的約定，或透過銀行與金融機構辦理分期付款、代償、代付、代收貨款的服務。

(4) 製造商與中間商共同合作、開發新產品、代工生產或開發通路自有品牌（Private brand）等。

早期從製造商的觀點來看，如寶鹼（P&G）、聯合利華（Unilever），認為中間商是必要之惡，只要公司的品牌強，有強大的廣告、促銷與行銷活動支持，消費者就會來購買自己的品牌，行銷通路只是一種分配的管道，只有成本的付出，不會產生附加價值，因此給經銷商、零售商的利潤越少越好。消費者只認品牌，只要品牌好，到哪裡買都一樣，因此中間商的角色與功能往往都被忽略，甚至常常為了某些交易成本或消費者資訊產生衝突。

從經濟學的角度來看，中間商或行銷通路，具有下列功能：

1. 降低交易成本：經由中間商，可降低製造商直接與消費者交易的成本，製造商與消費者都可用較低的代價獲得所需要的產品與服務，並促進交易效率。例如購買家用蔬果，不需找產地農夫，到超市去買即可。

2. 聚集或分散風險：消費者需求變動很大，批發商或零售商可以透過購買或再售，減少供應商的生產風險，藉由存貨調節與銷售給眾多零售店來分散風險。

3. 減少搜尋的成本：製造商要找到消費者，提供商品與服務，或消費者想要取得某些產品或服務，須花很多的成本搜尋資料，中間商的存在可以免去交易雙方搜尋的成本，經過中間商的篩選，讓交易雙方安心，減少交易的不確定性。

4. 消除交易逆選擇：即消費者受生產者所騙，作出不好的選擇或付了同樣的錢買到較差的產品。交易雙方往往不知道彼此的真實狀況，易產生消費者被生產廠商欺騙或劣幣驅逐良幣的情形，中間商可幫消費者過濾掉這些不良廠商或商品或提供保證，讓消費者安心，不會買到不好的東西。

5. 減輕道德風險與投機行為：即買賣雙方簽訂合約後，擁有資訊的一方陷另一方於不利的行為。例如廠商承包了工程後，偷工減料，或全民健保遭部分消費者浪費資源；保險合約簽過後，不注意自己身體健康等。中間商存在就可監督買賣雙方是否按照合約執行，減少雙方產生投機行為。

6. 經由授權，提供支持性的承諾：為能讓交易有效率，中間商以自己的聲譽，取得買賣雙方支持的承諾，代理雙方，幫買賣雙方處理事務或監督事務進行，免除雙方金錢與時間上的耗費，例如律師代理訴訟、房地產公司代客仲介房屋、經紀商代客操作買賣股票。

7. 創造效益，提供時間、地點與所有權效益：透過中間商的功能，臺灣沒有生產帝王蟹也可以吃到日本的帝王蟹，這是地點效益的創造；冬天可以吃到夏天的蔬果，這是時間效益；買家電或筆記型電腦可以分期付款；到家樂福可以用經銷商的價格買到產品或服務，這些都是中間商所有權移轉的效益。

11-2 執行通路結構設計決策

通路結構（Channel structure）是指行銷通路從生產者提供產品或服務給消費者的過程中，承擔中間商功能的形式（Form）。在分析中間商通路時，應該對這些問題有較好的設計（圖 11-3）。相關決策說明如下。

圖11-3　房仲人員正努力介紹房屋案件的特色，來說服顧客購屋。

一、通路階層

通路階層（Channel level）是指行銷通路的設計，由製造商到消費者之間，應設有幾個層級。如果想要與消費者有更直接的接觸，通路階層就要層級少一些。如果產業分工很細，消費者需求變動程度大，注重多樣性，則層級就會較多。

依照通路由簡到繁的程序，有零階、一階、二階、三階或以上（圖11-4），並分述如下：

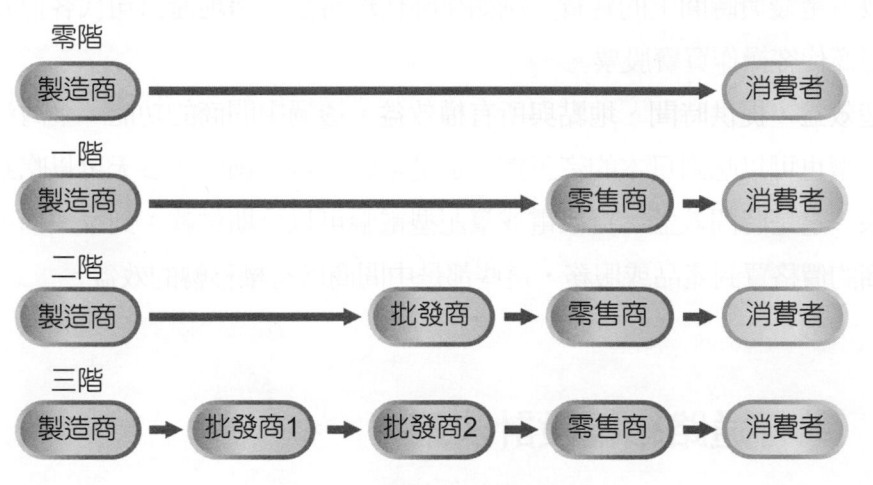

圖11-4　消費品行銷通路階層

1. 零階通路：又稱爲直效行銷（Direct marketing），製造商直接銷售給消費者，主要的方式有郵購、電話行銷、電視頻道銷售、網際網路銷售、線上購物、逐戶銷售、家庭展示會、無店面販售等。例如雅芳（AVON）小姐銷售、各式各樣的自動販賣機。近幾年來，東森電視購物頻道、雅虎線上購物、亞馬遜網路等這些新興專業直銷通路更形複雜。

2. 一階通路：指製造商與消費者間包含一個中間商，例如超級市場、百貨公司等零售商。

3. 二階通路：包含兩個中間商，如批發商與零售商。

4. 三階通路：較爲複雜，通常有一個較大的批發商，一個較小的中盤商與零售商。

　　當然還有更多階層的通路。日本的食品配銷通路甚至有高達六層以上通路，生鮮食品如魚類，可以在早上捕獲，中午就在各大超市可買到新鮮的生魚片。

二、通路密度

　　通路密度（Channel density）是指通路中的成員個數，決定通路成員的數目，可分成三類（表11-1）；其通路密度數目與方式如圖11-5所示。

表11-1　通路密度的分類

獨家配銷 （Exclusive distribution）	指行銷通路中，只有一個中間商，可以是總代理或是總經銷的方式。例如 Benz、BMW 汽車採用獨家配銷的方式。
密集式配銷 （Intensive distribution）	表示中間商數目很多，採用這種方式通常以便利品、低關心度的產品為主，為能讓消費者到處都可以買得到。 例如衛生紙、日用品、休閒食品等。
選擇式配銷 （Selective distribution）	其中間商的數目界於上述兩者中間的一種選擇。通常這類選擇式配銷會與經銷區域大小分配有關。 例如採用南北兩區經銷代理，可以有兩個中間商；福特汽車地區經銷，可以每個縣市一至二個經銷。

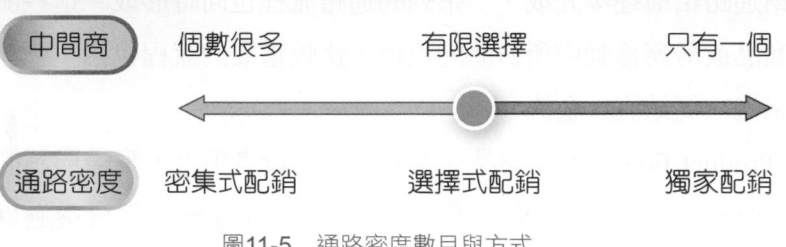

圖11-5　通路密度數目與方式

三、通路成員

行銷通路的中間角色可有很多分類，基本上，各行業有其自己的稱呼，分類是為了說明方便。

1. 中間商（Intermediaries）和買賣商（Merchants）：中間商和買賣商是最普通的稱呼，也比較中性。只要介於行銷通路中，負擔行銷通路的功能，都稱為中間商。中間商可以是經銷商、批發商、零售商等。買賣商也是介於交易雙方的中間人士，通常用於形容有形商品買賣，如皮革買賣、大眾物資買賣。

2. 經銷商（Distributors）和代理商（Agents）：經銷商與代理商在某些行業混用。嚴格來說，經銷商是從製造商取得貨物，該貨物所有權屬經銷商，不管買賣多少，以進貨計算支付製造商貨款。代理商是從製造商 處取得貨物，該貨物所有權屬製造商，代理商賣出多少貨物再跟製造商結帳。

3. 批發商（Wholesalers）和零售商（Retailers）：批發商從製造商處取得產品或服務，準備再出售，或為商業目的而購買的活動，不包括零售商。零售商是指直接將商品或服務出售給最終消費者，以供消費者個人使用或非商業用途的活動。批發商有時候也會直接銷售給最終的消費者，如家樂福、大潤發等是批發商，統一超商、惠康頂好、全聯超市是零售商。

4. 經紀商（Brokers）和自營商（Dealers）：經紀商或稱經紀人，是受主理人或客戶委託，代客處理買賣交易事項，是一種代理行為。自營商是可以幫主理人或客戶處理買賣交易事項，也可以營利為目的，為自己操作交易買賣。像有些證券金融公司，既可以是經紀商、代客操作買賣，也可以是自營商，為自己買賣有價證券。

四、行銷通路的流程

當行銷通路結構逐步完成，一系列的通路流程也同時形成。這些流程是連結通路成員在商品或勞務移動中所扮演的角色，比較重要的流程包括：物流、協商流、商流、資訊流、促銷流、金流。

1. 物流（Product flow）：指商品從生產者到消費者手上，實際形體的移動。例如汽水、可樂、日用品、洗髮精等，通常在工廠生產後，就會透過貨運公司送到經銷商或大型量販店，然後經銷商或量販店再配送到零售店或銷售場所，消費者可以在零售店或銷售場所買到該商品。

2. 協商流（Negotiation flow）：表示在商品移轉的過程中，買賣雙方對價格、數量、配送等購買條件、銷售條件與移轉內容都要經過協商議定，這是雙向的流程。

3. 商流（Ownership flow）：指商品所有權由生產者移到消費者的過程，商品實際上所有權是屬於買方。商品所有權之歸屬，不同中間商（代理商或經銷商）有不同的界定，其涉及商品處分權利、銷售的認定、貨款交付與存貨的計算等。

4. 資訊流（Information flow）：是指商品在製造商、經銷商、零售商或消費者移動中，任何一方所提供的資訊，包括價格、數量、交期、消費者行為、產業變動、經濟或政治文化的影響等。這些過程不只是雙向，應該是多向的，即任何一方都可能提供任何通路成員有用的商業情報或資訊。

5. 促銷流（Promotion flow）：是指透過廣告、人員促銷、銷售促進與公關等溝通工具，來說服消費者或中間商購買的過程。可以是單方面的由製造商提供，然後擴散到中間商與消費者；也可以是雙向的合作，一方面是製造商提供，一方面由經銷商、零售商提供或一方面由廣告商、活動代理商提供均可。

6. 金流（Money flow）：指支付款項的流動，通常與產品流相反的移動。當消費者取得商品時，同時支付購買金額給零售商，這是零售商的銷售金額；零售商從經銷商取得商品，也要支付貨款給經銷商；經銷商從製造商取得商品，支付貨款給製造商。

　　生產者交付商品到消費者手上，消費者支付貨幣，直到生產者取得貨款，形成所謂交易循環或商業循環，不同的中間商會有不同的交付貨款期限或票期。

五、服務產出水準

　　針對目標客戶，行銷通路的設計應該設定服務的產出水準。以下有五種服務產出水準可供設定。

1. 批量大小（Lot size）：在一個設定的時間內，一個消費者在通路上可以購買的單位數量。在便利商店，以單個或小批量做為銷售單位；在量販店，一次購買的單位可能以一箱或一大瓶為單位。

2. 等待或配送時間：平均一個消費者要等待多少時間，或多久才會配送到消費者所指定的地方。消費者購買電視冰箱洗衣機等大件商品，要等一兩天還是要等一個星期以上，才會送到消費者家中，現代的消費者已經愈來愈不能等待了，需要快速服務。

3. 空間方便性：是指消費者於賣場購物時，賣場空間寬敞與否、停車場是否夠大、動線是否夠寬。例如有些家電特賣會，場地小、空間狹小，對消費者而言很不方便。有些大賣場，如購物中心，就顯得空間舒服方便多了。全聯社甚至以賣場空間小、動線狹小、沒有停車場做行銷訴求重點。

4. 產品多樣性：是指通路組合（Assortment）的寬度。家中附近的水果攤零售店，往往組合較多，可以從一小片西瓜、一粒蘋果，賣到消費者想要的數量。但是經銷商或大批發賣場，可能要整箱或一大堆的方式批貨賣出，組合的寬度較小。

5. 服務的支持：通路提供不同程度的附加價值服務，例如售後服務、退換貨、安裝、維修、送貨等。提供的服務愈多，消費者愈滿意，但是廠商的成本愈高、工作負擔愈重等，這些都需要慎重考量與權衡。

「把客戶當夥伴」是行銷人員的名言

　　身為一位觀光界的行銷人員，天天有新的客戶，天天有需要服務的對象，若你想天天「衝衝衝」的拚業績心情，那就請你「把客戶當夥伴，時時把客戶需要放心上」，以挑戰不可能的任務，來執行你的企圖心與行銷業績。

　　依據遠傳電訊的李執行副總的經驗談：一位行銷業務人員，應勇於挑戰，且要有「衝、衝、衝」的決心，在這「物聯網時代」中速度就是關鍵，各種行銷對象的需求必需要即時性解決，同時要視每一位客戶為好夥伴，並應用彈性作法及靈活度，來服務客戶。另一項行銷成功的關鍵，就在於快速達陣，不管是客戶或其他旅行社與飯店業，身為一位觀光界的行銷人員，都要會整合各種資源（航空、旅行社及餐飲業等），建立最重要的合作夥伴，持續共同開發新的合作項目。讓客戶滿意度達到 100 分，就是「把客戶當夥伴，時時把客戶需要放心上」的最佳表現。

〔參閱：2017.02.24，經濟日報，A20 版，黃晶琳撰〕

活動與討論

1. 一位觀光業之行銷人員，要如何「把客戶當夥伴」？請舉例加以說明。

2. 討論在「物聯網時代」來臨的今天，就一位觀光界業務代表的角度而言，應如何來使用現代科技，並增加業績並提升客戶滿意度？

11-3 行銷通路的方式

　　行銷通路的方式，就是對行銷通路中的合作夥伴加以分析、規劃、組織與控制，這種跨組織的管理通常比較困難。從關係行銷的觀點來看，跨組織的通路管理，在於尋求通路之間垂直合作，是一個價值鏈的過程，透過交易與關係往來為雙方共謀雙贏（圖 11-6）。

圖11-6　捷安特自行車通路成員相當齊全，也創造了該公司的優良業績。

一、行銷通路方式的觀點

　　一般而言，行銷通路的方式，可以由下列幾個觀點說明：

1. 一種是由下而上（Pull，拉的觀點），一種是由上而下（Push，推的觀點）。前者是從零售商的觀點來看行銷管理，零售商掌握消費者資訊，對製造商有較多的控制權。後者是從製造商的角度來看，製造商掌握銷售資訊，管理零售商，這也是較傳統的一種方式。

2. 通路取得的方式，也會形成管理不同。根據管理當局對中間商通路的控制，可以分成三種觀點：

   (1) 公司或組織自己建立的中間商系統所有的經銷商或零售商，由公司自己找來，可能是直營，也可能是員工自己經營。像統一企業集團下的統一超商、捷盟物流、宅急便。

   (2) 從現有的中間商體系取得，例如杜老爺冰淇淋的經銷體系。

   (3) 與其他競爭者共存的中間商系統，一個中間商同時販賣許多競爭品牌或是不同品牌。例如使用聯強國際或德記洋行為行銷通路。

二、垂直行銷系統

垂直行銷系統（Vertical Marketing System, VMS）是指行銷過程中製造商、經銷商與零售商結合成一個系統，尋求產業最大的共同利益，形成供應鏈管理。垂直行銷系統分成整合式、管理式、契約式三種，分述如下：

1. 整合式垂直行銷系統（Corporate VMS）：指生產與配銷都在一個管理當局的控制內。經銷商和零售商以股權方式結合，也就是說製造商是母公司，經銷商或零售商是製造商的子公司或關係企業。例如統一企業與旗下子公司，統一超商、捷盟物流、宅急便的關係。

2. 管理式垂直行銷系統（Administered VMS）：指製造商與中間商的結合，不是以股權方式結合，也不是依照契約訂定方式，而是基於規模與權力，可能是拉，可能是推的結合。這一類的製造商都具有強大的研究開發能力、廠商規模很大、品牌投資很大、行銷能力很強、通路鋪貨很廣，使得經銷商和零售商不得不聽從其指揮接受他們的管理，販賣他們的商品或服務。這一類廠商如P&G、Unilever、雀巢等公司。

3. 契約式垂直行銷系統（Contractual VMS）：是指製造商，經銷商與零售商以合作契約規範雙方行為。包括零售商自組合作社、批發商支持的自願連鎖商店及特許專賣（Franchise）。零售商自組合作社，例如國內的合作社組織、全聯社等單位。批發商支持的自願連鎖商店國內比較少見，例如「SUM」優質車商聯盟，全省數百家聯盟，專門負責中古車修理保養與販賣。

特許專賣，是指擁有技術或 know-how 的廠商將技術或 know-how 授予被授權的一方，收取權利金作報酬。被授權的一方，在授權廠商的協助之下，進行統一進出貨、統一企業形象、統一管理、統一售價、促銷、配銷等商業行為。特許專賣包括製造商支持的零售商特許專賣，如福特經銷商；製造商支持的批發商特許專賣，如可口可樂公司專售商標與配方給瓶蓋工廠；服務公司支持的零售商特許經營，如麥當勞速食服務業、汽車出租業等。

三、水平行銷系統

水平行銷系統（Horizontal Marketing System, HMS）就是指兩家或兩家以上不相關的公司共同結合資源以開拓行銷機會，如 War-Mart 和 Amazon. Com 合作電子商務。

四、多重通路系統

多重通路系統（Multichannel Marketing System, MMS）是指結合兩個以上的行銷通路來接觸不同的市場區隔。

五、通路的六個基本決策

有關通路的基本決策，如下說明：

1. 制定通路目標與策略：管理中間商的第一個決策，是先設定經營該通路的目標與策略。應該考慮的因素有：中間通路在公司組織內所扮演角色與地位、競手優勢、核心能力、積極或穩定、消費者資訊的取得與競爭者的相對程度、目標與組織結構分配。

2. 設計通路結構：根據經營目標與策略進行通路結構的設計，考量第三節所提的因素，如成本與效益的考量。

3. 選擇通路成員：通路成員的選擇要考慮許多因素，如密集程度的、選擇的標準（如歷史、信用、地區、意願）等。

4. 激勵通路成員：對通路成員的激勵與領導要兼顧短期需要與長期目標的一致性，設定各種獎勵與誘因，注意成員之間的制衡與均衡，權衡與平衡。

5. 行銷通路策略與行銷組合的協調：行銷通路的決定不能獨立於行銷組

行銷快樂學

直接行銷（Direct Marketing）

直接行銷是指，在觀光餐旅產業中，公司若以零階通路、直接接觸顧客，中間沒有第三者的參與的情形。直接行銷由於不經過中間銷售機構的配銷，消費者成本可節省一些，但相對的原來公司與消費者沒有中間供應商的服務，會增加一些麻煩，因為公司必需完成一些供應商的工作。例如：觀光工廠開放遊客直接參觀並進行採購，觀光果園直接開放給顧客自己採收，直接出售。

合的運作。通路要能對產品服務清楚明白，能配合執行價格政策、促銷、廣告、公關活動的配合，才能使行銷成功。

6. 通路成員績效的評估：每年定期考核中間商績效，可月、季、半年或一年進行評估。評估可以使用 POS、EDI 等科技協助管理。如果中間商不能達成公司使命或績效表現不如理想，應該給於輔導或補救，甚至可以替換。長期而言，製造商與中間商應該共榮與共同成長。

行銷快樂學

實體配銷（Physical Distribution）

觀光餐旅產業的公司，在實體配銷上有兩種意義，廣義上包括所有的供應商、製造工廠、倉儲商、中間商、最後的消費者市場都是行銷及配送範圍，一般要特別針對儲運系統加以設計。狹義上，僅指如何改進配銷或配送活動的效率，而非在全盤來檢討儲運系統。實體配銷的儲運活動，是以存貨管理為中心，將顧客的訂單與公司的生產串聯起來，當訂單多，即降低存貨，可促使生產活動。

行銷快樂學

配銷通路（Distribution Channel）

觀光餐旅產業中，各公司的配銷通路是指商品直接由生產者到最終消費者，所經過的途徑。配銷通路包括在生產廠商與消費者之間的所有代理商或中間商。

配銷通路一般服務業可以有：

（1）生產者→消費者。此是最迅速且簡單的通路。

（2）生產者→零售商→消費者。大型零售商多半直接向生產者進貨。

（3）生產者→批發商→零售商→消費者。為傳統的通路型態。

（4）生產者→批發商→銷售商→消費者。為在大規模零售商通路型態。

（5）生產者→代理商→批發商→零售商→消費者。為零售商規模小的通路型態。

1. 說明行銷通路的效益。

2. 說明中間通路的功能有哪些。

3. 從經濟學的觀點,中間通路具有哪些功能?

4. 說明通路分成哪些階層。

5. 通路密度有哪些決策?

6. 行銷通路有哪些流程?

7. 行銷通路中有哪些功能角色?

8. 行銷通路要如何管理?

9. 行銷通路有哪幾個基本決策?

1. D. J. Bowersox and M. B. Cooper, Strategic Marketing Channel Management（N.Y.: McGraw-Hill, 1992）

2. Kotler, P. , Marketing Management（N.J.: Prentice Hall, 2009）.

3. Kotler, P. and G. Armstrong, Principles of Marketing（N.J.: Prentice Hall, 2008）.

4. Czinkota M. R., Marketing: Best Practices（NY: The Dryden Press, 2000）.

5. Spulber, D. F., Market Microstructure: Intermediaries and the Theory of the Firm（NY: Cambridge University Press, 1999）.

📑 學習心得

4 垂直行銷系統是指行銷過程中製造商、經銷商與零售商結合成一個系統,尋求產業最大的共同利益,形成供應鏈管理。可以分為:整合式、管理式及契約式垂直行銷系統等三種。

3 通路階層有:(1)零階通路(直效行銷)、(2)一階通路、(3)二階通路、(4)三階通路。

2 中間商的功能,分二方面說明:(一)從製造商的角度有:(1)基本功能、(2)協調配合的功能、(3)擴增的功能;(二)從經濟學的角度有:(1)降低交易成本、(2)聚集或分散風險、(3)減少搜集的成本、(4)消除交易逆選擇、(5)減輕道德風險與投機行為、(6)經由授權,提供支持性的承諾、(7)創造效益、提供時間、地點與所有權效益。

1 行銷通路是指透過組織的價值網路(Value network),經過經銷商、零售商或合作夥伴創造來源,擴大與傳遞價值,為顧客與企業創造時間、地點、所有權效益的過程。

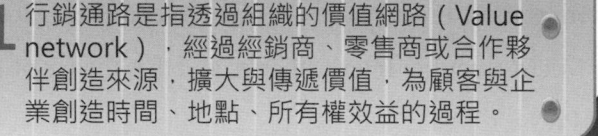

觀光行銷專員為醫美產業與觀光產業的聯結而努力

近年來，臺灣的觀光與醫美互相結合在一起，尤其在陸客來臺後，旅遊兼醫美的潮流也慢慢流行了。依據觀光界調查，陸客選擇來臺整形醫美的意願高達44％，還高於有「整形王國」的韓國41％。所以，一位觀光行銷專員，常會努力與臺灣醫美機構建立策略聯盟，來促銷觀光行銷的機會。本個案中，瑷美醫整形診所，一直努力與觀光陸客來合作，也一直努力蛻變美學服務。

發展觀光醫療已是全球的趨勢，臺灣確實有實力發展觀光醫療，瑷美醫整形機構不會因目前的成就而滿足，秉持著「愛美麗的時尚醫美」及「愛美沒有極限，變美永遠無限」以愛自己愛美麗，愛別人的神奇力量的宗旨，提供專業醫學美容服務項目，及專業醫療技術，搭配親切合理價錢，永遠朝著領先者與革新者的腳步邁進。瑷美醫美機構期許成為眾所皆知的「國際醫美王國」，也讓臺灣的「觀光醫療」發光發熱。

〔參閱：2017.02.04，經濟日報，A15版，杜奇聰撰〕

活動與討論

1. 若你是一位觀光界的行銷專員，你要如何來推動觀光醫療的業務？
2. 介紹瑷美醫美機構如何強化自己的醫美醫療，來推動國際觀光醫美商機。

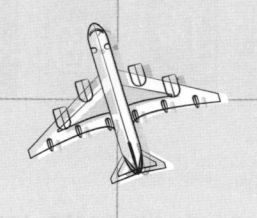

· Part IV ·

行銷組合
與發展

Chapter 12
觀光產業與零售

你知道後疫情時代（2023 年開始）觀光產業的實況嗎？

　　本個案介紹在後疫情時代，以晶華、雲品、寒舍等著名飯店為例，來了解它們如何迎接爆炸性的旅遊需求。介紹晶華酒店迎接後疫情時代爆炸性旅遊的來臨，其因應對策有：1、成功海外擴充，地點在日本大阪，預計今年三月開幕。2、雲品與總太地產公司也簽約頂級餐飲接待中心「圓觀」將在 2023 年 5 月營運。雲品亦將委託經營案「烏來紅河谷園區」，項目從宴會事業到住宿、餐廳及園區等物業管理，該案將在 2023 年年底投入營運。3、寒舍公司也表示，目前已有提案洽的案件，正在評估中。

　　這三家飯店迎接疫情之後的商機，抓住住房、餐飲雙頭賺；2023 年 3 月之後，政府開放港澳來台自由行後，必將幫助公司的 5-10% 營收成長；對沉寂很久的婚宴、大型宴會市場，也因為疫情結束，在 2023 年可望迎來爆炸性需求，所有國人深切的盼望能好好恢復且推升觀光產業。今天討論觀光行銷議題，大家要關注觀光業後疫情時代的行銷議題，也必須特別留意整體市場環境的變化，才能掌握最佳的行銷策略與方法。這也是各飯店重視三創教育與創新的表現。

〔參閱：2023.02.18，經濟日報，B4 版，嚴雅芳撰〕

📑 活動與討論

1. 請上網站查詢晶華、雲品、寒舍等公司的經營理念與行銷手法。
2. 當疫情後的觀光產業商機，你若是一位經營者，請提供貴公司的行銷策略。

學習指引

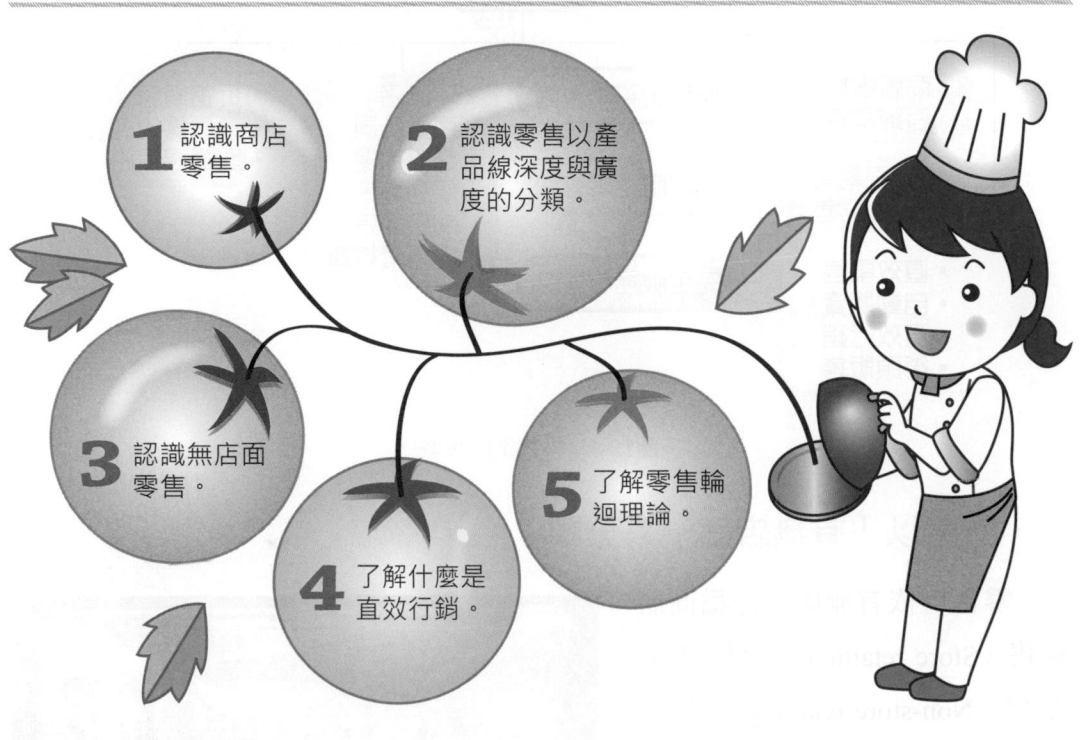

1 認識商店零售。

2 認識零售以產品線深度與廣度的分類。

3 認識無店面零售。

4 了解什麼是直效行銷。

5 了解零售輪迴理論。

12-1　商店零售

　　零售（Retailing）是指向觀光產業所需要的物品，從製造廠商或其他批發商進貨，以再售為目的，將產品或服務直接銷售給最終消費者，以供其作非商業用途的一切活動。許多行銷通路的成員，包括製造廠商、批發商和零售商，或多或少都有進行零售的活動，但大多數的零售活動是由零售商自行舉辦，因此，零售商的銷售收入主要來自零售。

　　零售商店有許多不同的類型，可依店面有無、服務的多寡、產品線的廣度和深度，以及相對價格等特性加以分類，如圖 12-1 所示，分別說明如下：

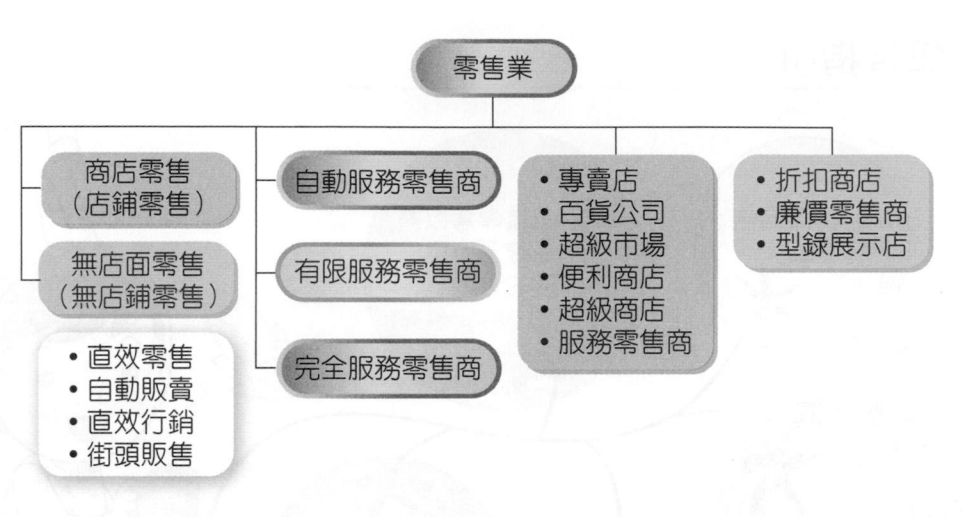

圖12-1　零售業的類型

一、零售以「有無店面」來分類

　　零售可依有無店面分為商店零售（Store retailing）和無店面零售（Non-store retailing）兩大類。一般有店面的銷售稱為商店零售（實體店面），亦稱「實體店零售」，是指透過零售商店來從事零售活動（圖 12-2）。沒有店面的零售稱為無實體店零售，或無實體店零售，無店面零售包括直接銷售、自動販賣、直效行銷和街頭販售等。

圖12-2　全家便利商店整齊的外觀布置，讓消費者更願意親近。

二、零售以「服務多寡」分類

　　不同的產品需要不同數量的服務。零售商依提供服務的多寡可分為：自動服務零售商（Self-service retailers）、有限服務零售商（Limited-service retailers）和完全服務零售商（Full-service retailers）三類。

（一）自動服務零售商

這類零售商又稱自助式服務，其零售店通常沒有華麗的裝潢，商品以開放式貨架陳列，消費者必須自己取貨到櫃檯結帳，更甚者，消費者需自己送貨到家，如IKEA。在臺灣，很多大賣場都是這類零售服務。自動服務零售商所販售的商品是便利品、全國性品牌和快速週轉的選購品。自助服務在有折扣經營的基礎下，許多顧客為了省錢，願意到此種零售商店進行「尋找→比較→選擇」的購買程序。

（二）有限服務零售商

有限服務銷售較多的選購品，提供顧客需要相關的資料，有較多的銷售協助。這種零售商提供一些自助零售商所沒有的服務，因此營運成本較高，零售價格也較高。例如全國電子，有時會選擇配送安裝做服務訴求；有些零售商會成立會員制，給會員一些優惠，但對非會員則沒有提供優惠服務。

（三）完全服務零售商

完全服務零售商如專賣店和高級的百貨公司，通常提供顧客所有的採購服務。完全服務的商店通常經銷較多的特殊品，有較多的服務。表12-1列舉完全服務零售商所提供主要服務項目，包括購買前、購買中、購買後，以及附帶的服務等都有提供不同層次的服務。由於服務項目較多，因此營運成本相對高出許多，導致價格也較高。

表12-1　完全服務零售商典型的零售服務

購貨前服務	購買中服務	購貨後服務	附帶的服務
1. 接受電話訂貨 2. 接受郵購訂貨 3. 廣告型錄 4. 櫥窗展示 5. 專車接送 6. 專人接待 7. 購物時間安排 8. 時裝展示會告知	1. 室內展示 2. 試衣間 3. 櫃台解說 4. 試用試吃 5. 折扣優惠 6. 以舊品抵購新品 7. 時裝展示會 8. VIP 接待 9. 舒適空間	1. 配送 2. 一般包裝 3. 禮品包裝 4. 調整產品 5. 退貨 6. 換貨 7. 整修 8. 安裝 9. 刻字	1. 刷卡，支票兌現 2. 一般諮詢 3. 免費停車 4. 餐飲服務 5. 修補 6. 內部裝潢 7. 分期付款 8. 化妝室 9. 托兒服務

三、零售以產品線深度與廣度分類

零售商亦可依他們所經銷產品線的深度和廣度加以分類，為專賣店（Specialty store）、百貨公司（Department store）、購物中心（Shopping center）、超級市場（Supermraket）、便利商店（Convenience store）、超級商店（Superstore）和服務零售商（Service retailer）。

（一）專賣店

專賣店經銷的廣度窄，但各產品線深度很深，產品種類齊全。常見的專賣店如服飾店、運動用品店、家具店、花店、書店等。專賣店可依其產品線的寬窄程度再予細分。例如服飾店可以是一家單一產品線商店（Single-line store），如 Nike Town、青山西服男士服飾店；可以是一家有限產品線商店（Limited-line store），如專賣運動球鞋的專賣店、專門販賣玩具的玩具反斗城、專賣年輕流行服飾的專賣店（如 H&M、Zara、Gap）等。由於市場區隔化、目標化市場及產品專業化的應用日益增多，專賣店已處處可見。

（二）百貨公司

百貨公司銷售的產品線廣度寬，產品線深度則以一般家庭常用為主，滿足消費者「一次購足（One stop shopping）」的特性。典型的產品線如服飾、寢具及家庭用品等，且每一產品線都有樓面管理，視為一個獨立部門來經營。美國的 Wal-Mart、英國瑪莎百貨公司、日本的高島屋、三越、伊勢丹等，臺灣的新光三越、遠東 SOGO 百貨等都是著名的百貨公司。

臺灣流通業環境雖變革迭起，許多強勢新興業者如便利商店、量販店、購物中心等進入市場，但歷史悠久的百貨業仍是市場通路的主流。根據經濟部統計，國內百貨公司市場規模年超過 5,000 億新臺幣。百貨公司大都分布在七大都會區（臺北、新北、桃園、新竹、臺中、臺南及高雄地區），由於百貨公司需要相當多的人潮來維持經濟規模，故其發展多半集中於大都會區。臺灣百貨公司具有幾項特色，即日系百貨業之市場占有率高，朝向大型、財團化、連鎖集團化的寡占競爭，如遠東、新光三越及太平洋等三大財團百貨公司。

（三）購物中心

　　購物中心的產品線廣且深度也較百貨公司長，所提供的功能也較多樣性，通常是兩家以上百貨公司的組合。大型購物中心，是以單一開發主體計畫所規劃的商業型態，結合購物、休閒、娛樂、餐飲、文教及生活服務等功能的複合性商業空間；高品質的購物環境滿足消費者購物方便性、舒適性及娛樂選擇性。根據相關研究，成立大型購物中心有助於提高國民所得與就業率、提升國民生活品質、帶動區域發展、平衡城鄉差異等優點。

　　臺灣自 1994 年工商綜合區相關法案通過後，從北到南大型購物中心蓬勃發展，從 1999 年，臺灣第一家大型購物中心－台茂，在桃園南崁開幕，代表臺灣零售業進入一個新的階段。2000 年以後，大江國際購物中心、微風廣場、京華城、新竹風城等陸續開幕，進入大型購物中心的戰國時代。這些大型購物中心都強調大坪數賣場、充足的停車場、各式各樣的商品、各種精緻美食、各款名貴的精品、戶外有公園綠地、設置影城等，是多功能與全方位的休閒娛樂中心。

（四）超級市場

　　超級市場通常以較大規模、低成本、薄利多銷、自助服務等方式經營，滿足消費者對生鮮和冷凍、冷藏食品、日常用品、家庭用品的所有需要。大多數的超級市場強調低獲利以及每日低價（Every Day Low Price, EDLP），因此需要有高的存貨週轉率才能獲得滿意的投資報酬率。

　　超級市場原以國內早期傳統市場為競爭對象，依經濟部統計處資料顯示，超級市場營業規模約新臺幣 2,000 億元，雖每年仍呈穩定的成長，但與其他行業比較，其成長的空間最低。在都會區的超市確曾搶奪不少傳統市場之消費群，但隨著便利商店與量販店的興起和盛行，使位於與便利商店或量販店同商圈的超市，漸漸被迫退出市場。尤其是便利商店的展店（加盟店）快速及量販店逐漸由都會區、鄰近郊區，朝市內社區及住宅區發展之後，超市、便利商店及量販店間的競爭更趨白熱化。知名的超級市場包括全聯福利中心、頂好惠康超市、楓康超市、臺北農產、百佳超市等（圖 12-3）。

圖12-3　全聯福利中心提供最佳的購物環境，以提升服務品質。

由於超市與量販店的功能和特質相雷同，主要的差異為超市設置地點多屬市區，而早期量販店多設在都會區鄰近郊區的工業區用地，但近年來新設量販店已延伸到市區內社區及住宅區，並在「一次購足，大量採購」及低價策略運用下，致使超市優勢盡失，讓超市發展陷入空前的困境，港商百佳超市、日商雅客超市及知名的美村、羽康、潭興連鎖超市陸續退出市場。

國內超市經營多為跨國性投資，領導廠商港商惠康超市近年來主推百坪以下「Express Fresh」小型店面，把超市當超商經營，以小坪數、近距離和加強生鮮及冷凍食品，搶占小家庭和單身市場。

（五）便利商店

便利商店的產品線以個人日常用品、食品為主，包括：報紙、香菸等雜貨銷售。通常規模較小、營業時間長、假日不休息，能滿足家庭突發性或少量的採購，並只銷售一些週轉率高的便利品。例如美國的 7-ELEVEn 與 Stop-N-Go、臺灣的 7-ELEVEn 統一超商、全家便利商店等。這類商店由於營業時間長，且顧客係臨時有需要才去購買，因此價格相對較高，但因可滿足顧客的便利需求，顧客也願意付較高的價格。

以好鄰居自稱的便利商店萌芽於七○年代末期，經過多年的深耕，在九○年代開花結果，據調查臺灣便利商店連鎖及單獨店店數已近一萬家，其中連鎖與非連鎖的比例約 65% 比 35%；在市場漸進邁向成熟期之際，雖然展店還有成長空間，但速度已趨緩，而因商店普及度和同質性高，同業競爭更加激烈，市場呈現「強者恆強，弱者愈弱」的寡占態勢愈趨明顯，目前主要便利商店計有統一超商、全家、萊爾富及 OK 等四家。2016 年以來，統一超商總店數已接近五千家，市場占有率最高，全家也有三千多家。

（六）超級商店

超級商店主要是滿足消費者對例行購買的食品、非食品項目和服務的所有需要，它的規模比一般的超級市場大很多，銷售的商品項目很多，有的也提供許多服務。超級商店有超級中心（Supercenters）、大型專賣店（亦稱「型錄殺手商店」，Catalog-killer stores）和特級市場（Hypermarkets）等三種類型。美國的威名商場超級中心（Wal-Mart Supercenters）和 Kmart 超級中心（Super Kmart Centers）是比較著名的超級商店。

近些年來快速興起的許多大型專賣店如玩具反斗城、宜家家居（Ikea）等也是一種超級商店，這類大型專賣店，產品線狹窄，但產品項目非常齊全，強調低價。

特級市場則是一種巨型的超級商店，結合超級市場、折扣商店和倉庫零售，除了銷售食品，也銷售家具、家庭用品、服飾和許多其他產品。特級市場在美國並不成功，但在歐洲和其他市場則相當成功，如法國的家樂福（Carrefour）、西班牙的Pyrca 和荷蘭的 Meijer's 都是歐洲著名的特級市場。

從 1989 年臺灣開設第一家量販店萬客隆開始，量販店很快成為臺灣最大的零售通路系統，並在商品批發及零售市場間掀起一場新的通路革命，也為「一次購

行銷快樂學

連鎖商店組織
（Chain-Store Organization）

連鎖店組識是零售業銷售途徑的一種。此種組織是整合眾多家零售商，使用共同的名稱、操作手則、廣告、銷售相同的產品、店面標語與設計等，如國內的雄獅旅遊、義美食品、7-11超商、全家超商、爭鮮、康是美、有機商店（健康食彩）等。

連鎖商店在倉儲、配銷、廣告和採購方面，享有規模經濟的優勢，公司可以控制成本，快速建立形象與聲譽，在近代國家發展迅速。如國內超商就達到1萬家以上的連鎖店，遍及全國各地區。

足、大量採購」的量販店消費者採購行為奠定基石。目前國內量販店經營的銷售客層定位大致可分成三類：1. 以一般個人消費者為對象；2. 採會員制，但未限制須團體客戶，一般個人也可成為會員；3. 經營批發業務，以零售商、機關團體和餐廳為對象。

經過數十年的光景，國內量販店已從工業區用地進入市區或住宅區經營，並因財團的大舉加入，財團化、大型化的寡占趨勢日益明顯，市場已進入高度競爭時期，部分財力較弱之業者已紛紛轉型或結束營業。目前量販店廠商有家樂福、大潤發、好市多及遠東愛買，其中萬客隆已於 2003 年宣告結束臺灣的營業。由於量販店的經營策略係以「一次購足、大量採購」及「物超所值的價格競爭」雙管齊下，使超市的生存受到嚴重威脅，同時衝擊都市商圈內百貨公司。

（七）服務零售商

服務零售商是指提供服務的零售商，如旅館、汽車旅館、銀行、航空公司、大學、醫院、電影院、網球俱樂部、保齡球館、餐館、理髮店、洗衣店等都屬服務零售商。

四、零售以「相對價格」分類

零售商可依據價格的高低來分類。大多數的零售商以一般價格提供標準品質貨品和顧客服務；有些零售商提供較高品質的貨品和服務，相對的售價也較高。但也有零售商是以低價爲特色，包括折扣商店、廉價零售商（Off-price retailer）和型錄展示店（Catalog showroom）。

（一）折扣商店

折扣商店以薄利多銷的方式經營，銷售標準化的商品，售價較低。知名的折扣商店如：美國的沃爾瑪商場（Wal-Mart）、Kmart、Target 等。早期折扣商店以服務很少，設在租金低、交通便利的地區，利用倉庫式的設施來經營，以降低成本。但近些年來，許多折扣商店面對其他折扣商店和百貨公司的強烈競爭，已開始「升級」。它們改善內部裝潢、增加新產品線和服務，並在市郊開設分店，也使得成本提高、價格上漲。由於百貨公司也常藉著降價促銷活動與折扣商店競爭，使得折扣商店與百貨公司的角色日益模糊。

折扣零售也漸漸由一般商品走上專業化商品之路，例如運動器材折扣商店、電子產品折扣商店（如美國的 Circuit City，臺灣的燦坤、全國電子）、折扣書店（如美國的 Crown Bookstore），臺灣的五金百貨、南北貨店等。

（二）廉價零售商

當主要的折扣商店逐漸升級時，廉價零售商逐漸興起，填補低價、大量採購的商店空隙。一般的折扣商店以批發價進貨，以低的邊際利潤來維持低的價位；而廉價零售商則以低於一般批發價向製造廠商或其他零售商採購其過剩的產品或非標準尺寸（零碼）的產品。由於是銷售過剩、供應不穩定等特性的商品，因此定價也比一般零售價低。

廉價零售商在食品、服飾、電子產品到陽春銀行、折扣經紀商等領域都有，包括臺北的光華商場也是。廉價零售商主要有三種類型：獨立廉價零售商、工廠直銷店與倉庫型賣場。分述如下：

1. 獨立廉價零售商（Independent off-price retailer）：由企業家擁有或經營，或是大型零售公司的事業部。

2. 工廠直銷店（Factory outlets）：由製造廠商設立經營並具所有權，通常為銷售工廠生產過多的剩餘貨品、停產的貨品或零碼尺寸的貨品等。但現在並非全部如此，也有很多零售店（現在稱暢貨中心）標榜便宜，此種零售店有時集中於購物中心，有許多直銷店的售價皆低於一般零售價格的 50%，銷售相當廣泛的產品項目，如Dexter（鞋子）、Ralph Lauren（高級服飾）。

3. 倉庫型賣場（Warehouse club）：亦為批發俱樂部（Wholesale club）或會員倉庫（Membership warehouses），例如沃爾瑪百貨擁有的 Sam's 俱樂部、好市多（Costco）等是美國知名的倉庫型賣場；大潤發、家樂福、特力屋、Ikea 等是臺灣知名的倉庫型賣場。它們的賣場通常是以超低價銷售貨品，坪數巨大，裝潢簡單，倉庫式的設施，一般只賣給會員，提供極少的服務，顧客要自行將家具、大型家電用品等各種大件物品帶到結帳櫃檯，其不提供送貨到家服務，不接受信用卡。但在臺灣，由於競爭激烈，各大賣場並不會只賣給會員，非會員也可購買，也都提供各種送貨安裝，接受信用卡或是提供分期付款服務。目前臺灣只有好市多，堅持需要會員卡，以付現金為主，只接受少數的信用卡。

　　其他以低價為號召的商店，有美國、歐洲的「一元商店」，日本的 100 元店，在臺灣有「十元商店」、39 元商店、50 元商店等。

（三）型錄展示店

　　型錄展示店，又稱「型錄殺手」，主要是利用展示店中的商品型錄，以低價、折扣價銷售高利潤、高週轉率及有品牌的貨品。這些貨品包括珠寶、動力工具、照相機、旅行箱、小型家電用品、玩具及運動器材等。

　　型錄展示店的產品線是所有零售店中最深、最廣的，以專家立場購買，價格低廉來做商店產品組合的特色。型錄展示店以降低成本與售價吸引大量的消費者，創造大量的銷售量。顧客透過展示店中的商品型錄訂貨，再到店裡的提貨區去提貨。美國以 Home depot、Best Buy 為代表。

一位行銷人員如何規劃開業活動（一）？

　　一個剛創業的企業，為了能夠讓品牌及商品在市場上，期望展示時可一炮而紅，多數創業者都會規劃開業活動（包括試賣、開幕），但這些開業活動是一門值得行銷人員去了解及學習的學問。譬如優惠的促銷辦法設計，試賣與開幕，哪一階段該推出較大優惠才算恰當？

　　事實上，好的行銷人員會推動一波又一波的活動，抓緊消費者的目光。若以試賣與開幕兩者來比較，一般還是將較大的精力放在開幕檔期中。香港首富李嘉誠曾說：「每一次新的商機到來，都會造就一批富翁，每一批富翁能成為富翁就是：當別人不明白的時候，他明白他在做什麼；當別人不理解的時候，他理解他在做什麼。而當別人明白了，他富有了；當別人理解了，他成功了。」

　　對一位剛創業公司的行銷人員來說，「開業活動」的試賣與開幕規劃要如何衡量，最好預先了解其不同行銷特性與背景。

〔參閱：2016.09.20，經濟日報，B5 版，傅安國撰〕

📃 活動與討論

1. 說明開業活動時，一位行銷人員應有的認知與做法。
2. 分析香港首富李嘉誠先生對商機到來的看法。

12-2 無店面零售

　　大部分的零售是在零售商店中完成，但也有相當部分的零售交易不經過零售商店。這種不在零售商店中執行的零售活動就稱的為無店面零售（亦稱無店鋪零售或無店鋪販賣）。在許多國家，經由非商店零售方式完成的銷售額仍遠較商店零售所達成的銷售額為低。例如美國非商店零售的銷售額估計，占全美零售總額的 20%。

　　由於非商店零售有許多有利的發展條件，未來在消費者市場中的重要性將與日俱增。以臺灣的市場來看，非商店零售事業有許多發展的利基，包括：

1. 職業婦女愈來愈多，她們重視購物的便利性。

2. 人們日益重視休閒和家居生活，希望減少到商店購物的時間。

3. 政府對非商店零售（如直銷）事業的管理日益嚴密，增加人們對非商店零售商品的信心。

4. 個性化消費時代來臨，非商店零售事業可提供更多樣化和更具個性的商品。

5. 商業區的土地和運送成本日益增加，加上停車空間不足、交通壅塞，大幅提高消費者到商店購物的有形與無形費用，亦有助於非商店零售的發展。

6. 科技不斷創新，各種新的非商店零售方式（如傳真購物、電視直銷、網路購物等）不斷推陳出新，消費者可以更方便、更經濟地利用各種不同的非商店零售管道購物。

　　無店面零售的商業經營型態有直接銷售（Direct selling）、自動販賣（Automatic vending）和直效行銷（Direct marketing）等三種類型。

一、直接銷售

　　直接銷售是透過銷售人員和不在零售商店內的消費者面對面接觸來從事零售。直接銷售方式源於二十世紀之前沿街兜售的小販，如今直接銷售也是一極為龐大的產業，許多公司採取沿門銷售、辦公室銷售（Office to office selling）、聚會銷售（Party-plan selling）等直接銷售方式來銷售公司產品。

　　雅芳是沿門銷售方式的佼佼者。雅芳公司把它的銷售員—雅芳小姐，訓練成為家庭主婦的好朋友與美容顧問，這群美麗的天使已使雅芳成為世界上最大的化妝品公司以及名列第一的沿門銷售廠貨。此外，臺灣的台英社也是沿門銷售和辦公室銷

售的成功直銷業者。特百惠（Tupperware）則是聚會銷售的佼佼者，它的銷售員會邀請若干朋友及鄰居到某一個人的家裡聚會，然後藉機展示及推銷其產品。

多層次行銷（Multilevel marketing）是直接銷售的一種變形。如安麗（Amway）、如新（Nu Skin）等都是這種銷售方式的先驅。他們先招募獨立的從業人員擔任其產品的配銷商（Distributor），透過配銷商再招募子配銷商（Sub-distributor），子配銷商又稱「下線」，將產品賣給子配銷商，子配銷商又再招募其他人，將產品賣給他們，並由最後一層次的子配銷商將產品賣給消費者，銷售網即由層層的「上限」、「下限」所組成。配銷商的報酬包括銷售給配銷商所招募的整個銷售群體的銷售額，加上直接賣給零售顧客的盈餘的某一百分比，比例高低各公司不同。

在臺灣，多層次行銷[1]亦通稱為多層次傳銷或俗稱「老鼠會」，早期因缺乏法規約束而經常發生交易糾紛。簡單的說，所謂多層次傳銷係指事業透過許多層的配銷商來銷售商品或提供勞務，每一個配銷商（即所謂的「參加人」）在給付一定的經濟代價後，加入該傳銷組織，並取得銷售商品或勞務以及介紹他人參加的權利，因此參加人除了可將貨品銷售出去以賺取利潤外，還可自己招募、訓練一些新的配銷商建立銷售網，再透過此一銷售網來銷售公司產品以獲取差額利潤。截至 2011 年統計，向公平會報備的多層次傳銷者，還有在經營者有近千家，約有近 400 萬人次曾參加過報備的多層次傳銷者。

直接銷售的缺點包括：1. 銷售佣金高達零售價的 40％ 到 50％；2. 招募、訓練、激勵和留住銷售人員（大多數是兼差的）不容易；3. 有些銷售人員會利用高壓（High-pressure）方法或耍詐。儘管如此直接銷售仍具消費者可在家購物或在彈性的時間、地點和銷售人員接觸；銷售者可用大膽的方法去試圖說服消費者購買其產品，亦可把產品帶到購買者的家中或工作場所，並向消費者展示其產品。

---

[1] 依據《公平交易法》（第 23 條）的規定，「多層次傳銷，謂就推廣或銷售之計畫或組織，參加人給付一定代價，以取得推廣、銷售商品或勞務及介紹他人參加之權利，並因而獲得佣金、將金或其他經濟利益者而言。前項所稱給付一定代價，謂給付金錢、購買商品、提供勞務或負擔債務。」

二、自動販賣

　　自動販賣已被廣泛地用來銷售各式各樣的產品，包括許許多多的便利品和衝動性購買的商品，如香菸、飲料、糖果、報紙、襪子、化妝品、速食點心、熱湯食品、書籍、專輯唱片、軟片、T 恤、保險單、捷運車票、火車票、錄音帶、錄影帶等。在許多國家自動販賣機非常普遍，到處可見自動販賣機提供 24 小時的銷售服務，以自助方式銷售不易腐壞的商品，不需人員再經手處理（圖 12-4）。

圖12-4　自動販賣機成為飲料自動行銷的新寵兒

　　自動販賣是一種昂貴的配銷通路，所販賣的商品價格比一般零售商店要高出許多。自動販賣成本之所以較高是因為散布在各地的販賣機需經常補貨、經常有機器發生故障，以及在某些地區貨品易遭竊等緣故，此外，缺貨及商品無法退換等，也常造成消費者很大的困擾。不過，已有新的技術可對自動販賣機作遠距偵測，降低販賣機缺貨或發生故障的次數（造成收入喪失），當然這些進步的科技一點也不便宜。

自動販賣機正逐漸增加其用途，特別在娛樂性服務方面，如彈球機（Pinball machine）、吃角子老虎（Slot machine）、自動點唱機（Juke box）以及各式各樣新的電腦遊戲等。自動櫃員機可以 24 小時為銀行的顧客提供兌現、存款、提款及轉帳的服務。未來自動販賣機可使用不需現鈔的「記帳卡」（Debit card），顧客預先付款並於購貨時逐次扣抵。又如臺北捷運站近年推出的「亞尼克」生乳捲自動販賣機購物自助取貨，訴求買得輕鬆又安心。

三、直效行銷

直效行銷又稱「直接行銷」，是指利用各種非人員接觸的傳播工具直接和消費者互動，同時要求消費者直接回應。直效行銷使用的工具，包括廣播、電視、報紙、雜誌、直接郵件、型錄、電話、電子郵件、網際網路等。不論採用那一種工具，直效行銷的目的都在設法讓目標市場的消費者可以快速回應、直接訂貨。

直效行銷是指不經由配銷系統的中間通路而將產品與服務直接從生產者轉移到顧客手中的一種行銷方式。因此，凡是僱用銷售人員直接將產品銷售給顧客，或生產者兼營零售商店直接將商品賣給消費者，皆可視為直效行銷。

但演變至今，由於電話、電視及網際網路在銷售上的應用日益普及，於是直效行銷一詞已泛指所有應用一種或多種非人員接觸工具直接和消費者互動的行銷方式，包括郵購行銷（Direct-mail marketing）、型錄行銷（Catalog marketing）、電話行銷（Telemarketing）、電視行銷（Television marketing）、線上行銷（On-line marketing）等。

（一）郵購行銷

郵購行銷者直接將信件、小冊子、錄音帶、電腦磁碟片或產品樣本郵寄給消費者，要求消費者利用郵件或電話來訂購貨品。消費者名單可由行銷人員自行蒐集，或向郵寄名單經紀商購買名單。郵購行銷者通常先從所有名單中挑選一部分名單進行郵寄測試，再根據反應情形決定是否大量郵寄。

直接郵購的使用非常普遍。對行銷者而言，它在選擇目標市場上有高度的選擇性，也可針對目標市場的特性設計具有吸引力的行銷方案，並可進行測試來衡量消費者的反應。郵購大多應用於書籍、雜誌、禮品、服飾、食品、保險服務、信用卡服務、會員招募等項目的銷售。國內如中誌郵購，或一些信用卡發卡銀行的郵購，還可以刷卡集紅利點數換贈品，都是這方面的例子。

（二）型錄行銷

廠商將產品型錄郵寄給消費者，或將商品型錄放在零售商店中供消費者訂購或取閱。寄出型錄的廠商大都是產品線齊全的大型零售商店，如臺灣各大百貨公司、量販店等。

有的型錄行銷者採用會員制，更能對其顧客的特性和需要有深入的了解，能提供顧客滿意的服務，例如 DHC 型錄銷售，透過統一超商陳列型錄，創造很好的業績。臺灣的統一型錄就是採用會員制，可經由會員調查知道其會員的購買需求和購買行為，適時調整行銷作法。在 7-11、全家等便利商店，都有許多免費的型錄供消費者取用。

（三）電話行銷

電話行銷是利用電話直接向消費者進行銷售。行銷者打電話向消費者推銷產品，消費者可利用廠商付費的電話號碼（如美國的 800 號碼或臺灣的 0800 號碼）進行訂貨。許多產品或服務，如保險、雜誌訂閱、信用卡、俱樂部會員等，都可透過電話來購買。臺灣的康健人壽就是這類代表。

電話行銷提供消費者很大的購物便利性，這是電話行銷吸引人的地方。電腦與電話的結合已使電話行銷的成本大幅降低。電腦可自動撥號，向消費者播放事先錄好的廣告，並可以電話答錄機來接受消費者的訂單，或轉給電話接線員去處理，這種全自動的電話行銷系統使電話行銷更具有成本上的競爭力。近年來，電話行銷在臺灣發展相當迅速。

（四）電視行銷

利用有線電視與無線電視頻道直接銷售產品或服務給消費者，做法有以下三種：

1. 透過直接反應廣告（Direct-response advertising）：即透過電視轉播網播出行銷者的產品廣告，並提供免費訂購電話號碼給消費者。這種途徑在雜誌、書籍、小件日常用品、錄音帶、CD、收藏品及許多其他產品的銷售頗為有效。

2. 居家購物頻道（Home shopping channels）：這種頻道完全用來銷售貨品與服務，有些購物頻道播放的時間很長，如美國的品質價值頻道（Quality Value Channel, QVC）和居家購物網（Home Shopping Network, HSN）更是每天 24 小時都在播放購物節目。臺灣目前除東森之外，還有 momo 台、viva 台，市場規

模高達 600 億，許多家電用品、服裝、3C 電子產品、減肥瘦身產品等等都透過購物頻道銷售。甚至在短短的一、二小時內，銷售百顆鑽石、百部汽車、上千人的旅遊產品，比一些經銷商一年業績還強，更捧紅了不少產品代言人。

3. 影像通訊（Videotext）和互動電話：即利用電話線將顧客的電視機和廠商的型錄連結起來，顧客可透過與系統相連結的特殊鍵盤置下訂單。

（五）線上行銷

線上行銷是指透過互動的電子通路和購買者進行溝通和銷售。廠商可利用線上電腦系統提供電腦化的產品和服務資訊供購買者參考，購買者則利用家中的電腦經由電話線路進行選購。如雅虎奇摩購物網、e-bay、Amazon、各企業的線上購物網等。這幾年線上購物快速成長，據統計，它的到達率已經超過報紙媒體了，僅次於電視媒體而已。現在消費者買書、買花、訂購各種商品、聽音樂、看電影、看電視、訂車票、看氣象等，都離不開線上購物。

12-3 零售輪迴理論

隨著銷售者的改變，零售的型態也不斷在改變。零售輪迴（Wheel of retailing）理論，又稱「零售烽火輪」，指出零售的改變呈週期性或循環性的型態。零售輪迴理論認為新型的零售商常以低成本、低價格商店的型態進入市場，剛開始其他零售商並不太注意這種新型的零售商，但因受消費者歡迎並惠顧這種新的零售機構，而逐漸侵蝕其他零售商的生意。根據零售輪迴理論，新型零售商逐漸「升級」，以吸引更大的市場，獲得更高的利潤和地位。他們會提升產品的品質，增加顧客服務，結果會造成高的營運成本和高的價格，使他們容易受到另一種新型零售機構的侵襲。另一種新型零售機構同樣會以低成本、低價格商店的型態進入市場。

這種演進過程持續循環，百貨公司、超級市場、折扣商店、倉庫型賣場、大型專賣店（量販店、大賣場）、線上零售商的興起和發展大致可用零售輪迴理論來說明。但是，零售輪迴理論並不能解釋所有主要的零售發展。例如自動販賣機是以高成本、高利潤的姿態進入市場；便利商店是以高價格進入市場；購物中心進入市場時也不強調低價；最近採用網站從事零售的零售商也會面對營運費用更低的競爭者。

12-4　零售行銷決策

當消費者進到一家零售商店，他會看到什麼？感受到什麼？燈光美、氣氛佳，還是東西便宜、服務親切？一家零售商店要給消費者留下什麼印象，或是得到什麼，就必須思考零售行銷決策。

一、目標市場

零售店首先要決定服務的顧客是誰？商品要賣給誰，也就是決定目標市場，主要的消費群。決定了目標市場，後續的行銷作業，才能有一定的規範，如商品組合、定價、服務等。目標市場的訂定，可以利用之前介紹的市場區隔方法－「市場區隔變數」來衡量市場，針對消費者行為做深入分析。目標市場的訂定，要能夠掌握主要的顧客群，有時太過簡化或目標客戶太多，都不是很好的方式。例如伯朗咖啡館以「提供客戶好咖啡，創造本土咖啡文化」為企業目標，以提高咖啡品質、中價位為其市場定位，歐洲風的美術裝潢基調，開創出屬於自己的風格。

二、產品組合與採購

產品組合（Product assortment）是指零售店針對目標市場的需求，提供產品線的深度與廣度的組合。例如需要很多顆大西瓜，可能需要去瓜果批發店購買；需要一顆西瓜，可能需要去家樂福購買；如果只要半片西瓜，可能需要去超市購買；如果只需要一小片西瓜，可以到附近水果攤購買即可。不同的零售通路，代表商品銷售數量或基本單位不同，產品線多寡、備貨深淺，自然不同。

產品組合決策，會影響採購的決策。零售店裡該有哪些產品品項、產品線要有多少、廣度與深度等都影響採購成本、採購來源。知名流行服飾 Zara，以快速流行為訴求，縮減商品組合廣度與深度及採購來源，捨棄較遠、較便宜的中國或印度，從土耳其進貨，有效降低存貨成本。

三、價格與服務

價格是零售店很重要的一個決策，與目標市場、產品組合、採購決策息息相關。例如購物中心或便利商店，並非以低價為號召、超市則以薄利多銷、EDLP 的價格要有折扣、量販店則以低價促銷作為吸引顧客上門的武器。

價格和服務，在零售商更是不可分開的決策。通常價格高，則服務較爲完備，所提供的服務也較多；價格低，通常都是自助式零售，較少服務。例如百貨公司通常以服務完備作訴求。

四、商店氣氛

商店氣氛是一個很重要的決策。消費者一進到店裡，就可以感受到店裡的氣氛。例如星巴克咖啡店裡昏黃、暗咖啡色搭配輕鬆音樂的氣氛，就是一個可以讓人聊天的場所；誠品書局的裝潢氣氛讓人感覺看書、聊天、喝咖啡都很舒適。

商店氣氛又稱爲商店形象，包括了空間設計，如商店的牆壁裝飾、燈光、走道、商品擺設、樓面管理、顧客休息場所規劃、點心咖啡等附屬設施、停車場等；現場服務人員禮儀、制服、專業程度等，也都是塑造商店形象或氣氛的重要元素。

五、商店活動與經驗

商店活動與經驗的決策，主要說明商店本身的促銷活動，或消費者參與的經驗。有些商店經常辦活動，如週年慶、換季大拍賣、佳節活動，或是服裝秀、社會公益活動等，創造消費者經常光顧的動機。有些網路購物的網站，爲讓消費者經常上網瀏覽，特別加強方便使用，使好的經驗帶動好的銷售。

六、溝通

溝通是指零售店的溝通組合。透過廣告、公關、促銷，或事件活動，讓消費者對零售店有更多的了解。如流行服飾，要常出現在一些雜誌上，又如星巴克從每一個顧客關心起，讓每一個顧客都是溝通的訊息者。

七、店址選擇

最後，也是最重要的決策是選擇店址，店址是決定商店成功的不二法門。一旦店址決定，商店經營已經成功了一半。店址的選擇需考慮很多因素，如商圈大小、競爭廠家多少、顧客來源等因素。除此之外，店址的選擇可以分成設在商業精華區（如臺北信義計畫區內）、地區商業中心（如內湖南港等區、板橋中壢等區域或某些鄉鎮的市中心）、社區商店街或是一般商業街道或是店中店（如在新光三越百貨公司設專櫃、在誠品書局內設店）。

學習心得

5 零售輪迴（Wheel of retailing）理論又稱「零售烽火輪」，是指出零售的改變，呈週期性或循環性的型態。

4 直效行銷又稱「直接行銷」，是指不經由配銷系統的中間通路而將產品與服務直接從生產者轉移到顧客手中的一種行銷方式。

3 無店面零售是指不在零售商店中執行的零售活動。而無店面零售之型態分為直接銷售、自動販賣及直效行銷等三種類型。

2 零售以產品線的深度和廣度加以分類有：（1）專賣店、（2）百貨公司、（3）購物中心、（4）超級市場、（5）便利商店、（6）超級商店、（7）服務零售商。

1 零售是指向觀光產業所需要的物品，從製造廠商或其他批發商進貨，以再售為目的，將產品或服務直接銷售給最終消費者，以供其作非商業用途的一切活動。

一位行銷人員如何規劃開業活動（二）？

　　一般行銷人員會以「試賣」的活動優惠方式來加強行銷力道，其目的不外乎是（1）透過大量消費的顧客，藉以培訓員工的熟練度；（2）在短期內先搶下對手的消費數（生意）。但這種做法可能帶來不如預期的後果，例如：顧客大量湧進店內，而員工因忙亂，接待不足，可能服務品質不佳，客訴量提升，導致顧客流失及行銷人員喪失信心。如此一來，雖搶了來客數，反而倒賠了口碑和商譽；相反地，若採取「開業期間」，利用最大「優惠」戰，即可以讓行銷人員有較長，較多的時間練兵。因此，一般理想的「開業期間」的行銷策略，是先行「最大優惠」，再接「試賣」，即可以達較佳的行銷效益；同時，對顧客流失風險可以下降，對行銷人員的時間掌握較理想，在「開業期間」的流程活動，慌亂現象可降低至最低；如此一來，可以提升顧客滿意度，也增加顧客回流率（忠誠度可以提高）。

　　從此案例讓我們了解，開業前後期的優惠規劃需要縝密布局，才能力保營銷績效最大化。正如華人首富李嘉誠先生說：「在事業上欲謀求成功，沒有什麼絕對的方式。但如果能依賴某些原則的話，成功的機率可大大提高。」

〔參閱：2016.09.20，經濟日報，B5 版，傅安國撰〕

📄 活動與討論

1. 分析在「新開業」活動中，「最大優惠」及「試賣」兩種行銷設計，哪一種較優，原因為何？
2. 說明富商李嘉誠先生的主張，有何行銷意涵？

Chapter 13
觀光人行銷整合
與溝通

13

創意整合行銷——國泰飯店觀光事業的方式

　　國泰飯店觀光事業群，集結旗下的公司，有和逸飯店、慕軒飯店與台北國泰萬怡酒店等三大品牌，共有 7 間飯店。在 2022 年的台北國際旅展中，特別應用創意整合行銷方式，推出「聯合住宿券」。除了住宿券之外，也更多創意的設計，推出國人最愛的 Buffet 自助餐券、爐烤櫻桃鴨、龍蝦牛排餐券等，最低 250 元起。又如：和逸飯店的創意行銷手法很快，又把高雄中山館 Cozzi The Roof 餐廳行銷策略中，推出「午晚間通用餐卷組 2200 元」每組 5 張；想簡單來點舒活輕食，也創意地推出 5 張一組「午晚間輕食沙拉吧券組 1750 元」，下午茶時段則提供英式 3 層架「下午茶套餐券 300 元」，並可品嚐 9 款精緻甜鹹點心與咖啡茶品。以上的介紹，特別針對餐飲服務的整合行銷多元與創意行銷，值得關注。

　　餐飲服務業的創意行銷非常重要，隨時都可以設計更吸引顧客的需求，來增加營收，創造佳績。

〔參閱：2022.11.07，經濟日報，A6 版，陳慧明撰〕

活動與討論

1. 請同學上網查詢「創意整合行銷」的意涵。
2. 請討論並介紹國泰和逸飯店創意餐點行銷的手法。

學習指引

1. 了解行銷溝通組合。

2. 認識溝通的過程。

3. 了解有效溝通的步驟。

13-1 觀光人的行銷溝通組合

觀光人的整體行銷溝通方案稱為推廣組合（Promotion mix）或溝通組合（Communication mix）。傳統上，推廣組合包括廣告、人員銷售、促銷、公共關係和直效行銷等工具。但近年來，觀光企業的推廣活動愈來愈多元化，推廣的工具也愈來愈多。常用的推廣工具說明如下：

1. 廣告（Advertising）：由一位身分確定的贊助者，對觀念、貨品或服務，以付費方式，對非特定群眾，做非人員的陳述和推廣。例如平面媒體有報紙、雜誌，空中媒體有電視、廣播，戶外媒體有車站或車廂廣告、T霸廣告等。

2. 人員銷售（Personal selling）：由廠商的銷售人員與顧客或潛在顧客做面對面的互動，用以推介產品，解答問題，達成銷售和建立顧客關係。例如旅行社公司或休閒旅遊公司的業務銷售人員。

3. 促銷（Sale promotion）：觀光人提供的短期誘因，對消費者傳遞趕快購買的邀約，刺激產品或服務的購買或銷售。例如買一送一、買大送小、特價、折扣、折價券、贈品、銷售競賽、抽獎活動等促銷活動（圖13-1）。

圖13-1　旅展活動中，各旅行社應用不同手法進行促銷，如提供搶答送商品的活動。

4. 公共關係或稱公共報導（Public relation or publicity）：為建立良好的企業形象，或其產品與服務的品牌形象所設計的各種不同活動，或是新產品上市、活動宣傳、處理企業所發生的危機。

5. 直效行銷（Direct marketing）：利用各種非人員管道的接觸做工具，例如直銷、型錄銷售、郵購、電話行銷、電子郵件等方式，直接和顧客溝通或引發顧客的直接反應。

6. 互動式行銷（Interactive marketing）：利用線上購物或電子商務，從事企業對企業（B2B），或企業對消費者（B2C），產品或服務的直接銷售。廠商可以透過線上購物直接和消費者產生互動，為顧客量身訂做商品或服務，或消費者可以直接選取自己所喜歡的商品或服務。例如 Yahoo 奇摩網站、PCHome 網站、e-bay 拍賣網、旅遊網等。

7. 事件與體驗（Event and experiences）：經由公司舉辦的各種活動或行銷方案，如新春酬賓活動，讓消費者參與活動，創造銷售業績。

8. 口傳行銷（Word-of-mouth marketing）：即口傳或口碑。消費者透過口耳相傳、文字敘述或網路溝通，傳達購買或使用商品或服務的心得與經驗。

9. 善因行銷（Cause-related marketing）：觀光人運用贊助、慈善捐助或參與公益活動，達到關懷社會或推動環保等，這些活動不一定與經營獲利有關，但卻可建立良好的旅遊信心、安全、聲譽與形象。

行銷人才是餐旅業的核心，因應一例一休應如何改變做法？

　　每間高級飯店的服務品質是否優異，最重要的是飯店所有員工在行銷策略上的表現，公司皆期待每位員工成為公司的優良行銷人員。飯店每一位的員工都是最佳的行銷人員，因為每一位同仁的服務內涵若能達到最佳的服務行銷滿意度，就是最佳的保證。

　　每一飯店都在接受新政府的放假制度改變：一例一休的實施，一般飯店在週日特別忙碌，而政府為照顧勞工界朋友，在休假日排班的人員，有特別的加班費及時數規定，因此，臺灣各高級飯店為不降低服務品質，又要有良好的飯店行銷品質與做法，皆擴大徵才；每一家高級飯店都要擴編近 10% 正職人力，以因應政府的一例一休。這些擴編人力，有些公司先以臨時人員因應；而有些公司採用二大方案，一是積極增加正式職缺補足一例一休的人力缺口；二是開放不限數目的彈性兼職機會，吸收家庭主婦、二度就業或是學生族，補足短缺人力。

〔參閱：2017.01.20，經濟日報，A6 版，蔡雅芳撰〕

📧 活動與討論

1. 餐旅業者的高級飯店，若以全員行銷方式進行，你的看法如何？真的可以提高對每一位顧客的滿意度嗎？理由為何？
2. 你認為政府推行勞工一例一休，對餐旅飯店業的影響如何？請就你知道的範圍加以說明。

13-2 溝通的過程

旅遊推廣需要有效的溝通。如果溝通無效，推廣必然失敗。為有效達成溝通的效果、提高溝通的效率，行銷人員必須了解溝通過程，了解溝通是如何進行的。

溝通 傳播過程，如圖 13-2 所示。包括訊息來源（Source）、編碼（Encoding）、訊息（Message）、解碼（Decoding）、收訊者（Receiver）、反應（Response）、回饋（Feedback）及干擾（Noise）等八個要素，其中以「訊息來源」和「收訊者」為最重要的要素。

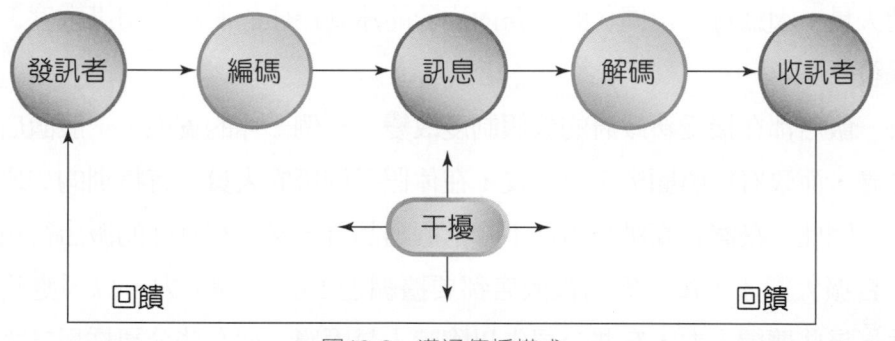

圖13-2　溝通傳播模式

1. 訊息來源：即發送者，是透過許多訊息媒體把某一訊息傳遞給收訊者；收訊者不只評估訊息，也會評估訊息來源的可靠性與可信度。其中訊息媒體是指訊息的運送者，例如銷售人員、廣告和網際網路都是常見的訊息媒體。銷售人員以聲音和行動親自傳遞訊息；廣告則藉由雜誌、報紙、廣播、電視、網際網路和其他媒體來傳遞訊息。採銷售人員來傳遞訊息的主要優點是，銷售人員可立即得知收訊者的反應、得到回饋，藉由收訊者接收訊息後的反應據以做出必要的改變（圖13-3）。利用廣告傳遞訊息時，通常必須依賴行銷研究或銷售數字才能獲得回饋，往往較費時。

圖13-3　領隊導遊人員正與團員溝通，並介紹旅遊行程給團員。

2. 編碼：是指將訊息轉換為符號的形式。影響編碼的因素有：溝通技巧、溝通的態度、溝通雙方對於溝通訊息的知識，與社會文化系統。社會文化系統是指溝通的發送者與收訊者造成的社會文化環境，不同的社會文化環境，對於語言、文字或聲音的認知也會有所不同。

3. 訊息：是指發送者傳達的內容。訊息內容受到編碼符號、訊息內容本身、來源選擇與編碼、內容的選擇與安排等因素影響。而訊息傳遞的媒介可以是文字溝通、語言溝通、非語言溝通、電子媒體等正式管道或非正式管道。

4. 解碼：是指將發送者的訊息轉譯為接收者所能了解的形式，同樣受到編碼的四個因素影響，包括收訊者的溝通技巧、溝通的態度，收訊者對於溝通訊息的知識，與社會文化系統。

5. 收訊者：收訊者收到訊息後，可能會在認知、情感、信念或行為方面發生改變，這就是收訊者的反應。發訊者的任務是要將訊息傳送給收訊者（即目標閱聽者），但目標閱聽者可能無法得到發訊者想要傳遞給他們的訊息，其原因有三：

   (1) 選擇性注意：人們只選擇有興趣的訊息，而不會注意到所有的刺激。

   (2) 選擇性扭曲：人們將所收到的訊息套進他們的信念系統，會加油添醋（放大），也會視而不見（去除）。

   (3) 選擇性記憶：人們只能長期記憶所接觸到之訊息的一小部分。

6. 回饋：是指將訊息送回發放地，發送者因此得以檢視送出的訊息被了解的程度，藉以修正自己的溝通方式。

7. 干擾：或稱「噪音」，是指任何妨礙溝通程序中任一階段的障礙物。溝通過程中，均有可能發生干擾，干擾會讓溝通的效果降低，行銷人員充分了解溝通過程中的各種干擾並加以避免，才能達到有效的溝通。干擾包括：(1) 溝通雙方的心理與生理的狀態，如疲勞、心不在焉；(2) 溝通的情境條件，如時間緊迫、中斷溝通、器材故障等。例如電視廣告播出時，收視者的交談或吃點心等都是干擾。又報紙把相互競爭的廣告擺在一起刊登也是一種干擾。

　　訊息來源要決定究竟想傳遞給收訊者什麼訊息，同時要把想要傳遞的訊息轉化成文字或符號，此即為編碼。而收訊者接收到文字或符號後要進行解碼工作，設法解釋訊息的涵義。編碼和解碼常造成溝通過程中的困難，發訊者和收訊者對文字和符號的意義可能因彼此的態度、經驗不同而有不同的解釋，雙方需有一個共同的參考構架才能達到有效的溝通。在國際旅遊行銷宣傳活動中，更容易因文化的差異而造成編碼和解碼沒有交集的困擾。

　　為使溝通有效，發訊者必須了解並配合收訊者的解碼過程來進行編碼。訊息必須用收訊者了解的文字和符號來表達，否則雞同鴨講，發訊者和收訊者各說各話，沒有交集，自然不可能達成有效的溝通。

13-3　有效溝通的步驟

　　為達成有效的旅遊溝通，行銷溝通人員首先應確認目標聽眾是誰，然後決定溝通目標、設計溝通訊息、選擇溝通管道和決定溝通組合，最後還要評估溝通對目標聽眾的影響，並尋求整合行銷溝通，如圖 13-4 所示。

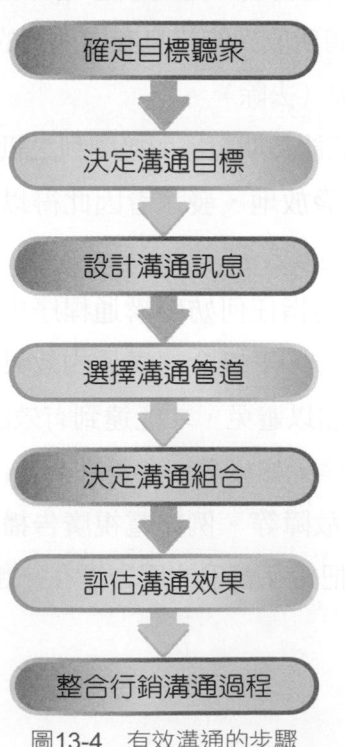

確定目標聽眾

決定溝通目標

設計溝通訊息

選擇溝通管道

決定溝通組合

評估溝通效果

整合行銷溝通過程

圖13-4　有效溝通的步驟

一、確認目標聽眾

行銷溝通者在一開始就要清楚確認所要溝通的對象（即目標聽眾或觀眾），他們可能是公司產品的潛在購買者或目前使用者，也可能是購買的決定者或影響者。這些聽眾可能是個人、群體、特別的大眾或一般大眾。目標聽眾是誰，對溝通者的決策會有很大的影響，包括說什麼、怎麼說、何時說、何地說、由誰來說等。

行銷人員可透過聽眾分析節目收視率、廣播收聽率、雜誌閱讀率調查資料、讀者群特性分析，或產品知名度調查等工具，確認目標聽眾。例如電視新聞的觀眾群和娛樂節目的觀眾群就不同，因此廣告產品與服務自然不同。

二、決定溝通目標

溝通目標主要在告知、說服與影響消費者購買的選擇。其主要目標如表 13-1：

表13-1 溝通的目標

主要目標	說明
1. 類別需求	當消費者對個別商品有需求時，對溝通的產品或服務就會特別注意。例如消費者想買一部車，就會蒐集相關車廠品牌的資訊、注意各家廠牌的溝通資訊。
2. 品牌知名度	溝通的目的在提升品牌知名度，品牌知名度愈高，消費者選擇的意願就愈高（圖 13-5）。愈有知名度的品牌，消費者會愈信賴。
3. 品牌態度	溝通的目的在告知、說服與影響消費者購買的選擇，也就是影響消費者對該品牌的態度、形成該品牌的態度或改變該品牌的態度（圖 13-6）。例如透過媒體，可以塑造百貨公司流行時尚的形象。再者如金蘭醬油或台鹽低鈉鹽，透過廣告，訴求產品雖然貴一點，但有助於家人健康，改變消費者對該產品態度。
4. 品牌購買意願	溝通目的在增加消費者購買品牌的意願，消費者願意增加支出，或下一次再續購，都有助於購買意願的提升。

圖13-5　SOGO百貨公司應用品牌的知名度，來進行行銷。

圖13-6　知名品牌的化妝品，提升品牌的知名度及行銷績效，常常請名人為商品代言。

三、設計溝通訊息

在確認溝通聽眾並分析他們的特性之後，行銷溝通者必須決定希望得到何種反應。當然，最後的反應通常是購買。但購買行為乃是消費者或使用者冗長的決策過程的最終結果。因此，行銷溝通者必須了解目標聽眾目前是處於決策過程中的那一個階段，並決定要向前推進到那一個階段。

行銷溝通人員可能希望從目標聽眾那裡獲得認知的（Cognitive）、情感的、（Affective）或行為的（Behavioral）反應。行銷人員可能希望讓目標聽眾認知某些資訊（如新產品上市或產品減價的資訊），或改變他們的態度（如對某品牌的偏好程度），或促使他們採取某些行動（如立即下單購買）。

行銷快樂學

行銷的溝通
（Communication In Marketing）

觀光餐旅業者，在一種商業行為的傳遞，使觀光客與觀光業者能互相接觸，並進行交易活動。在各觀光業者從事商業性溝通功能即是行銷部門。事先了解觀光客的需要，讓產品設計部門設計滿足消費者的物品與服務，而後透過廣告，引導觀光客購買，使用與收集資訊等，此種過程即為行銷的溝通。溝通是行銷最重要的功能，使市場參與人員互相了解，以幫助交易活動。

　　在界定所期望的聽眾反應之後，行銷溝通人員接下來就要發展或設計有效的溝通訊息。一個理想的訊息應該能夠引起聽眾的注意（Attention）、感到興趣（Interest）、刺激慾望（Desire）、誘發行動（Action），即 AIDA 模式，如圖 13-7 所示。實際上，極少有一種訊息能將聽眾直接由注意一直推進至行動，但是 AIDA 模式仍可做為衡量訊息品質的架構。

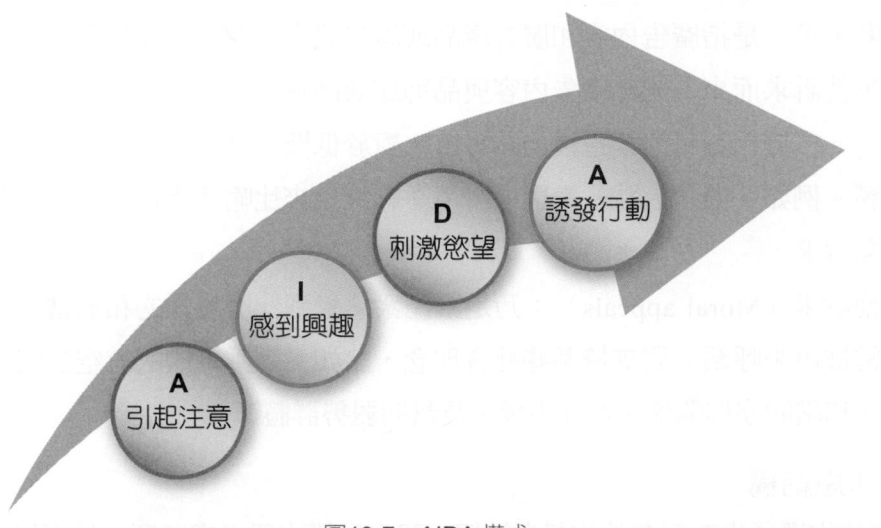

圖13-7　AIDA 模式

　　要設計一種有效的溝通訊息，行銷溝通人員必須先解決三個問題：1. 說什麼，即訊息內容（Message content）；2. 如何說，即訊息結構（Message structure）和訊息格式（Message format）；3. 由誰去說，即訊息來源（Message source）。

（一）訊息內容

　　觀光人身為一位行銷溝通者的同時，必須決定要對目標聽眾說些什麼，亦即要向目標聽眾提出什麼訴求或主題，俾能產生期望的反應。訴求有理性訴求、感性訴求和無關訴求等三種型式。另外，也有人提出道德訴求。

1. 理性訴求（Rational appeals）：此訴求的重點是訴諸聽眾的自身利益，亦即告訴聽眾，產品能產生什麼利益。例如訊息中可能告訴聽眾有關產品的品質、經濟、價值或效能。一般認為，有經驗的購買者對理性訴求的反應較明顯，因為他們了解產品，能辨認產品價值，同時也要對其購買抉擇負起責任。至於消費者在購買單價較高的產品時，也常會多方蒐集相關資訊並仔細比較，因此對品質、經濟、價值或效能等理性訴求亦會有反應。

2. 感性訴求（Emotional appeals）：此訴求是想要引起聽眾某些正面或負面的情感以刺激其購買。溝通者使用正面的感性訴求，例如幽默、愛、榮耀、友情以及歡樂等。溝通者可能以恐懼、罪惡感、羞恥等負面的感性訴求來刺激人們做他們應做的事（如吸煙、酗酒、濫用藥物、吃得過量等）。恐懼訴求如果不過分強烈是很有效的。當來源的可信度高，而且溝通可減少恐懼時，恐懼訴求的效果較好。

3. 無關訴求：是指廣告內容和廣告產品或廣告訊息無關。主要是針對廣告的理性或感性訴求而來，雖然廣告內容與品牌或商品無關或不相關，但卻不是真的不重要。根據相關研究，這種無關訴求，對於低關心度，低涉入的產品，有顯著影響。例如「海角七號」電影中，用「彩虹」來比喻「幸福」一樣，都是一種無關訴求。

4. 道德訴求（Moral appeals）：乃是讓聽眾感覺到什麼是對的和適當的。道德訴求常被用來呼籲人們支持某些社會理念，諸如愛搭乘本國的航空公司、環境保護、和諧的族群關係、女性平權、及幫助弱勢群體等。

（二）訊息結構

　　有效的溝通也有賴有效的訊息結構。訊息結構主要考慮三項：是否提出結論、單面與雙面的論點、表達的順序。

1. 是否提出結論：溝通者可為聽眾下結論，或是讓聽眾自行作結論。有的研究結果指出為聽眾下結論會有較大的效果，但也有的研究結果指出讓聽眾自己提出結論效果較大。一般言之，如果溝通者被認為不值得信任，或議題被認為太簡單，或涉及高度的個人隱私，則由溝通者提出結論可能導致負面的反應。

2. 單面與雙面的論點：單面或雙面的論點是指溝通者只是單方面稱讚自己的產品，或是否也要提及一些缺點。直覺上，利用單面論點的表達方式將可獲得較佳的效果，但是答案並不是十分的明確。有些研究發現，單面的訊息對於原本就傾向於支持溝通者立場的聽眾最有效果，而雙面的訊息則對於反對溝通者立場的聽眾最有效果。對於會接觸到反面訊息的聽眾，或負面訊息必須加以克服時，雙面的訊息比較適合。

3. 表達的順序：可分爲直接表達或間接表達。直接表達是將訊息直接對消費者說明，間接表達則不採用直接方式，而是透過象徵、隱喻等方式，讓消費者轉化相關訊息。如洗劑類商品，表達衣服很乾淨，除了直接表達外，可以藉用陽光充足，藍天無雲等間接方式表達。另一種表達順序方式，是溝通者應將最有力的論點放在最前面或最後面的問題。在單面訊息的設計下，將最有力的論點放在前面有助於引起聽眾的注意與興趣。在雙面訊息的設計下，則必須考慮是先表達正面的論點或是先表達負面的論點；如果聽眾原本是持反對立場，則溝通者似宜先提出反面論點，先解除聽眾的武裝，然後再提出強而有力的正面論點作爲結論。

（三）訊息格式

溝通者也必須爲訊息設計一個有力的訊息格式。例如在印刷廣告中，溝通者要決定標題、文案、圖示及顏色；如果訊息要經由收音機來傳達，則溝通者必須選擇用語和聲音；如果訊息是經由電視或人員來傳達，則除了上述所提的事項之外，還要再決定肢體語言、面部表情、手勢、服飾、姿態與髮型等；如果訊息係藉由產品本身或包裝來傳達，則溝通者必須選擇顏色、質材、氣味、大小及形狀。

（四）訊息來源

訊息來源是指送出或傳遞訊息的人，訊息來源要考慮到來源的公信力，公信力包括專業性、可信度和吸引力。一般而言，愈具有專業性、可信度和吸引力的訊息來源，愈能影響或改變閱讀者的認知、態度或行爲。

現代企業溝通，愈來愈喜歡用廣告代言人，在推薦式廣告中，主要的訊息來源就是廣告代言人。廣告代言人的類型如表 13-2。

表13-2 廣告代言人的類型

類型	說明
名人型（Celebrity）	包括演員，影視歌星，運動選手，電視主播，電台DJ，節目主持人，導演，名模，政治人物等。
專家型（Expert）	包括醫生，律師，購物專家等。
高階經理人型（CEO）	如中信金的辜濂松，宏碁施振榮都曾經當過企業形象廣告代言人。
典型消費者（Typical consumer）	這一類早期有白蘭洗衣粉，飛柔洗髮精廣告，現代有很多家庭日用品廣告，都喜歡用家庭主婦或上班族做廣告代言人。

廣告代言人具有很多特性，通常他們的外表或個性都要具有吸引力（Attractiveness）、深受目標市場消費者喜愛的（Likeability）、可信度（Trustworthiness）高、是消費者認識或熟悉的公眾人物（Familiarity），或具有某一方面的專業（Expertise）和一定的人際關係或社交能力。透過廣告代言人的介紹，產品的推薦，可增加觀光企業形象，提高品牌知名度，增加消費者的信賴感，減低使用焦慮，降低競爭壓力，進而達成廣告效益。

四、選擇溝通管道

溝通者須選擇有效的溝通管道來傳達訊息。溝通管道一般可分為人員管道與非人員管道等兩種類型。

（一）人員溝通管道

人員溝通管道（Personal channel）是指兩個人或兩個人以上的直接溝通，他們可能以面對面、透過電話、郵件、MSN、Line、FB、部落格或網路視訊等方式來進行溝通。人員溝通管道的溝通效果來自溝通人員可針對個別聽眾設計表達方式，並可得到回饋。

人員溝通管道，可以進一步區分為鼓吹管道、專家管道與社會管道。

1. 鼓吹管道（Advocate channels）：是由廠商的銷售人員向目標市場的聽眾進行接觸溝通。

2. 專家管道（Expert channels）：是具有專業知識的專家向目標聽眾進行展示與說明。

3. 社會管道（Social channels）：是經由鄰居、朋友、家庭成員、社團會員等社會管道向目標市場聽眾提出建議。

許多產品領域中，專家與社會管道的口碑影響（Word of mouth influence）顯得非常重要，例如牙膏用牙醫師公會推薦、咖啡透過愛用者推薦都是。因此人員的影響力，在下列情況，特別重要：1. 當產品的價格昂貴、有風險、或不經常購買時，此時購買者可能會到處蒐集資訊；2. 當產品可表示使用者的品味或地位時，此時購買者會徵詢他人意見，以避免困窘。

（二）非使用人員溝通管道

非使用人員溝通管道（Nonpersonal channel）是指不以人員的接觸或回饋來傳達訊息的管道，包括媒體、氣氛與事件（Events）。媒體包括印刷媒體（報紙、雜誌與直接郵件）、廣播媒體（收音機、電視）電子媒體、（錄音帶、錄影帶、影碟、網頁）以及展示媒體，（布告板、招牌、海報）。

氣氛係指設計的環境可創造或增強購買者傾向去購買某一產品的「整套環境」。例如：旅館的佈置可傳達信心和其他品質。事件係指為傳達特定訊息給目標聽眾而設計的活動。例如公司的公共關係部門所安排的記者招待會、大型開幕活動、產品展示會和其他特別活動。

大眾媒體的溝通係透過兩階段溝通流程（Two-step communication flow）來影響人們的態度與行為；亦即觀念通常是先經由大眾媒體傳達給意見領袖（Opinion leader），然後再由意見領袖傳達給一般大眾。兩階段溝通流程有若干涵義：

1. 大眾媒體對公眾意見的影響不如想像中那麼直接、有力與自動，因為它是透過意見領袖來轉達。在一個或以上的產品領域中，意見領袖的意見是他人所追尋的。意見領袖比受他們影響的人對大眾媒體有更多的接觸，他們將訊息傳達給其他較少接觸媒體的人，因而延伸了大眾傳播媒體的影響。他們也可能傳達被改變的訊息，或者根本未傳達任何訊息，因而扮演守門人的角色。

2. 有人認為人們的消費型態主要是受從較高社會階層「涓滴下來」（Trickle-down）的效果所影響，兩階段理論對此一看法提出挑戰。相反的，兩階段理論認為人們主要是與相同社會階層的人互動，從他們自己的意見領袖那裏獲得他們的風格與其他觀念。

3. 兩階段溝通意指大眾溝通者應先將訊息傳達給意見領袖，再由意見領袖傳達給一般大眾。例如藥廠應先向最有影響力的醫師推廣他們的新藥品。

4. 許多研究證實了傳統的兩階段溝通流程模式，但是有許多研究也發現了其他的流程。新的研究發現：一般大眾不會永遠只坐著等意見領袖來傳達訊息，他們通常會主動向意見領袖詢問資訊和建議。而且大眾媒體除了影響意見領袖之外，通常也會影響其他收訊者，特別是創新者和參考群體。此即所謂的多方向流程（Multidirectional flows）模式。

五、決定溝通組合

　　現代溝通組合工具有廣告、人員銷售、促銷、公共關係與直效行銷等。行銷人員應如何把溝通或推廣預算分配給這幾種工具，是一項重要的行銷決策。

　　不同的產業之間，分配推廣預算的方式常有明顯的差異。即使在同一產業之中，不同廠商的分配方式亦不盡相同；例如同屬化妝品業，SK-Ⅱ或多芬把大部分的推廣預算花在廣告上，而雅芳則投注大量推廣費用在人員銷售上。廠商在決定溝通組合或推廣組合時應考慮本身的推廣（或溝通）組合策略。

（一）行銷推廣組合策略－推 vs. 拉

　　行銷推廣組合策略基本上有兩種，即推的策略和拉的策略。推的策略（Push strategy）是指廠商透過中間商將產品「推」向消費者或最終使用者，廠商針對中間廠商進行推廣活動（主要是人員銷售和中間商推廣），鼓勵中間商多訂貨，多向消費者或最後使用者推銷廠商的產品。拉的策略（Pull strategy）是指消費者或最終使用者透過中間商將產品「拉」向自己；廠商針對消費者或最終使用者進行推廣活動（主要是廣告和消費者推廣），鼓勵消費者或使用者向中間商要求購買廠商的產品，使中間商不得不向廠商訂貨。

（二）影響行銷推廣推、拉的策略的因素

　　廠商究竟要採取推的策略或拉的策略，應考慮產品、市場的類型和產品生命週期等因素。

1. 產品、市場的類型：不同的推廣工具在消費者市場和工業市場中的重要性是不同的。消費品的公司較常用「拉」的策略，花在廣告上的資金較多，其他依次為促銷、人員銷售及公共關係。相反的，工業品的公司傾向於採用「推」的策略，較多的資金用在人員銷售，其他依次為促銷、廣告和公共關係。一般言之，對價格昂貴而且有風險的商品，以及在銷售者數目較少而規模較大的市場中，人員銷售會廣被採用。在商品市場中，廣告雖比人員銷售用得少，但廣告仍扮演重要的角色。在商品市場中廣告能執行，如表13-3所列的功能。

表13-3　商品市場中廣告的功能

功能	說明
建立知曉	廣告能介紹公司及其產品。
建立理解	假使產品具有新的特色，廣告可以有效地解釋這些特色。
有效率的提醒	如果潛在顧客知道該產品，但仍未準備購買，則由廣告來提醒他們將比銷售人員的拜訪來得經濟。
產生指引	提供小冊子和附有公司電話號碼的廣告是為銷售代表找出潛在顧客的一種有效方法。
正當性	銷售代表可以利用刊登在著名雜誌上的廣告，使公司及產品具正當性。
再保證	廣告可提醒顧客如何使用產品，也可對顧客的購買給予再保證。

2. 產品生命週期階段：不同的推廣工具在不同的產品生命週期階段亦有不同的效果。在產品的導入期，廣告與公共關係是產生高知曉度的好工具，而促銷則可促進早期的試用，人員銷售可鼓勵中間商進貨。產品成長期階段，廣告和公共關係仍具有強大的影響力，而促銷則可減少。在產品的成熟期，促銷再度成為重要的工具，廣告只用來提醒購買者不要忘了此產品。產品衰退期，廣告只維持在提醒的水準，公共關係已用不著，而銷售人員只能讓產品還受到一些注意，但促銷可能仍是重要的。

六、評估溝通效果

　　實施某一推廣方案之後，行銷溝通者還要衡量或評估此一推廣方案對目標聽眾的影響或效果。通常包括下列評估事項：

1. 他們（指目標聽眾）是否看過或聽過？看過或聽過幾次？
2. 他們能記得那一部分或那幾部分的訊息？
3. 他們對這些訊息的看法或態度是正面的還是負面的？
4. 在收到訊息之後，他們對廠商或產品的態度是否有顯著的改變？如果有的話，是正向的改變還是負向的改變？
5. 在收到訊息之後，他們的購買行為是否有顯著的改變？

實施促銷計畫後,溝通者必須衡量其對目標聽眾的影響。這項工作包括詢問目標聽眾能否辨認或回憶所傳遞的訊息,他們看過幾次、記得那些部分、對這些訊息有什麼看法、收到訊息之前與之後對公司或產品的態度有無改變等。溝通者同時也要蒐集聽眾的反應行為,如多少人購買產品,多少人喜歡該產品,及有多少人還會告訴別人。

圖 13-8 提供一個良好的回饋衡量範例。由圖中可以發現,就品牌 A 而言,整個市場有 80% 的人都知道品牌 A,其中 60% 的人試用過,而試用過的人中有 20% 感到滿意。整體而言,這顯示溝通者在增加知曉的效果上是成功的,但產品尚未符合消費者的預期。相對地,整個市場只有 40% 的人知道品牌 B,其中有 30% 的人曾經試用過,但卻有 80%的試用者感到滿意。該例顯示溝通者應利用消費者對產品所產生滿意度,更加強其溝通計畫。

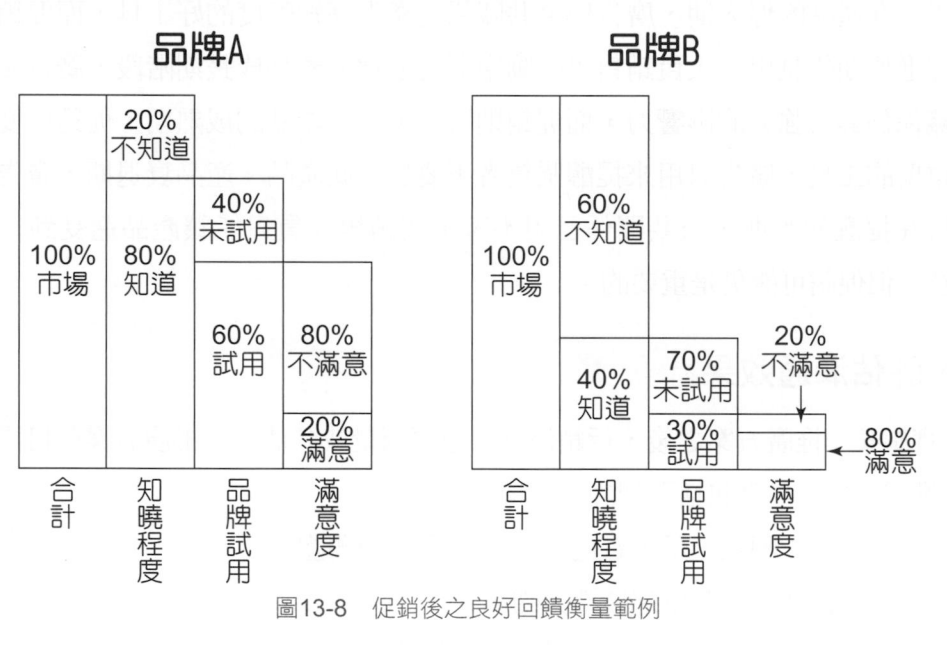

圖13-8 促銷後之良好回饋衡量範例

七、整合行銷溝通過程

許多公司主要仍依賴一種或二種的溝通工具來達成其所想要的目標。他們可能將大量的市場分解成一些小型的市場,然後針對每個小型市場採用其自己的溝通途徑。溝通工具、訊息種類及目標聽眾的範圍愈來愈廣,因此使公司逐漸採納整合行銷溝通(Integrated Marketing Communications, IMC)的觀念。整合行銷溝通是站在策略規劃的觀點,將所有廣告溝通工具加以整合,以達到最大的溝通效果。

1. 說明何謂溝通組合？
2. 說明什麼是溝通傳播模式。
3. 說明有效溝通的步驟。
4. 訊息內容有哪幾種訴求？
5. 廣告代言人的類型可以分成哪幾種？

1. Coulter, K. S. and G. N. Punj（2007），Understanding the Role of Idiosyncratic Thinking in Brand Attitude Formation, Journal of Advertising, Spring; 36. 1, 7-20.

2. Richard E. Petty, and Joseph R. Priester（2003），The Influence of Spokesperson Trustworthiness on Message Elaboration, Attitude Strength, and advertising effectiveness, Journal of Consumer Psychology, 13（4），408-421.

3. Ohanian, Roobina （1991），The impact of celebrity spokespersons perceived image on consumers intention to purchase. Journal of Advertising Research, 49-54.

學習心得

3 有效行銷溝通的步驟為：（1）確認目標聽眾、（2）決定溝通目標、（3）設計溝通訊息、（4）選擇溝通管道、（5）決定溝通組合、（6）評估溝通效果、（7）整合行銷溝通過程。

2 溝通的過程包括有下列因素：（1）訊息來源、（2）編碼、（3）訊息、（4）解碼、（5）收訊者、（6）反應、（7）回饋、（8）干擾等8個。

1 觀光人整體行銷溝通方案稱為行銷推廣組合或溝通組合，其包括有：（1）廣告、（2）人員銷售、（3）促銷、（4）公共關係、（5）直效行銷等工具。

餐旅觀光界的行銷專員，要如何協助觀光客辦理旅遊平安險？

　　出門旅遊最怕意外傷害或突發疾病攪局，不僅掃興，還可能要額外花錢應付突如其來的意外開銷，尤其是歐美已開發國家，醫療費用所費不貲，建議除了旅遊平安險外，海外突發疾病與意外醫療險也可納入考量。行銷專員可以配合保險業專家，協助觀光客辦理出國旅遊平安保險，其項目有 1 ＋ 2，其主約（1）是指：旅遊平安險（如：搭機前後五小時及飛行中），搭配的附約（2）是指：A. 海外醫療險（如：海外旅遊時因突發疾病所需的醫療支出），及 B. 海外突發疾病保險（如：海外旅遊時因意外衍生的相關費用）。以完整的保險規劃，防範意外來臨衍生的龐大醫療費用。

　　至於怎樣投保比較適當呢？行銷專員建議可參考旅遊平安保險保額，附約保險的保額可以主約保險的 10％進行規劃，假設旅平險保額 1,000 萬，則海外突發疾病險與意外醫療保額分別各 100 萬，若跟產險公司投保，一個禮拜的保費估計不到 2,000 元。行銷專員提醒：規劃旅遊保障時，必須考量海外醫療花費水準，歐美國家的醫療費用通常高得嚇人，有充足的保險規劃，才不會因突發意外所衍生醫療費用，成為家庭額外且沈重負擔。

〔參閱：2017.02.05，經濟日報，B3 版，郭幸宜撰〕

活動與討論

1. 說明旅遊平安險1＋2的內容。

2. 擔任一位觀光界行銷專員，為何要協助觀光客做好平安保險工作？其優點為何？剖析其重要性何在。

NOTE

Chapter 14

觀光產業的廣告、公關與促銷

章 前 個 案

中國信託銀行的創意行銷利器——「e-Cash」工具

中國信託行動創意行銷「e-Cash」APP 特別為公司型態的客戶，打造專屬功能。提供獨資企業老闆「個人與企業帳戶雙向快速查詢與資金即時互轉服務」。此項金融創新產品的設計，榮獲智慧財產權局的新型專利核准的肯定。同時，行動創意行銷「e—-Cash」APP 功能不斷再進化，此次推出全新功能「數位 Token」，首創中小企業行動銀行 APP 導入「數位 Tokek」技術，結合 FIDO(Fast Identity Online) 機制，消費者透過臉部或指紋辨識，隨時隨地進行交易管控與放行，拋開原有的動態密碼機，省去繁雜交易操作流程，同時大幅提升帳戶的體驗。企業老闆隨時可掌握公司金流狀況，可預作資金的準備，還有「餘額不足通知」功能，APP 會主動通知即提醒，讓企業主提前部署掌握公司營運金流。從上面的個案，學習到三創（創意、創新、創業）對企業經營管理的重要，尤其在創意行銷策略之掌握，在學習行銷手法上可以參考之。

〔參閱：2023.03.15，經濟日報，B4 版，賴俊明撰〕

📑 活動與討論

1. 請說明中國信託銀行在「e-Cash」APP功能的特色。

2. 試分析在科技金融的創意行銷活動力，對公司的行銷力協助有多大。（可藉由銀行的官網了解之）

學習指引

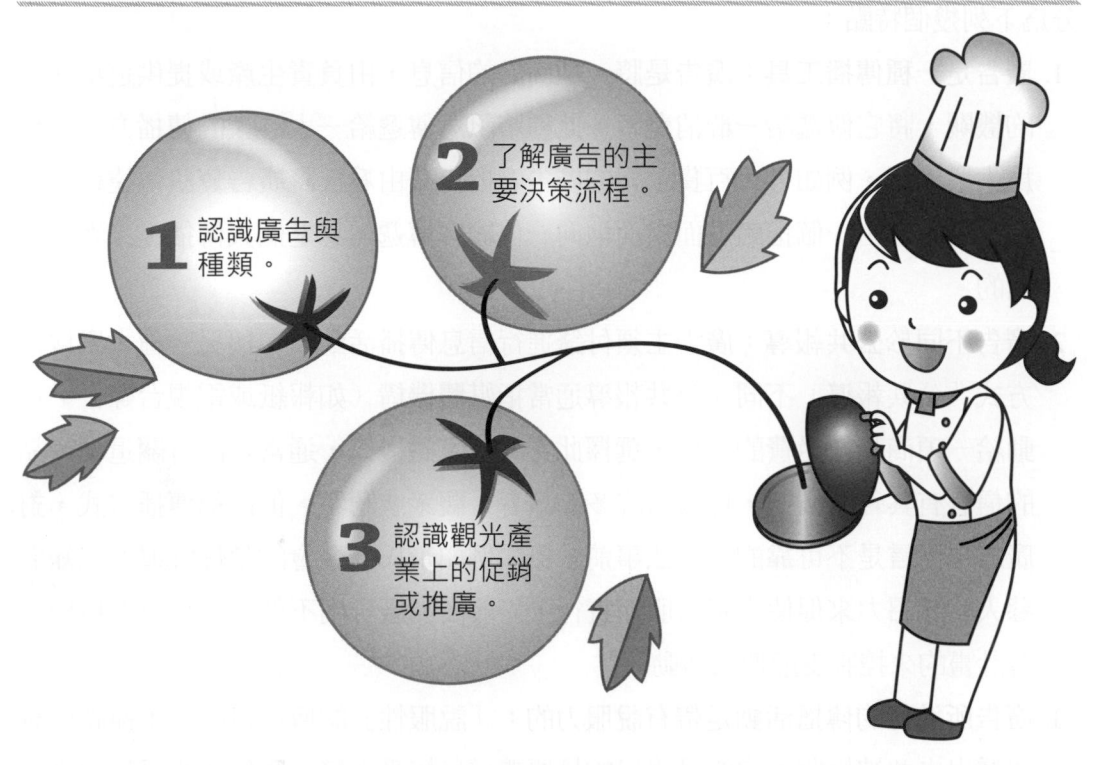

1 認識廣告與種類。

2 了解廣告的主要決策流程。

3 認識觀光產業上的促銷或推廣。

14-1　廣告

　　廣告（Advertising）是指由一明確的贊助者經由付費的各種媒體所做的一種非使用人員的溝通。在各種觀光產業推廣工具中，廣告是相當重要的一種，因為廣告的傳播媒體非常廣泛，例如雜誌、報紙、廣播、電視、戶外展示（如海報、招牌）、新奇贈品（如火柴盒、記事本、日曆）、車廂（火車、汽車）、商品型錄、宣傳單、網際網路等都是廣告可運用的媒體，對觀光產業發展也相當重要。

一、廣告的定義

　　最常為大眾採用的定義，是美國行銷協會提供的定義：「廣告是由一個廣告主（作廣告的人）在付費的條件下，對一項產品，一個觀念或一項服務（指商品）所進行傳播的活動」。廣告實際運作上通常不是一個人，而是一個機構，所進行的傳

播活動是針對一群特定的、但不很明確的大眾（消費者），因此，大致可將廣告區分為下列幾個特點：

1. 廣告是一種傳播工具：廣告是將一項商品的信息，由負責生產或提供這項商品的機關，將它傳遞給一群消費者，此種將訊息傳遞給一大群人的傳播方式通稱為大眾傳播。例如各大百貨公司的廣告看板，藉由看板將廣告資訊傳達給每位消費者。若由一個推銷員面對面地向一位顧客傳遞信息是個人傳播，二者是不同的。

2. 廣告不同於公共報導：廣告主須付錢進行信息傳播活動，它與另一種大眾傳播方式「公共報導」不同。公共報導通常指媒體機構（如報紙或電視台等），自動給一項商品作免費的宣傳，選擇此方式的媒體機構，通常是因有關這項商品的信息有其新聞價值，可吸引許多的讀者、觀眾或聽眾。但此種傳播方式，對廣告主而言是不可靠的，無法事前計畫。例如董氏基金會的禁煙宣導，以知名藝人的號召力來促使大眾信服而實行。一般商品廣告則不然，它可以有目標，有計畫的來控制支配傳播活動。

3. 廣告所進行的傳播活動是帶有說服力的：「說服性」的傳播目的，不僅將信息傳遞出去並被接收，它的最終目的是要讓信息接受人接受所傳達的信息內容，希望這種信息的接受可以導致接收信息的人去作某一些信息中所要求他們做的活動。例如高露潔牙膏廣告，運用醫生或老師專業知識的說服力，促使消費者了解，信任該項產品的功效，進而去購買。所以由此可知，廣告運用了許多不同策略，讓信息收受者接受即為說服廣告。

4. 廣告所進行的傳播活動是有目標、有計畫且有連續性的：由於廣告為說服性的傳播，而說服性本身是需經過較長時間的培養及反覆推敲。因此要使廣告發揮其功能作用，它必須經過較長時間、有目標、有計畫的做一連串的傳播活動。它必須是按部就班、逐步進行，有連續性的說服活動。例如可口可樂公司的飲品廣告是經過長期的計畫、翻新，有一致的主題和顏色形象，持續呈現給社會大眾最新、最好的商品。

二、廣告的類型

　　廣告可分為「產品廣告」和「機構廣告」兩種基本的類型，如圖14-1所示，說明如下。

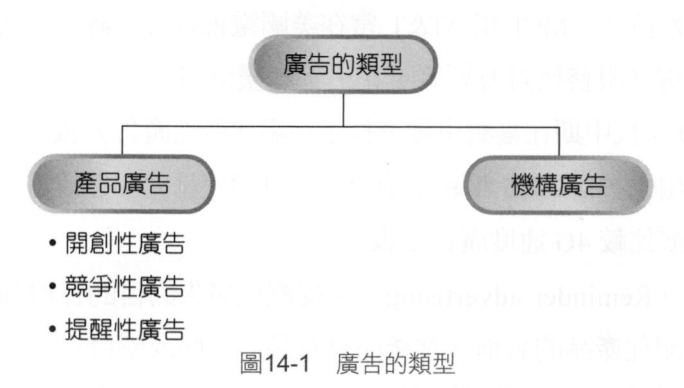

圖14-1　廣告的類型

（一）產品廣告

　　產品廣告（Product advertising）是為了引導目標市場去購買廣告主的產品或服務而從事的廣告。廣告的對象可能是消費者或最終使用者，也可能是通路成員。產品廣告又可分成開創性廣告、競爭性廣告、提醒性廣告等三類。

1. 開創性廣告（Pioneering advertising）：開創性廣告的目的在開發對某一產品類別的主要需求，而非開發對某一特定品牌的需求。廠商通常在產品生命週期的早期採用開創性廣告，用以告知潛在顧客有關新產品的訊息，並設法將他們轉變為採用者。

2. 競爭性廣告（Competitive advertising）：競爭性廣告的目的在開發對某一特定品牌的選擇性需求。當產品生命週期往前移動，廠商面對強烈競爭時，常被迫採取此類廣告。可分為以下三種：

(1) 直接型競爭性廣告：是要促成立即的購買行動。

(2) 間接型競爭性廣告：強調產品的利益，希望影響未來的購買決策。例如美國達美航空（Delta Airlines）的廣告大部分是競爭性廣告，其中有許多是想促成立即銷售的直接型廣告，例如告知價格、時間表和訂位的電話號碼；有些是間接型的，強調服務的品質，並建議下次要向旅行社提到達美航空。

(3) 比較性廣告（Comparative advertising）：是一種較激烈的競爭性廣告，它使用真實的產品名稱，做特定品牌的比較，讓不同的品牌互相對抗。例如 Advil 止痛藥在其廣告中出現競爭者品牌的圖片，廣告文案宣稱它的藥效較佳，也較持久；MCI 和 AT&T 常在美國電視廣告中纏鬥，彼此都宣稱它們的長途電話服務比對方划算；花王一匙靈濃縮洗衣粉和白蘭強效洗衣粉曾於 1990 年代中期在臺灣市場上打了一場比較性廣告大戰。隨著臺灣電信事業的自由化，自 2015 年起中華電信、臺灣大哥大、遠傳電信與和信電訊也不斷上演比較 4G 速度廣告之戰。

3. 提醒性廣告（Reminder advertising）：提醒性廣告的目的在增強一種有利的關係，讓大眾記住產品的名稱。當產品具有品牌偏好或堅持可能是在產品生命週期的成熟期或衰退期，提醒性廣告會有其功用，主要用來增強以前的推廣活動。廣告主可能會採柔性訴求（Soft-sell）廣告，只提及或展示名稱達到提示的效果。例如每月初一或十五，有兩個老人背影出現，說明天要拜拜了，拜拜要用什麼呢？大家都會記得是「旺旺餅乾」，經過多年的推廣，這個品牌已經和拜拜結合在一起。黑松汽水曾是臺灣冷飲市場的領導品牌，它的「老朋友系列」廣告也是一種提醒性廣告，希望能維持黑松汽水在顧客心目中的地位。

（二）機構廣告

機構廣告（Institutional advertising）的目的在推廣某一公司、組織或產業的名稱、形象、人員或聲譽。例如 iphone 手機的廣告，「買 iphone 是身份的表徵」，突顯公司對產品和人的連結；國泰人壽以大樹來表示更好的人生保障等（圖 14-2）。

圖14-2　旅遊保險是發展觀光產業需要重是的議題，圖中為國內標竿人壽公司的品牌商標。

三、廣告表達方式

廣告策略與主張或許只有一種，但是廣告卻可組合下列各種表現形式來傳達所要推銷的產品：

1. 直接說明：廣告中平鋪直敘產品所提供的利益是什麼，這種類型廣告通常以理性訴求作說明，讓消費者直接了解產品功能與特性。例如飛利浦熨斗廣告直接告訴消費者「飛利浦過後，一片平坦」；電冰箱廣告直接說明冰箱容量大且常保新鮮。

2. 生活片段：此表現一個人或者更多人在日常生活中使用本產品的一般情景。例如台鹽就是利用家庭主婦使用鹽做菜的情景來表現「健康美味鹽」；中華汽車運用親子情感－「爸爸的肩膀是我人生的第一部車」形塑產品。

3. 生活型態：強調該產品符合某種生活型態。例如某種咖啡飲品在廣告中的情境搭配是以庭院為背景，桌上擺了一些的餅乾，人們悠閒的樣子；臺灣啤酒用歌手蔡依林的青春活動作訴求，呈現「臺灣啤酒尚青！」

4. 新奇幻想：即創造與產品本身或其用法有關的新奇幻想，如舒跑運動飲料的廣告，提倡消費者以溫熱方式來喝該飲料，感受另一番風味；芬達汽水用誇張手法表現氣泡很強；辣味泡麵吃起來，嘴巴著火等皆屬之。

5. 音樂：此為使用一個人、一群人或卡通人物唱和產品有關的歌曲為背景，或直接展示出來。如「Qoo 酷」飲料，以可愛角色和卡通歌曲來介紹其產品，消費者一聽到其音樂就能琅琅上口，「有一種飲料，喝的時候 Qoo，喝完臉紅紅，……」。

6. 個性的象徵：此為創造產品個性化的特徵。這些特徵可能是生動活潑的，或真實的。例如眼鏡公司推出的眼鏡，以時下年輕男女塑造出眼鏡，表現個性及流行特色的趨勢。

7. 氣氛或形象：此乃在喚起對產品的美、愛或安詳的感覺，以建立產品的氣氛或形象，它不為產品作任何聲明，僅做暗示性的提示。在許多女性內衣的廣告，如華歌爾或黛安芬，以女性柔美身體，激發許多遐想，創造某種氣氛為主要的廣告訴求。雀巢咖啡的「肯定是你」；麥斯威爾咖啡的「好東西，要和好朋友分享」等廣告都徹底表現了朋友之愛，成功地替該品牌打下知名度。

8. 科學證據：提出調查結果或科學證據，證明該品牌確實優於其他品牌。常見的如嬰兒紙尿褲、奶粉、成藥，由醫護人員或愛用者的親自證實，說明該產品確實吸水力強且清爽、營養成分佳、或藥效良好。而牙膏、醫療用品等都喜歡用這類廣告。

9. 證言：藉由較爲可靠、深受歡迎的人物或專家爲產品作見證。最明顯的例子如小象隊董玉婷和名模包翠英爲媚登峰瘦身代言；吳念眞、林志玲爲許多商品代言等。

14-2　主要的廣告決策

在發展廣告方案時，必須依序考慮以下五項主要決策，如圖 14-3。

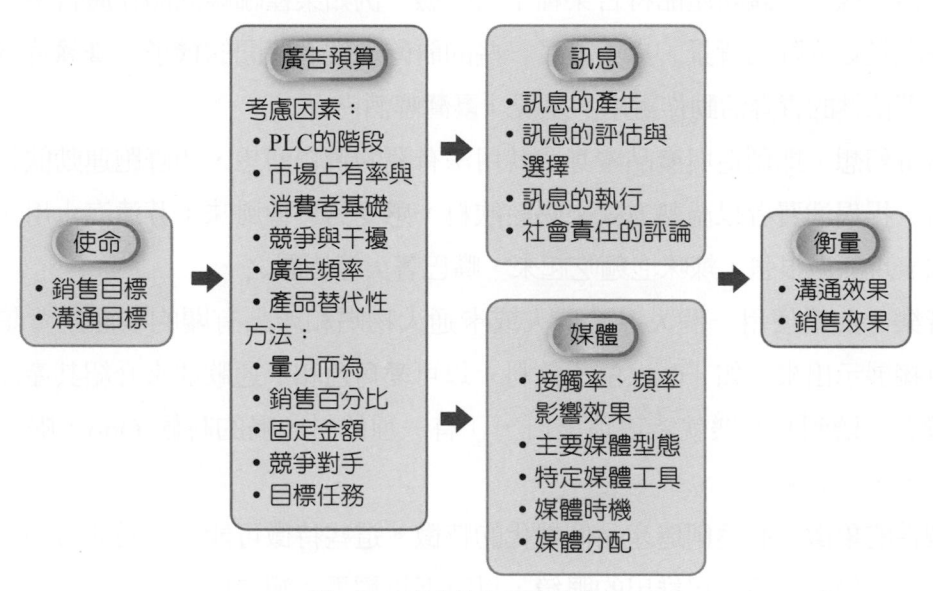

使命
- 銷售目標
- 溝通目標

廣告預算
考慮因素：
- PLC的階段
- 市場占有率與消費者基礎
- 競爭與干擾
- 廣告頻率
- 產品替代性
方法：
- 量力而為
- 銷售百分比
- 固定金額
- 競爭對手
- 目標任務

訊息
- 訊息的產生
- 訊息的評估與選擇
- 訊息的執行
- 社會責任的評論

媒體
- 接觸率、頻率影響效果
- 主要媒體型態
- 特定媒體工具
- 媒體時機
- 媒體分配

衡量
- 溝通效果
- 銷售效果

圖14-3　廣告的主要決策流程

一、廣告目標的設定

發展廣告方案時，需先訂定廣告目標使命。廣告目標必須配合有關目標市場、定位、與行銷組合的決策，因爲廣告方案只是整體行銷方案的一環而已。廣告目標的設定要考慮到市場的競爭狀況、產品生命週期階段、顧客偏好等因素。廣告目標除了表示銷售目標外，還包括與顧客溝通的過程（即在某段特定期間內對某一群特定的閱讀者所要達成的一項特定的溝通任務）。例如，某廠商的廣告目標可能是要在三個月內讓某一群家庭主婦知曉其商品的比率從目前的 20% 提高到 30%。

　　廣告目標可依廣告所要達成溝通目標，分成三類，即告知性、說服性和提醒性的目標，如表 14-1。

表14-1　廣告欲達成的溝通目標

溝通目標	說明
告知性的廣告	(1) 告知新產品上市 (2) 告知產品的新用途 (3) 告知產品的銷售地點 (4) 告知產品的價格或價格的變動 (5) 說明產品的性能 (6) 建立廠商的形象
說服性的廣告	(1) 建立品牌的偏好 (2) 說服顧客改買本公司的品牌 (3) 改變顧客對產品特性的認知 (4) 說服顧客接受銷售員的拜訪
提醒性的廣告	(1) 讓顧客在淡季時仍然記得本公司的品牌 (2) 維持品牌知名度 (3) 維持廠商的良好形象 (4) 增強購買的信心

（一）告知性廣告目標

　　告知性廣告的目標是要告訴顧客有關產品的資訊。在推出新產品或新服務時，這是一種非常主要的廣告目標。例如微波爐新上市時，它的廣告將微波爐的性能、功效、甚至如何用微波爐烹飪等資訊透過廣告告訴消費者，便是一種告知性質的廣告。

（二）說服性廣告目標

　　說服性廣告的目標在說服顧客偏好或購買某一特定的品牌。例如 Pi Pi 紙尿褲曾以「太空尿尿趣事多」的廣告，引證其產品內襯為太空人專用的高分子吸收棉（Polymer），證明其產品品質較其他品牌好，希望說服消費者購買其產品。

（三）提醒性廣告目標

　　有些產品在市場上銷售多年，已有相當的知名度，但廠商仍需要推出提醒性廣告來提醒購買者，不要忘了他們的產品。例如可口可樂公司花很多錢在電視廣告上，其目的主要是要提醒人們不要忘了可口可樂，而非為了告知或說服的目的。黑松汽水的「老朋友系列」廣告，也都是為了提醒性的目的。

二、廣告預算的決定

廣告目標確定後，廠商接著要為各產品編列廣告預算。廣告具有告知、說服和提醒的功能，可提升產品的需求曲線，但是廣告仍須講求投資報酬率，希望以較低的成本得到較大的效益。

前章曾介紹決定推廣預算的五種方法（即銷售百分比法、單位固定金額法、量力而為法、對付競爭法與目標任務法），這些方法同樣可用來協助行銷人員決定廣告預算。決定廣告預算時，有五個特別的因素需要加以考慮：

1. 在產品生命週期中的階段：新產品通常需要編列較多的廣告預算，用以建立產品的知名度，並鼓勵消費者試用。對已建立品牌知名度的產品通常以銷售額的某一百分比來編列較低的廣告預算。

2. 市場占有率與消費者基礎：高市場占有率的品牌通常只需較少的廣告支出來維持其市場占有率。但若想拓展市場來提高市場占有率時，則需要較大的廣告支出。此外，就接觸每位消費者所費的平均廣告支出而言，市場占有率高的品牌就比市場占有率低的品牌為少。

3. 競爭與混亂：在一個競爭者多且廣告支出也高的市場中，為使品牌能突出於市場，必須做更多的廣告。甚至與品牌無直接競爭之廣告也會帶來混亂，此時亦須做較多的廣告以為因應。

4. 廣告頻率：需要重複傳達品牌訊息給消費者的次數也會決定廣告預算。

5. 產品替代性：商品類（如香菸、啤酒、冷飲）的品牌需要大量的廣告來建立與眾不同的形象。當某一品牌具有獨特的實體利益與特色時，廣告也是重要的。

三、廣告訊息的創造

不論廣告預算多大，廣告必須能引起目標閱聽者的注意，並讓閱聽者產生共鳴，廣告才算成功。因此，創造有創意的廣告訊息是非常重要的。

創造有效的廣告訊息應從確定顧客利益著手，並以之作為廣告訴求。廣告訴求（Advertising appeals）是指在廣告訊息中所強調的產品（或服務）利益。廣告訴求應具有三個特徵：

1. 有意義的：指出產品的利益，使產品更受消費者喜愛。

2. 是可信的：消費者必須相信產品或服務將會提供廣告所承諾的利益。

3. 具獨特性：應告知產品如何比競爭品牌還好。

　　例如，山葉鋼琴的「學鋼琴的孩子不會變壞」、雅芳化粧品的「比女人更了解女人」和「關於女人，找雅芳聊聊」、以及台新銀行玫瑰卡的「認眞的女人最美麗」，都是具備上述三個特徵的廣告訴求，不僅明確表現出產品的利益，也能夠把自己的產品和競爭品牌區隔開來，展現與眾不同的特色，因而都曾在顧客心目中留下深刻有力的形象。

　　廣告訴求決定後，還要決定廣告訴求的表現方式，將此訴求有效的表達出來，俾能吸引目標閱讀者的注意和興趣。行銷部門往往需要提出一份廣告企劃書，說明擬議中的廣告目標、廣告訴求和表現方式。

四、廣告媒體的選擇

　　廠商研擬廣告決策的另一項任務是「選擇廣告媒體」以傳遞廣告訊息。選擇廣告媒體的主要步驟包括：1. 決定廣告的接觸面（Reach）、頻率和效果；2. 選擇主要的媒體類型；3. 選擇特定的媒體工具（Media vehicles）；4. 排定媒體的時程。

（一）決定接觸面、頻率與效果

　　選擇媒體之前，廣告主必須決定為達成廣告目標所需的接觸面、頻率以及希望產生的效果。接觸面是指在一特定期間中目標市場的顧客接觸到廣告活動的百分比。

1. 接觸率（Reach, R）：某特定期間內，接觸某特定媒體至少一次的人數或家計單位數。

2. 頻率（Frequency, F）：某特定期間內，一個人或一個家計單位接觸到的訊息平均次數。

3. 效果（Impact, I）：透過既定的媒體，其展露一次的定性價值。

4. 總展露數（Total number of exposures, E）：即接觸率乘以頻率（$E = R \times F$）。

　　由此衡量所得者稱為毛評點（Gross Rating Points, GRP）。例如，一個媒體預計接觸到 80% 的家庭，平均展露頻率為 3 次，則我們可以說該媒體計畫的毛評點為 240（$= 80 \times 3$）。若另有一媒體計畫的毛評點為 300，其雖有較高的效果，但我們卻無法了解其接觸率與頻率各為如何。

5. 加權的展露數（Weighted umber of exposures, WE）：此爲接觸率乘以頻率，再乘以平均效果（WE ＝ R×F×I）。

　　廣告主可能希望平均接觸三次。媒體效果是指訊息展露的定性價值（Qualitative value），例如對需要示範的產品而言，電視的訊息效果要比報紙的訊息效果爲佳。一般言之，廣告主所希望獲得的接觸面愈廣、頻率愈多、效果愈大，則廣告預算也必須愈高。

（二）選擇主要的媒體類型

　　媒體規劃人員應該知道各主要媒體類型的接觸面、頻率與效果。主要的媒體類型有報紙、電視、直接郵件、廣播、雜誌、戶外廣告及網際網路，表 14-2 爲各種主要廣告媒體的比較。

表14-2　主要廣告媒體

媒體	優點	缺點
報紙	彈性、時效、地區市場涵蓋面大、可廣泛被接受、可信度高。	壽命短、再製品質不好、轉閱的讀者不多。
電視	大眾市場涵蓋面大、單位展露成本低、結合畫面、聲音和動作、訴諸感官。	絕對成本高、吵雜、短暫的展露、不易選擇閱聽者。
直接郵件	閱聽者選擇性高、彈性、在相同媒體內沒有廣告競爭、允許個人化。	單位展露的相對成本高、「垃圾郵件」的印象。
廣播	地方易接受、地區與人口選擇性高、成本低。	只有聲音、短暫的展露、低注意力、分散的閱聽者。
雜誌	地區與人口的選擇性高、具可信性及聲譽、再製品質高、持續時間長和轉閱的讀者多。	購買廣告的前置時間長、成本高。
戶外廣告	有彈性、高的重複展露、成本低、低的訊息競爭、位置選擇性好。	幾乎不能選擇閱聽者、創造力受限制。
網際網路	選擇性高、成本低、立即、互動能力。以年輕族群爲主。	接觸人群多，但變化快，創新亦多。

　　廣告媒體均有其各自的優點與限制，媒體規劃人員可考慮下述幾個因素來選擇廣告媒體：

1. 目標市場的媒體習慣：廣告主應尋找能夠有效接觸目標市場的媒體。

2. 產品的性質：流行時裝的廣告最好利用彩色雜誌，而汽車的效能最好在電視上展示。

3. 訊息的類型：新產品上市或減價的訊息，可以運用廣播或電視媒體；帶有許多技術資料的訊息可能需要利用雜誌、直接郵件或線上廣告與網路。

4. 成本：電視廣告費用很高，相對的報紙或廣播廣告就便宜多了，但只能接觸較少的消費者。

（三）選擇特定的媒體工具

媒體規劃人員必須選擇最好的媒體工具（即各媒體類型內的特定媒體）。媒體規劃人員應在媒體成本和若干媒體效果因素之間求得平衡。首先，應平衡成本和媒體工具的閱聽者品質；第二，應考慮閱聽者的注意力；第三，應估計媒體工具的編輯品質。如此，媒體規劃人員才能在一定的成本內，選擇在接觸面、頻率與效果等方面都能合乎要求的媒體工具。

（四）安排媒體時程

廣告主必須安排年度廣告的時程（圖 14-4）。大多數廠商都會做一些季節性的廣告；也有一些廠商只做季節性的廣告，如賀軒（Hallmark）只在主要節日前為其賀卡做廣告。元本山海苔、萬歲牌瓜子或開心果，通常也只有逢年過節才會有廣告。巧克力或中秋月餅的廣告，通常在旺季前二或三個月開始播出，隨著季節接近，廣告量增加，過了情人節或中秋節，就看不到該產品廣告。

圖14-4　義大世界跨年廣告的行銷採用亮眼的設計，來爭取更多遊客的目光。

　　廣告主也須選擇廣告時程的型態。廣告時程可平均分散在各時期，也可視市場情況做重點式安排，以擴大廣告效果。有些是帶狀播出、有些是挑時段播出、有些會先多後少、有些會逐量增加，廣告時程的型態，受到預算、目標市場收視習慣，節目收視率等因素影響。

五、廣告效果的評估

　　廠商投資在廣告上的金額很大，因此對於廣告的效果應定期加以評估。一般而言，廣告效果的評估可分為溝通效果的評估和銷售效果的評估兩部分。

(一) 溝通效果的評估

　　溝通效果的評估是在衡量一個廣告和顧客的溝通情形。例如廣告是否能真正吸引閱聽者的注意，閱聽者看了廣告之後是否能記住廣告內容等。溝通效果的衡量，即文案測試（Copy testing），可在廣告正式推出之前與之後加以測試，如圖14-5 所示。

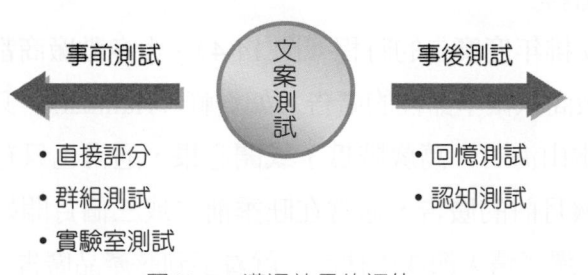

圖14-5　溝通效果的評估

1. 事前測試：事前測試的方法有以下三種：

　(1) 直接評分（Direct rating）：讓一群消費者（受測者）接觸一些設計好的廣告文案，分別予以評分。例如，讓這群消費者看過若干為雜誌廣告而設計的廣告後，請他們就「這個廣告能引人注意的能力如何」、「這個廣告傳遞訴求或利益的清晰度如何」、「這個廣告對促成消費者購買的影響力如何」等問題在一評點尺度上分別評分。直接評分的結果與廣告對消費者的實際影響畢竟有段距離，但仍可用來剔除較差的廣告。

　(2) 組群測試（Portfolio test）讓一群消費者：（受測者）接觸一些設計好的廣告文案，俟消費者看完或聽完之後，請他們回想所接觸的廣告（訪問時可

以給予提示或不作提示），就記憶所及描述各個廣告的內容。此一結果可用來說明廣告是否突出以及訊息被理解及記憶的情形。

(3) 實驗室測試（Laboratory test）：實驗室中利用一些儀器來衡量消費者（受測者）接觸廣告後的生理反應，如心跳、血壓、瞳孔擴大、出汗情形等，以評估廣告的效果。這種測試只能衡量廣告引人注意的能力，無法測出廣告對信念、態度或意圖的影響。

2. 事後測試：事後測試有兩種常用的方法：

(1) 回憶測試（Recall test）：請曾經接觸某種特定媒體的消費者（受測者）回想過去某一廣告的產品和廣告主，說出他所能記憶的廣告內容。回憶分數可用以表示廣告受人注意與記憶的程度。

(2) 認知測試（Recognition test）：以在雜誌刊登的廣告為例，要求消費者（受測者）指出他們在某一期雜誌上所看過的廣告，每個廣告都可以求出三種閱讀率：

①注意率：即自稱曾在某一期雜誌上看過該廣告的讀者比率。

②略讀率：能正確指出該廣告的產品和廣告主的讀者比率。

③精讀率：即自稱曾讀完大部分廣告內容的讀者比率。

（二）銷售效果的評估

評估銷售效果的目的在衡量廣告推出之後對銷售的影響。一般來說，銷售效果較溝通效果更難衡量。因為銷售除了受廣告影響之外，還會受到許多其他因素（如產品特性、景氣變動、價格、競爭者行動等）的影響。在衡量廣告對銷售的影響時，應將廣告以外的其他因素予以過濾才能有較客觀的評估。

廣告的銷售效果通常可以用「歷史法」或「實驗法」來加以評估。歷史法係利用統計技術導出廠商過去的廣告支出與同期（或落後一期）的銷售額之間的關係，然後據以推估廣告支出的銷售效果。實驗法即指變動廣告支出的數額，將廣告支出以外的因素維持不變，然後據以衡量不同的廣告支出水準對銷售額的影響程度。

14-3 促銷或推廣

常見的推廣工具除了廣告之外，另一個常見的工具就是促銷。促銷（Sales promotion）是指廠商為了立即提高銷售量而採取的短期誘因，例如百貨商店的「跳樓大拍賣，全面五折起」、化妝品業的「附贈精美禮品」、冷飲業的「集瓶蓋抽大獎」、食品業的「買一送一」、旅館業的「淡季特別優惠專案」等都是促銷的實例（圖 14-6）。

圖14-6 百貨公司應用促銷手法，推出贈品及折價券。

一、促銷的類型

促銷可依促銷的對象分為三類，即消費者促銷、組織購買者促銷、中間商促銷。相關促銷工具見表 14-3。

表14-3 主要的促銷工具

促銷對象	消費者促銷	組織購買者促銷	中間商促銷
促銷工具	免費樣品 特價活動 贈品 抽獎 遊戲 競賽 折價券 購買點展示 現金減讓 示範	特價品 贈品 現金減讓 購買點展示 產業會議 展覽會	購貨折讓 免費商品 商品折讓 合作廣告 銷售競賽 商展

（一）消費者促銷

消費者促銷（Consumer promotion）是指針對消費者的促銷活動，其目的主要有二：1. 增加消費者的購買量，例如「買三送一」，可促使原先只想買一、二個單位的消費者為獲得贈品而增加購買的數量；2. 鼓勵非使用者的試用，例如新產品推出時提供免費樣品，可鼓勵非使用者試用新產品。

1. **免費樣品**：提供給消費者免費使用的試用品。樣品可能是挨家挨戶的贈送，也可能要求消費者函索，或擺在商店裡供人取用，或隨附於其他商品之中。一般而言，新上市的產品常運用免費樣品來促使消費者試用。例如花王公司在推出蜜妮洗面皂時以贈送許多小包裝樣品；利用免費樣品來促銷的產品通常是製造成本低且消費者經常購買的新產品；對這些產品，如能促成消費者試用，很可能會使消費者成為經常的購買者。

2. **特價品**：給予消費者在商品價格上某種程度的優待，通常均明白顯示於標籤或包裝上。採行方式很多：一種是直接降低價格，依原價打八折或幾折出售；特價品的包裝，即兩件或以上的相同商品一齊包裝，並減價出售，如三件只賣兩件的價錢。很多便利商店舉辦第二件 6 折或特價品的組合，即將兩件相關的商品（例如牙膏與牙刷）包裝在一起減價出售；或是加量不加價，增量多少百分比。特價品促銷降價多少，一般要考慮折扣比率與折扣金額。折扣太少，沒有激勵銷售作用，折扣太大，損及利潤，還會引起消費者知覺風險。特價品可能使有部分消費者會轉換原來使用的品牌而改用正在促銷的品牌，促銷期間內使市場占有率大幅度提高，但是如果無法因此建立起較高的品牌忠誠度，維持市場占有率，則當特價品促銷結束後市場占有率將回復原狀甚至降低，反而傷害廠商的市場地位。

3. **贈品**：消費者購買某一特定產品時，隨貨免費贈送或以很低價格出售的商品。例如，乖乖食品贈送玩具；集點數贈送贈品，如便利超商集點送鑰匙圈、吊飾或小熊娃娃等，都是贈品的例子。舉辦贈品活動時，贈品的選擇相當重要，贈品必須是消費者喜歡的產品，而且又與一般市場上買得到的產品有所差異，俾能讓消費者感受到贈品的價值感。

4. **抽獎和遊戲**：消費者在購買一定數量或金額的產品、或回答某些問題後參加抽獎，廠商抽出得獎者後，給予中獎的消費者獎金或獎品，如國外旅遊、金牌、轎車等。遊戲是消費者每次購買產品時都會收到某些字母或數字，消費者要把字母拼全或數字找齊後才能得獎。抽獎和遊戲的獎金或獎品通常都相當吸引人，因此雖然中獎率不高，但是常吸引許多消費者的投入。例如消費券實施，有些縣市送黃金，有些送汽車、房子。抽獎活動由於需要有大獎才能吸引人，因此較適用於市場占有率較高的品牌，才能夠有較大的銷售量來支持所提供的獎品或獎金。

5. **競賽**：競賽與抽獎不同。抽獎只要填寫並寄回參加抽獎的表格即可，能否中獎完全是靠運氣；而競賽則要求消費者完成某項工作，如回答一些問題，才有資格參與競賽贏得獎品。一般分為靜態競賽與動態競賽兩種，靜態的比賽，包括戶外寫生、繪畫比賽、攝影比賽、作文比賽等。動態比賽如慢跑、路跑、騎自行車比賽、各種球類活動比賽等。參與競賽者的人數可能比參加抽獎者為少，但參與競賽者往往比參加抽獎者更為投入，因此，競賽對參與者的促銷效果是較大的。

6. **折價券**：折價券是一種常見的消費者促銷工具，可以印在雜誌的插頁上、夾在報紙上隨報附送、附在產品的包裝上、放置在商店中讓人索取，或夾在汽車的雨刷上，有時可直接從網站下載折價券使用，最及時的是用刮刮卡，即刮即折。折價券必須要能讓消費者以相當的低價買到他們所需要的某種物品或服務，才能收到促銷的效果。折價券常用來鼓勵顧客試用新產品或新包裝，或用來吸引顧客重複購買。折價券的使用，必須和產品或消費者使用習慣相結合之外，還需要考慮折價的比率、折價的金額、折價券使用頻率、折價券的回贖率等因素。折價券的折價金額或折價比率太低，無法吸引顧客使用意願；折價金額或比率太高，會影響利潤，引起消費者懷疑，例如瘦身美容業，常常有 5 千、上萬元的體驗券，但是顧客上門後，索取的費用更高，讓消費者有受騙的感覺。折價券如果累積次數過高或使用不便，也會使效果打折扣。如要累積 10 次以上，才能有優惠，或像家樂福大潤發，折價券一次很多，可是下次購買只能用一張，都會使促銷美意受影響。折價券消費者使用比率，稱為回贖率。一般而言回贖率都很低，大量樣本下的研究，回贖率是 2%，故發行折價券時須考慮回贖率多寡。精品、化妝品的折價券，回贖率會較高；一般日用品折價券回贖率較低。折價券的優缺點如下：

(1) 創造品牌知名度方面：附有折價券的印刷廣告通常比沒有折價券的廣告更有效。

(2) 折價券可回饋現在的產品使用者，找回以前的使用者，並鼓勵忠誠購買。

(3) 從收回來的折價券，廠商可以了解折價券是否已接觸到預期的目標市場。

(4) 忠誠度計畫：如坐飛機累積里程數，可以換機票，換紅利點數，都是吸引

顧客重覆購買，培養忠誠度的促銷方法。

使用折價券的缺點是有欺詐和錯誤之虞；隨著提供折價券廠商日益增加，折價券的價值也逐漸喪失，且折價券的大量使用者的品牌忠誠度已下降，許多消費者只用折價券來購買他們常買的產品，已使折價券鼓勵消費者試用新品牌或新產品的促銷效果備受質疑。折價券的另一個問題是商店對於折價券的產品項目常常沒有足夠的存貨，對商店和產品的信譽都會造成傷害。

7. 購買點展示：是在零售商店中所做的展示，其目的在吸引零售商店中的購買者注意某一品牌或產品，並進一步促成銷售。包括前頭櫃展示、收銀機前展示、店中標示、店長推薦、櫥窗展示、展示貨架等。購買點展示有時也會和店內示範或免費樣品一齊配合使用。只要購買點展示具吸引力，能提供有用的資訊，並能與商店佈置相搭配，零售商店通常會樂於使用。

8. 現金減讓：是指消費者提出購買某一產品的證明時，由廠商給予一定金額的退款，主要用來鼓勵消費者試用促銷的產品。如 OK 便利超商發行折讓現金一元的現金券。不過，如果消費者認為現金減讓的退款過程過分繁雜，對廠商提供現金減讓的原因也有負面的想法，他們可能認為用來促銷的產品是新的、未經檢驗或銷路不好的產品。如果不能改變消費者的這些想法，提供現金減讓將會降低該產品的形象和對該產品的喜愛程度。

9. 示範：產品示範可向消費者展現產品的功效或功能，從而可鼓勵消費者試用或購買產品。示範是很有效的，但產品示範須有專人在現場實地示範，成本通常很高，除非促銷效果很大，廠商不會輕易採用。如電視購物頻道，常常對某些產品，如化粧品、家用電器、清潔用品等作示範演出。家樂福、大潤發等大賣場，常有人示範各種廚具清潔用品。

談幾個農曆春節的觀光界行銷特色

以 2017 年是金雞年為例，本個案特別介紹 3 個迎春的觀光行銷做法：

1. Polar Bear迎春，送3好禮

   Polar Bear 的消費者有福了，春節元月 28 日起至 2 月 28 日止舉辦「迎春賀賀 3 好禮活動」，包含秋冬裝全面 7 折起，成雙省鈔大二件再 88 折活動及結帳滿額再送好禮等活動。把握難得機會，「雞不可失」。

2. 義大世界E卡、刮刮樂送好禮

   義大世界自 1 月底至 2 月 28 日推出「旺春滿財好運發」新春活動，主推當日 E 卡消費滿 2,000 元送刮刮卡，有機會刮中近 13 萬元「金爽獎」OGAWA 按摩椅等好禮，加上多項卡友限定好禮，讓民眾輕鬆購物多好康，歡喜過年賺好運。

3. 劍湖山世界，賞花看展免費

   劍湖山世界為歡慶農曆新年，賞花、看展免費，還有摩天樂園亞洲唯一 VR 恐龍飛車、超跑氣墊燃脂大作戰，及全臺最大室內兒童玩國，可以全家 high 玩一整天。新春期間，劍湖山世界博覽館展覽全新登場，館內以：媽祖、財神、華陀、文昌及月老等打造五大題區。

   賞花則可在 12 生肖花園，走在運用整片鮮花打造而成的賞花步道，同時結合繽紛的 12 生肖，還有模擬紫南宮金雞的裝置藝術，預祝所有到訪民眾「雞年大雞大利」！

〔參閱：2017.01.29，經濟日報，A4 版，藍怡珊、吳毅倫、陳志光等撰〕

活動與討論

1. 每年新春期間，各遊樂觀光園區或著名服飾品牌等廠商，都會推出新的行銷點子，請介紹個案中3個公司作法的特性。

2. 新春期間是重點行銷好機會，以觀光行銷策略而言，你認同義大世界或劍湖山世界的觀光行銷作法嗎？

（二）組織購買者促銷

組織購買者促銷是指針對組織購買者所做的促銷活動，其目的在鼓勵企業、政府和非營利組織等組織購買者提早購買和增加購買量。許多消費者促銷工具（如特價品、折價券、贈品、現金減讓、購買點展示等），同樣可做為對組織購買者促銷的工具，而產業會議、展覽會則是針對組織購買者的促銷工具。

1. 產業會議：廠商經常與產業公會就研發、生產、行銷或產業發展問題舉辦產業會議，介紹和促銷產品，常可收到很大的促銷效果。

2. 展覽會：廠商也常為組織購買者舉辦產品展覽會，或稱商展。展覽會可以加強與原有顧客的接觸，介紹和促銷新產品，並可接觸到許多潛在的顧客，擴大市場的接觸面。但參加展覽會常所費不貲，事前應審慎評估，並對參展相關事宜妥為規劃。

（三）中間商促銷

中間商促銷（Trade promotion）包括對各級經銷批發商、零售商或是公司業務單位、業務人員，針對中間商所做的促銷活動，其目的在鼓勵中間商多進貨，並努力銷售。

1. 購貨折讓：購貨折讓是當中間商購買一定數量的產品時，給予中間商的暫時性減價。購貨折讓直接了當，只要中間商購買一定數量的產品，就可獲得減價，使中間商的利潤提高。購貨折讓的缺點是競爭者容易模仿，所有廠商都進行中間商折讓的結果，將造成所有廠商的利潤都下降。

2. 免費商品：當中間商購買一定數量的產品時，廠商可提供給中間商免費商品，以鼓勵中間商多進貨、多銷售。

3. 商品折讓：商品折讓是指廠商支付某一數額的錢給那些提供廣告或展示等推廣努力的中間商，以鼓勵中間商協助執行廠商的推廣活動。

4. 合作廣告：合作廣告是廠商和中間商之間的一種廣告安排，由廠商分攤部分中間商為其產品推出廣告活動的媒體成本。廠商分攤的金額通常按照購貨數量來決定。

5. 銷售競賽：銷售競賽主要是激勵中間商努力銷貨，提供銷售表現優越的中間商獎金或獎品。保險業常稱此為衝高峰競賽。銷售競賽的缺點是為達成有效的激勵效果，獎金或獎品須有足夠的吸引力，這項促銷工具往往很花錢，促銷效果可能只是短期的。

6. 商展：廠商可參加商展，向中間商展示其產品和服務。參加商展是接觸中間商和向中間商促銷的有效方法，但參加商展須支付場地租金、場地佈置、產品運輸、服務人員酬勞等多項費用，屬於昂貴的一種中間商促銷工具，因此審慎選擇欲參加的商展，並妥善規劃，才能達到參展的效果。

7. 優秀人員選拔或舉辦表揚大會：為了鼓勵經銷商、批發商或業務人員，很多企業都設有優秀人員選拔、優秀經銷商選拔、每月服務最佳人員選拔，或定期舉辦經銷商或中間商表揚大會。有些公司會租下一個地區、一個小島、一個旅遊景點，讓全公司的人員相互交流，舉行各種表揚大會，選出年度傑出風雲人物或優秀人員。

二、主要的促銷決策

促銷活動五花八門，各種促銷工具的功能、延續時間、成本等都不相同，廠商在進行促銷活動前必須要審慎規劃。主要的促銷決策包括決定促銷目標、選擇促銷工具、發展促銷方案、測試、執行促銷方案和評估促銷成果。

（一）促銷目標的決定

首先，廠商應依照行銷策略的發展、市場的競爭態勢以及產品所處的生命週期階段綜合判斷，以決定促銷活動的目標。促銷活動的目標不一而足，包括增進消費者或中間商對商品特性的了解、加強品牌印象、增強消費者或中間商對商品新用途的認識、增加新的試用者等，行銷主管應慎重考量本身條件與市場競爭狀況，決定其促銷活動的主要目標。

（二）促銷工具的選擇

確定促銷目標後，接著要著手選擇促銷工具。如前所述，促銷包括消費者促銷和中間商促銷兩類，分別都有多種促銷工具可供選擇。廠商應視促銷目標和本身的資源條件，考量各種促銷工具的特性，選擇合適的促銷工具。

（三）促銷方案的發展

決定了促銷目標和促銷工具之後，接著要進一步發展一套有效的促銷方案，內容包括誘因的大小、參與的條件、訊息的傳遞、促銷的期間、時程的安排以及預算的編列等重要決策。

1. 誘因的大小：首先應決定誘因的強度或大小。促銷活動若欲成功，需要提供足夠的誘因。誘因愈大，促銷的效果通常亦愈大；但是，誘因條件愈佳，負擔的成本也會愈高；所以，廠商應在兩者之間做一個權衡。

2. 參與的條件：促銷的對象可遍及所有人，亦可限定於某些群體。許多促銷活動都會規範參加者的資格，例如寄回若干包裝空盒或瓶蓋才送贈品、或購買某一定數量以上者才能享受折扣、或規定公司員工及眷屬不得參加抽獎等等，都是對促銷的對象做適當的限制。

3. 訊息的傳遞：廠商須決定如何把促銷活動的訊息迅速傳達給消費者或中間商。例如，抽獎活動的進行過程及結果要快速傳達給消費者或中間商，以維持公平性。因此，促銷活動從開始宣佈、執行到最後結束都必須要透過各種不同的媒體，迅速的將訊息傳送出去。

4. 促銷的期間：促銷活動的期間如果太短，也許會有許多消費者或中間商來不及參加，因而減少其吸引力。但促銷期間如果太長，則又失去了「促使馬上購買」的衝動，降低了促銷的成果。促銷期間以多長為宜，常須視產品的類別而定。

5. 促銷時程的安排：行銷人員應安排各種促銷活動的時程，並與生產、銷售、實體分配等部門事先協調，以保證促銷活動的順利進行。此外，還要準備應急方案，以應付可能的突發狀況。

6. 促銷預算的編列：促銷活動的總預算有兩種不同的編列方式：

   (1) 「由下往上加總」，即由行銷人員選擇個別的促銷活動，並預估它們的總成本；特定促銷活動的成本包括管理成本（印刷、郵寄、推廣費用）以及誘因成本（贈品或折扣成本，包括兌換成本）乘以該促銷活動的預期銷售單位。

   (2) 「以公司總推廣預算中的某一百分比做為促銷經費」為較常用的方式，百分比的決定依市場或品牌的不同而有所不同，亦受產品生命週期階段及競爭性推廣支出的影響。

（四）促銷方案的測試

促銷方案應儘可能在事先進行測試，以決定其所提供的誘因是否有足夠的吸引力，並了解促銷方案的推動是否會遭遇那些可能的困難，以便及早規劃因應。

（五）促銷方案的執行

促銷方案經測試之後，如測試結果令人滿意，即可依促銷方案的設計付諸執行。惟在執行之前必須做好妥善準備，以免發生促銷活動已正式展開，但零售商尚未準備妥當、或促銷的貨品尚未送達零售商店，造成消費者與零售商的不便與抱怨等情事。

（六）促銷成果的評估

對促銷活動的成果應加以評估。製造廠商可用銷售資料、消費者調查和實驗法等三種不同的方法來評估促銷的成果。

1. 銷售資料：透過市場調查機構蒐集銷售資料來了解促銷的成果。例如公司促銷前的市場占有率為 6％，促銷期間上升到 10％，促銷結束後立刻降為 5％，而後又回升至7％。顯然，這一促銷活動不僅吸引了新的試用者，也促使原有的使用者購買更多的商品，由於消費者必須有一段消化存貨的時間，所以促銷活動結束時銷售量會下降，但長期而言，占有率上升至 7％ 顯示公司已爭取到一些新的使用者。如果公司的產品並沒有優於競爭者的產品，則市場占有率可能又會回復到促銷前的水準，即表示促銷改變的只是需求的時間型態，而非總需求。

2. 消費者調查：如果需要更多的資訊，則可進一步進行消費者調查，來了解多少消費者仍記得此一促銷活動、他們對此一促銷的想法、多少人利用此一促銷、以及此一促銷對往後品牌選擇行為的影響。

3. 實驗法：促銷的成果也可利用實驗法來加以評估，實驗法可變動誘因價值、促銷期間等屬性來衡量促銷的成果。例如從消費者固定樣本中選出一半的家庭，寄給他們折價券，然後利用掃描資料來追蹤折價券是否引領更多的人去購買促銷的產品。

行銷快樂學

促銷組合（Promotion Mix）

觀光餐旅產業的促銷組合，是指行銷人員、媒體廣告、各種媒體報導及促銷活動設計等，全部整合起來稱之。而最佳的促銷組合是藉著促銷工具的有效支配與應用，達成觀光行銷的目標。通常需要彈性化價格及各種宣導配合，在正派的人性化經營理念中，才能真正達到促銷組合的目的。一般在觀光市場上，應非常重視媒體廣告的效果。以行銷總監的靈活性，整合運用各項促銷工具，也是促銷組合的關鍵因素。

問題討論

1. 廣告的類型有哪兩種？
2. 廣告的表達方式分成哪幾種？
3. 請說明選擇廣告媒體的主要步驟。
4. 促銷可依促銷的對象分為哪三類？
5. 消費者促銷活動有哪幾種方式？
6. 主要的促銷決策包括哪些？

參考文獻

1. Duncan, T. and Caywood, C.（1996）, The Concept, Process, & Evolution of Integrated Marketing Communication, in Integrated Communication: Synergy of Persuasive Voices, Mahwah N. J. : Lawrence Erlbaum Associates.

2. Engel, J., Blackwell, R, D., & Miniard, P. W.（1995）, Consumer Behavior, New York; The Dryden Press.

3. Fournier, S.（1998）, Consumers and Theirs Brands: Developing Relationship Theory in Consumer research, Journal of Consumer research, 24（March）, 343-373.

4. Low, G. S. and Lamb, J. C. W.（2000）, the Measurement and Dimensionality of Brand Associations, Journal of Product and Brand Management, 9（6）, 350-368.

5. Marguiles, W. P.（1977）, Make the Most of Your Corporate Identity, Harvard Business.

6. Oliver, Richard L.（1999）, Whence Consumer Loyalty? Journal of Marketing, 63（Special Issue）, 33-45.

7. Romaniuk, J. and .Sharp, B.（2003）, Measuring Brand Perceptions: Testing Quantity and Quality, Journal of Targeting, Measurement and Analysis for Marketing, 11（3）, 218-229.

8. Roth, Marvin S.（1995）, Effects Of global market conditions on brand image customization and brand performance. Journal of advertising, 24（4）, 55-72.

9. Wragg, D.（1992）, the Public Relations Handbook, New York: Basil Blackwell Limited.

學習心得

3 促銷是指廠商為了立即提高銷售費而採取的短期誘因；依促銷的對象分有三類，即消費者促銷、組織購買者促銷、中間商促銷。

2 廣告的主要決策流程為：（1）使命、（2）廣告預算、（3）訊息、（4）媒體、（5）衡量。

1 廣告是指由一明確的贊助者，經由付費的各種媒體所做的一種非使用人員的溝通。廣告可分為「產品廣告」和「機構廣告」兩種基本的類型。

一家旅遊集團，創造寒冬市場的奇蹟

　　興國旅遊集團在旅遊業界享有盛名，成績優良。興國旅遊擁有超過近 20 年的經驗，創造人王先生對觀光產業有興趣，闖蕩出一片天，在不景氣中逆勢成長，積極布局，將興國旅遊建立成為優質的品牌。王創辦人在觀光旅遊產業有相當完整的資歷，曾任職於航空公司的業務開發及營運規劃，12 年來，又在國內兩大五星級飯店，擔任業務主管約 3 年多的時間。

　　王創辦人在行銷策略上，採用旅遊業「三位一體」的策略，其三位一體是指「航空業、飯店業、旅行社」，讓三種行業的資源整合在一起。王創辦人將興國旅遊集團在初期時段的定位點，配合關係企業「興國航空貨運及立大航空貨運公司」在航空貨運市場所衍生的周邊效益，以全方位服務所屬的客貨運商務客戶而設立，因而獲得觀光產業界的信任，於是在民國 90 年起陸續代理「中國南方航空公司」臺灣區專務中心，負責臺灣專務銷售與市場開發，主要銷售對象包含大、中、小型旅行社，平均月開票量約 3500 張至 4000 張左右。王創辦人一直很有企圖心，相信可以創造旅遊界的奇蹟，憑他的堅持及毅力，如今，已經打造出臺灣優質旅行社品牌，名揚國際。目前，興國旅遊集團下擁有：臺北總公司、高雄分公司、印尼假期旅行社、心典實業公司及旅展團隊等，精心經營及強化行銷通路，加上全方位專業的管理及豐富的營運經驗，全面提高旅行社管理及服務水平，讓民眾享受更優質專業的旅遊品質服務，為旅客「信任的旅遊服務指標」而努力。

〔參閱：2017.01.30，經濟日報，A1 版，鄭芝珊撰〕

📑 活動與討論

1. 說明興國旅遊集團的經營理念與成功之道。
2. 說明一個優質品牌的旅行社，要具備的條件有哪些？

NOTE

Chapter 15

人員銷售功能與管理

阿原肥皂——善用最佳的銷售力並打造綠色生態鏈

「阿原手工肥皂」的銷售力，應用大數據助陣，強化銷售力。「阿原肥皂」的優勢有下列情形：1、實踐土地倫理；2、兼顧文化創意；3、打造地方創生基地；4、創造經濟共享價值；5、使用陽明山的阿原農場的青草藥；6、創共好的願景等。

「阿原手工肥皂」之銷售力的展現，可以進一步說明如下，很值得關注。例如：型塑台灣小農農業特色、展現在地的台灣傳統工藝、創造手工美學、打造「北海明珠」創生園區、整合農作、整合文創、整合勞動、整合產業與行銷手法等做法，創造最佳的精品銷售力，同時應用大數據分析與判斷，製作條件最佳化（最佳藥材、最好的溫度、技術高超），製造出來的是最有品味的手工肥皂。本個案為銷售力展現的最佳選擇。

〔參閱：2023.03.12，經濟日報，A5 版，何秀玲撰〕

📑 活動與討論

1. 請說明「阿原手工肥皂」的優勢與特色。
2. 試分析阿原肥皂的銷售力。

學習指引

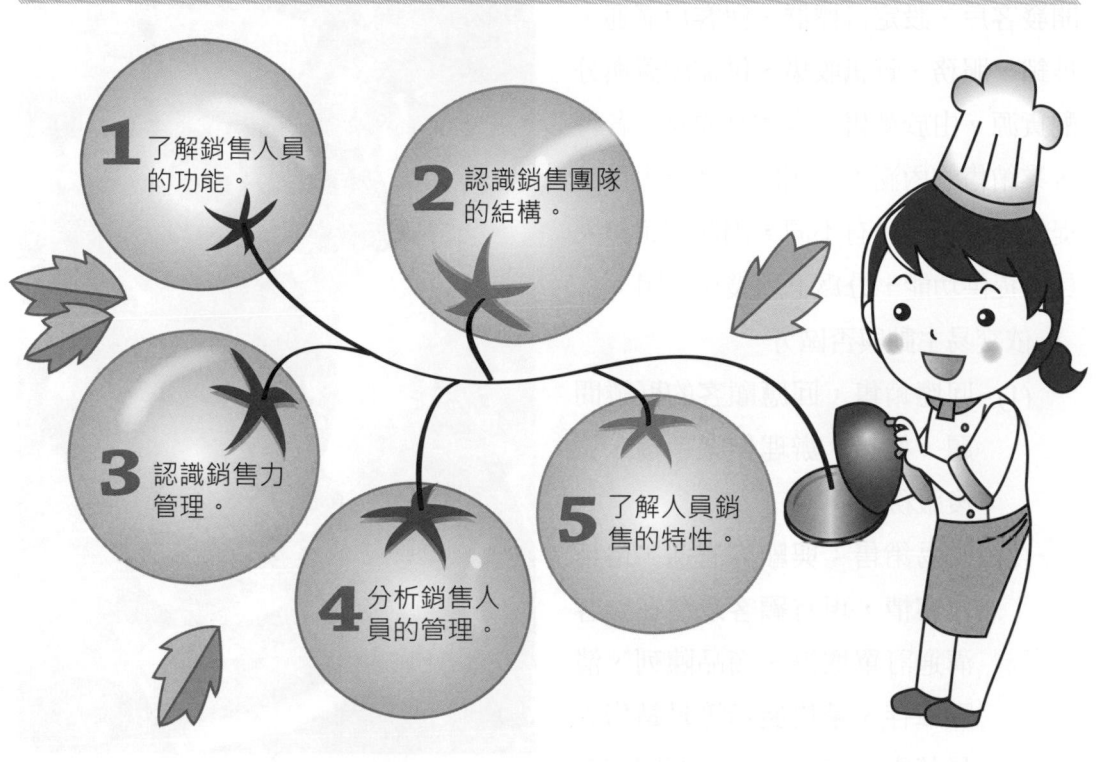

1 了解銷售人員的功能。

2 認識銷售團隊的結構。

3 認識銷售力管理。

4 分析銷售人員的管理。

5 了解人員銷售的特性。

15-1　銷售人員的功能

　　人員銷售（Personal selling）是行銷溝通組合的一個重要功能。觀光產業透過銷售人員以個人接觸方式和購買者互動，將旅遊商品或服務交到消費者手上（圖15-1）。銷售管理就是對公司銷售人員進行規劃、組織、領導與控制，以使銷售人員能達成公司所設定目標。

　　現代社會中，從事銷售工作通稱業務代表、業務人員、銷售人員、顧客服務、顧客諮詢顧問等。人員銷售是一個專業而複雜的工作，銷售人員必須要能在公司要求下，向顧客或潛在顧客傳達自己的商品或服務比其他公司的商品或服務還要好，不只說服消費者，還包括與消費者觀念溝通，提供消費諮詢與問題解決，以滿足消費者需求。

銷售人員可以執行的功能歸納為：開發客戶、設定目標群、與客戶溝通、推銷、服務、資訊收集、供需配置與分配貨源。由於銷售工作本身複雜，各行各業銷售的內涵不盡相同，銷售人員所提供銷售功能也有不同，因此將銷售人員所提供功能，分為下列幾類說明：

1. 依交易主動與否區分

    (1) 回應銷售：回應顧客的疑難問題、抱怨、辦理作業手續、售後服務。

    (2) 交易銷售：與顧客溝通，俗稱作客情，現有顧客或潛在顧客溝通訂單取得、商品陳列、清點庫存、銷售展示等是銷售人員基本的工作內容。相關作業還包括：整理訪問報告、銷售

圖15-1　全華圖書公司的銷售人員正用心地替教師們介紹教材的特色，以抓取業績。

日報表填寫、填寫相關銷售資料、事後訪問分析、銷售分析並提供意見。

2. 依銷售所具有的熱忱區分

    (1) 傳教士銷售：對銷售商品保持熱衷，影響有關購買決策的人。

    (2) 技術性銷售：提供技術顧問、諮詢、建議、處理技術上的問題。基本上較不需要有強烈使命感驅策。

3. 依銷售所需要創造的特性區分

    (1) 創造性銷售：調查消費者需求、開發新客戶、留住舊客戶、提供促銷方式，通常屬於原創性高、非例行性作業。

    (2) 計畫性銷售：事前銷售計畫，包括總體競爭環境、個別產業競爭、產品銷售趨勢、產品銷售計畫、新產品試銷、上市、促銷、陳列安排、店家拜訪計畫。

(3) 巡迴銷售：包括客戶拜訪、新客戶開發、產品下架、逾期品及到期品的處理、客訴處理、問題回應。

15-2 銷售團隊結構

銷售人員是公司和顧客之間的橋樑。銷售人員要能夠加以分工，組織才能發揮團隊力量。公司成立銷售團隊時，需要對銷售團隊作適度的分工，以發揮銷售效率（圖 15-2）。組織銷售團隊的方法如下說明。

一、區域式結構銷售團隊

區域式結構是指每個銷售人員都有專責的區域。其優點是每個業務人員的責任劃分非常清楚；在責任區域內，全力拓展業務，培養個人的地方關係，或稱培養客情；每個業務只在負責的區域內作業，各項差旅費、業務費用可以降到最低。這一類的劃分可以從區域大小與區域形狀兩個方面來分。

圖15-2　行銷部晨會中，行銷經理正招集同仁討論市場的變化趨勢，以應便今年的銷售。

1. 區域大小：責任區域大小的劃分要適度，太大太小都不合適。最好能夠提供相等的銷售潛力或相當的工作負荷。相等潛量的區域設計使得每位銷售人員都有相同收入機會，同時可以作為公司評估業務績效的方法。但是顧客在每一個區域數量並不相同，即使銷售潛力相同但所涵蓋區域大小不會一樣。如臺北市消費力比較強，精品市場開發需要較密集，業務人員可以分到的區域會較小；中南部或部分城鄉地區消費力較低，業務人員所負責區域會較大。

2. 區域形狀：銷售區域的選定，由某些單位所組成。可以考量用天然界限、相鄰地區的配合程度、或運輸的便利性等因素。如以雲嘉、高屏、或大肚溪以北、濁水溪以南等劃分。劃分出來的區域，會影響業務開發與費用成本，因此在區域消費人口密度、工作負荷、銷售潛力、最短差旅時間中找最適均衡點。

二、產品結構式銷售團隊

隨銷售人員對商品認識程度日趨重要，產品分類與商品管理的發展，導致許多公司根據產品線組織銷售團隊。當產品技術層次複雜，產品種類繁多，彼此相關性不高，以專業化的產品線組織銷售團隊愈來愈顯的重要。長榮航空、中華航空、雄獅旅遊、東南旅遊等都是採用這類產品結構的銷售團隊。

三、市場結構銷售團隊

公司通常以顧客群或產業別來組織銷售團隊。依市場結構，不同的產業或不同的顧客群分別設立銷售團隊。市場專業化的銷售團隊最大的優點是使每一位業務人員能充分了解個別顧客的需求。主要缺點是，如果顧客相當分散，則業務人員就要跑遍各個區域。

四、綜合銷售團隊結構

當公司銷售多種產品，且服務地理區域廣大，顧客眾多時，公司通常會混合運用上述各種團隊結構。公司可以結合區域－產品、區域－市場、產品－市場結構等方式混用。在這種情形之下，一位業務人員可能同時向數個產品經理或幕僚經理負責。

15-3　銷售力管理

　　不同行業對銷售人員的銷售能力有不同的估算。在設立或經營業務單位時，要先思考著手的是，公司需要什麼樣的業務人員、業務人員的員額有多少、業務區域如何劃分、業績獎金如何計算、業務人員作息如何控管、怎樣才能達成公司設定目標，這些問題都相當重要。

一、銷售工作性質的決定

　　銷售工作的性質，各行各業都不太一樣。從企業經營的角度來說，可以分成內部因素與外部因素。內部因素包括天賦、個性、銷售技巧、工作滿意、角色知覺。外部因素包括總體環境、產業供需、企業組織（人力政策、市場定位、行銷組合）、工作部門。

二、銷售力劃分的方法

　　銷售力的決定，可以採用兩種方式，一是分解法，估計全公司每年或每月所需銷售量，再估算每位業務人員所需的銷售量，就可以算出需要多少業務人員。公式如下：

$$所需銷售人員數 = \frac{估計銷售量}{每位銷售員的平均銷售量} \qquad （式 15\text{-}1）$$

　　另一個方法是採用工作負荷法（Workload approach），估算所需要的業務人員。步驟如下：

1. 依據顧客的年度銷售量，將顧客分成不同的規模等級。
2. 將每一規模等級分別設定希望拜訪的頻率。
3. 將每一規模等級的顧客數目乘以其相對應的拜訪次數，求得每年銷售訪問的總工作負荷。
4. 決定一位業務人員每年能進行的平均拜訪次數。
5. 將每年所需的拜訪總次數除以一位業務人員平均一年所能進行的訪問次數，即可決定所需要業務人員的人數。

　　舉例如下說明：

總客戶數：800 戶			
顧客分群	A	B	C
預計銷售比率	25%	50%	25%
拜訪次數（月）	12	6	2
拜訪作業時間（分）	120	60	30
總工作小時	12X120	6X60	2X30
（分）	1440	360	60
（時）	24	6	1
總工作量	800×025×24 ＝ 4,800	800×0.5×6 ＝ 2,400	800×0.25×1 ＝ 200
（時）	4,800 ＋ 2,400 ＋ 200 ＝ 7,400		

每個銷售人員年工作時數：48 週 × 每週 40 小時＝ 1,920 小時
每位銷售人員的工作負荷（設可供銷售時間 50%）：1,920×0.5 ＝ 960
銷售人員需求：7,400÷960 ＝ 7.7，即 8 個業務人員

三、設計銷售區域

　　根據銷售團隊結構設計，在銷售力的決定部分，細部作業可以分成下列幾項步驟進行：

1. 選擇基本控制單位：這是業務區域劃分最基本單位的思考。可以供選擇的基本控制單位包括國家、城鎮、街道、住家等。跨國業務可以考慮以國家別為業務推廣的單位，密集式的經銷商品可以用街道或住家人口、戶數為區分單位。

2. 估計每個基本控制單位中的潛在市場。

3. 組合控制單位於暫時性區域。該暫時性區域可預先設定由數位業務人員組成一個業務單位，或幾條業務線設一位主管，作暫時性的分配。

4. 執行工作量分析：根據上述暫時性區域估計每個區域或業務單位的真實收益、潛在市場需求、市場占有率。

5. 調整暫時性區域以考慮潛在銷售的差異。根據銷售密度、工作負荷、銷售潛力、最短差旅時間，找出最適均衡點，作為劃分銷售力依據。

6. 指派銷售員到區域上。

四、設定銷售配額

決定銷售配額對銷售力決定有很大影響。銷售配額的估算，可從銷售量的大小來決定，也可以財務數據、銷售活動作基礎，或綜合各項活動加權計算。

1. 以量為基礎的配額：銷售量、銷售額、經濟規模。
2. 以財務為基礎的配額：毛利、淨利、邊際貢獻、單價。
3. 以活動為基礎的配額：拜訪客戶數、促銷次數、新客戶數目、顧客滿意程度。
4. 綜合各項活動的配額：整合上述方式，多種評估方式，作加權計算。

五、銷售獎酬

銷售獎酬可依公司業務特性、行業特色、公司決策人員在策略上所要掌握情況有所不同（圖 15-3）。考量的因素有下列五項：

1. 薪資與業績獎金，如業種、業態、組合比率。
2. 佣金。
3. 銷售競賽，如出國旅遊、陳列比賽、業績競賽或高峰賽等。
4. 團體獎金，如津貼、利潤分享、分紅等。
5. 銷售獎酬的整合。

圖15-3　董事長正宣布銷售獎金的好消息，為行銷人員提升工作動力。

六、銷售力的控制

銷售開始、進行與結果，都要對銷售力作一個控管，以期達成公司目標，發揮營業效率，所以針對各項作業應設立一些衡量標準，作為管理的依據。

1. 產出衡量：訂單、帳單、銷售時間、銷售時間效率、費用、非銷售活動時間（完整單據整理）（拜訪頻率、次數、時間、效益）。
2. 績效考核：銷售量、工作知識與態度、銷售區域管理、顧客與公司關係（客情）、個人特性、個人生活與交友情形。

七、商品推銷的銷售技巧

行銷快樂學

銷售力（Sales Force）

觀光餐旅產業的公司，其銷售力是泛指所有對提高銷售有助益的各項因素與作為，這些都是增進銷售力的元素之一。下列各項因素都與銷售力有關，例如：目前市場占有率、行銷人員數量、所有行銷人員的推銷能力、廣告推廣效率、商品的品質優勢、訂價的合理性、配銷通路的完整等。廣義來說，如：政府政策的利基點及支持、立法保護的周延性、社會當時經濟景氣、社會的潮流及風俗習慣等，都會影響到觀光產業的銷售力。

商品推銷說明的最終目的就是**讓顧客購買你的商品**。因為你要使用一切可行的技巧，主動熱情的詳細介紹商品的各種性質，尤其是所具備優於同類商品的一些特性，首先抓住顧客的視線，突顯重點的講解商品的概貌，讓顧客對你的商品產生興趣，進而仔細的說明性質，激發顧客的購買慾，使其認為這個商品有必要買或值得買。以下歸納八種說明技巧。

1. 預留給顧客適當的想像空間：為了讓顧客對商品產生興趣，在商品說明中可適當的加以保留，讓顧客自己去想像，去探索，這種「朦朧」的介紹說明方法可以激發顧客對商品的好奇心，產生濃厚的興趣，此即為商品設置一個舞台形象，讓顧客的視線跟著你走。
2. 善於聽取顧客的意見：推銷工作中，常會聽到許多顧客對商品的評價與要求，對此推銷員採取的態度與推銷工作有很緊密的直接關係，誠懇地接受顧客提出的批評、意見是一位好推銷員應具備的基本素質，誠實中肯的推銷員，能贏得客戶的信任，進而放心買下商品。

3. 找到具有決定權的人：推銷商品時，常常有這種狀況，一個家庭或是一群同伴一起來跟你談生意，這時推銷員必須先準確地判斷出其中的哪位對這筆生意握有決定權，再針對他進行交談，掌握其需求，把商品介紹給他，讓他了解該商品特點符合其所需，這樣交易也就容易成功了。

4. 博取顧客的信任：以一位陌生人身分向顧客推銷商品時，顧客開始當然是懷著半信半疑的態度來看你的商品，從這刻起推銷員就應致力於與顧客溝通，讓顧客覺得你是個與他志趣相投的好夥伴，逐漸博得他的信任，讓他的疑慮逐步消失，最後對你完全信任，交易也就可順利完成。

5. 充分發揮暗示的作用：讓顧客能明瞭商品的大概性能，從整體上對商品有一個大致的了解，使顧客做到對你的商品心裡有數，它將會為自己帶來什麼便利，或是買了它究竟值不值得，這些問題在顧客心裡有個底，答案在顧客腦中形成，讓顧客對商品感興趣，產生一種莫名的好感，有時遠遠勝於直接了當的跟顧客講解所產生的效用。

6. 製造顧客的競爭心理，實現快速成交的目的：人的競爭心理是與生俱來的。購買商品時，顧客也有競爭意識。依照不同的現象，分析他們不同於其他人的方面，改變談話的內容，讓顧客覺得你了解他的想法，並把最好的商品介紹給他，就會很愉快的接受你的商品了，在你的推銷過程中多說一些「就剩這些了」、「這是最後一點了」，刺激顧客對商品的占有慾，使顧客覺得就算是不需要的東西也值得買下來。

7. 強調購買商品的最佳時機：在強調購買的最佳時機時，必須向顧客介紹當今這商品在市場上的行情，生產這種商品的廠家的情形及顧客對這種商品的需求狀況，提高推銷員的論述有憑有據，且是經過分析多方面訊息所得來的結論，這樣即使顧客當時不需要的貨品也可能想買下來再說，以免將來後悔。

8. 利用顧客的話說服顧客：一般來說，顧客更容易相信其他顧客的話，因為大家都是「同路人」，都渴望買到自己稱心如意的商品，彼此間的心更容易溝通，也更容易產生彼此間的情感呼應，因此可以在推銷的過程中有效的利用第三者所說的話，幫你溝通顧客的心，讓顧客較快信任你的商品，有時顧客的一句話抵上你說了大半天。

15-4　銷售人員的管理

決定了銷售力的組織結構和銷售力管理之後，接著要進行銷售人員的招募、甄選、訓練、薪酬、激勵、和績效評估等管理工作。

一、銷售人員的招募和甄選

招募和甄選優秀的銷售人員是人員銷售成功的重要關鍵。成功的銷售人員通常具備兩個基本的素質：1. 同理心（Empathy）：即設身處地為顧客設想的能力；2. 自我驅力（Ego drive）：即個人想完成銷售的強烈需要。除了要考慮優秀銷售人員所應具備的基本素質之外，在招募和甄選時，也應考慮特定銷售工作的特性，如是否須經常到外地出差，是否有許多紙上作業、工作是否有很大的變動性與挑戰性等。

進行招募時，可透過銷售人員的推薦、校園求才、職業介紹所的介紹、各地職訓局或青輔會，或獵人頭公司刊登求才廣告等管道來尋求應徵者。招募工作做的好，就會招到許多有興趣的應徵者，接著可進行甄選工作選出合適的人才。甄選工作繁簡不一，簡單的如只做書面的甄選或簡單的面談，繁雜的如履歷資料、面談、筆試、推薦信等一應俱全。廠商應根據本身的情況和需要，配合人力資源需求，設計一套合適的招募與甄選程序。

二、銷售人員的訓練

廠商僱用新進的銷售人員之後，應對他們進行必要的訓練。包括新人訓練，及各種在職訓練等（圖15-4）。有許多公司有完整的訓練計畫，有些公司則只對其銷售人員做非正式的在職訓練。完整的訓練計畫需要花費講師費、教材費、場地費、受訓新進人員的薪資、訓練行政費等。不過，透過良好的訓練才能使新進的銷

圖15-4　新進的行銷人員正在向資深同仁報告自己的銷售方法，藉由互相分享，以吸取他人的行銷經驗。

售人員認識公司和產品，了解有效銷售的方法，熟悉市場和競爭情況，如此才能勝任銷售任務，因此訓練費用通常是必要也划算的投資。

　　訓練方法不一而足，不同的訓練方法產生有不同的成本，訓練成效也各有不同。負責訓練的部門應儘可能分析不同的訓練方法對銷售績效（如流動率、缺勤率、銷售量等）的效果，然後選用較具成本效益的訓練方法。

三、銷售人員的薪酬

　　公司必須制訂一套有吸引力的薪酬制度，才能吸引與留住優秀的銷售人員。一般而言，銷售人員和管理階層對薪酬制度的要求並不相同，甚至相互衝突。銷售人員希望的薪酬制度是能讓他們有穩定的收入，業績優異時能獲得較高的報酬，且能隨著經驗和資歷的增加而合理調整待遇。而另一方面，在管理階層看來，理想的薪酬制度應該是可控制的、經濟的和簡單易行的。管理階層和銷售人員對薪酬制度的要求有時是互相衝突的。例如，管理階層希望薪酬制度能具經濟性，可能與銷售人員希望的收入穩定相衝突。在設計銷售人員的薪酬制度時，應能兼顧廠商和銷售人員的觀點與利益。

　　薪酬制度包括兩個重要的層面，一是薪酬的水準，另一是薪酬的組成項目。薪酬的水準必須配合各類銷售工作和工作能力的「市場行情」或「市場價格」，如同業的平均待遇水準或同業的銷售人員薪酬等。若銷售人員的薪酬有明確的市場行情，則通常別無選擇，只有依照市場行情來決定薪酬水準。薪酬水準偏低，不足以吸引人才和留住人才，薪酬水準偏高，也沒有必要。但在實務上，銷售人員的薪酬水準常沒有明確的市場行情。各廠商的薪酬制度中對於固定底薪和變動薪資等項目各有不同安排，同業間銷售人員的能力和年資也都不同，很難作為比較的標準。而且，各業別的平均薪酬水準也不易取得。

　　薪酬的項目包括固定薪資（底薪）、變動薪資、費用津貼及福利。固定薪資一般可滿足銷售人員對穩定收入的需求；變動薪資，如佣金、獎金、紅利或利潤分享等，可用來激勵銷售人員更加努力；費用津貼是支付指銷售人員的出差、食宿及應酬的費用；福利包括休假給付、疾病或意外事件給付、退休金、人壽保險及其他福利，可提供銷售人員安全感與工作滿足感。銷售主管必須決定上述薪資項目在薪資制度中的相對重要程度。

　　一般言之，非銷售性工作的固定薪資比率，應比銷售性工作的比率爲高；而技術性較複雜的工作，其固定薪資比率亦應較高；對於呈循環週期性或績效依銷售人員努力程度而定的銷售工作，則應較強調變動薪資。

　　對固定薪資和變動薪資的處理，有三種基本的薪酬方法，即薪水制（Straight salary plan）、佣金制（Straight commission plan）和混合制（Combination plan）。

1. 薪水制：指定期付給銷售人員固定的薪酬。

2. 佣金制：根據銷售人員的銷售成績（銷售額或毛付），付給一定比率的佣金以爲薪酬。例如以銷售人員達成之銷售額的 3% 或所創造之毛利的 10% 作爲支付給銷售人員的佣金。

3. 混合制：是前兩種方法的混合，除支付給銷售人員固定的薪資外，還要根據銷售人員的銷售表現支付佣金。

　　表 15-1 列示這三種基本方法的優點和缺點。一般而言，混合制如設計良好，可取薪水制和佣金制二者之長，去二者之短，是一種較理想的方法。事實上，大多數的廠商係採用某種型式的混合制。

表 15-1　三種基本薪酬方法的比較

優缺點 薪酬方法	優點	缺點
薪水制	1. 提供穩定的收入，讓銷售人員有最大的安全感。 2. 銷售費用較易估計和控制。 3. 易於要求銷售人員配合銷售政策。 4. 銷售人員較願意花時間去從事，可增進顧客滿足的非銷售活動。 5. 簡單易行。	1. 未提供銷售人員努力銷售的誘因。 2. 需要密切監督銷售人員的活動。 3. 薪水與銷售量或毛利無關，成為一種固定成本。
佣金制	1. 提供銷售人員努力增加銷售量的足夠誘因。 2. 不需要密切監督銷售人員的活動。 3. 佣金與銷售量或毛利直接相關連，是一種變動成本。 4. 可提高佣金率來鼓勵銷售人員配合銷售政策（如全力銷售某一產品）。	1. 銷售人員沒有固定的收入，缺少財務上的安全感。 2. 不易控制銷售人員的活動，特別是很難要求銷售人員去執行沒有佣金的工作。 3. 銷售人員可能會忽視對小客戶的服務。 4. 銷售費用較不易估計和控制。

優缺點 薪酬方法	優點	缺點
混合制	1. 提供某一水準的固定收入，讓銷售人員有財務上的安全感。 2. 提供銷售人員努力銷售的一些誘因。 3. 銷售費用隨銷售收入的變動而變動。 4. 對銷售人員的活動可有一些控制。	1. 銷售費用中屬於佣金的部分較不易估計。 2. 是三種方法中最複雜的。

四、銷售人員的激勵

大多數的銷售人員都需要有足夠的激勵或誘因，才能全力投入銷售工作。對那些需要單槍匹馬到各地去拜訪顧客爭取訂單的銷售人員，尤其要經常給予激勵，隨時給他們鼓勵打氣，幫助他們面對對手的競爭和克服銷售過程中時常發生的挫折與失望，達成銷售的任務。

儘管薪酬是一種財務的酬勞，是一種重要的激勵工具，但除了薪酬之外，還有許多金錢與非金錢的激勵工具，如銷售配額（Sales quota）、銷售競賽、銷售會議、組織氣候（Organizational climate）、升遷、榮譽、個人成長機會等，都是常用的激勵工具。

（一）銷售配額

銷售配額是廠商為銷售人員設定的年度銷售額度。銷售配額可以用銷售金額、銷售數量、毛利、銷售活動和產品類別來表示。銷售配額的設定有三個不同的理論：

1. 高配額理論（High-quota school）：將配額設定在比大多數銷售代表能達成的水準還要高的額度，但是所設定的水準仍然是可以達成的。這個理論相信高配額可激發更大的努力。

2. 中配額理論（Modest-quota school）：將配額設定在大多數銷售人員能夠達成的水準。這個理論認為合理的、辦得到的，且可獲得信心的配額，才能為銷售人員所接受。

3. 變動配額理論（Variable-quota school）：這個理論認為銷售代表之間有差異存在，因此應視個別差異分別設定高配額和中配額。

（二）銷售競賽和會議

許多公司利用銷售競賽和銷售會議來激發銷售人員的熱忱，使他們能更加努力，更加投注於銷售工作。銷售競賽可用來激勵銷售人員專注於特定的銷售任務，如爭取新客戶、提高銷售量、推銷特定產品項目、加強對特定地區的銷售工作、擴大銷售地區等。

而銷售競賽的獎品必須具有吸引力，競賽規則必須公平合理，並讓足夠多的銷售人員有機會能獲得獎品，才能達到激勵的效果，如保險公司的「高峰賽」之類。銷售會議可能提供給銷售人員一個和銷售主管或公司高階主管會面和交談的機會。銷售會議也是一種社交場合，讓銷售人員有機會彼此表達心聲，溝通意見和發洩情感。

（三）組織氣候

管理階層可透過組織氣候提升銷售力的士氣和績效。組織氣候反映銷售人員對有關他們的薪酬、工作環境、和在公司的發展機會的感受與看法。有些廠商非常重視銷售人員，視他們為發展的主要原動力，並提供給他們在收入和升遷上無限的機會。對於不尊重銷售人員的廠商，銷售人員的流動率通常較高，績效也不好；那些尊重銷售人員的廠商，銷售人員的流動率往往較低，績效也較好。

五、銷售人員的評估

銷售主管要不斷激勵銷售人員，讓他們更加賣力，對銷售人員的工作績效亦應定期予以衡量和評估。

銷售主管通常可透過銷售人員定期提出的銷售報告（Sales reports）、訪問報告（Call reports）或其他書面報告來取得有關銷售人員活動的資訊。銷售報告包括事前提出的銷售計畫和事後提出的銷售成果報告；比較這兩種報告可看出銷售人員的事前規劃能力和執行計畫的能力。訪問報告則說明銷售人員的活動內容，包括被訪問的顧客名單以及和顧客互動的情形。至於其他報告則包括費用報告、新業務報告、產業和經濟情勢報告等。

　　這些報告可提供一些原始資料給銷售主管，以利找出銷售績效的關鍵指標，包括：

1. 每位銷售人員每天平均銷售訪問次數。
2. 平均每次銷售訪問所花的時間。
3. 每次銷售訪問的平均收入。
4. 每次銷售訪問的平均成本。
5. 每次銷售訪問的交際成本。
6. 每一百次銷售訪問的接單百分比。
7. 每一期的新顧客人數。
8. 每一期失去的顧客人數。
9. 銷售力的成本佔總銷售額的百分比。

　　這些指標可以回答幾個很有用的問題：銷售代表每天的銷售訪問次數是否太少？每次訪問所花的時間是否太多？交際應酬費用是否過多？每一百次的銷售訪問所獲得的訂單數是否足夠？是否爭取到足夠的新顧客，並保有原來的老顧客？

　　除了銷售人員所提出的報告之外，銷售主管也可經由平日對銷售人員的觀察與銷售人員的日常交談，以及顧客的信函與抱怨情形等途徑獲得有關銷售人員績效的資訊。

行銷快樂學

銷售分析（Sales Analysis）

　　銷售分析對觀光餐旅產業的行銷，是一項重要功課。行銷部門的行銷人員，要掌握行銷情況，常應用數量統計方法，市場主觀經驗，過去顧客的歷史資料或其他市場變動情形，進行必要的銷售了解及判斷，此稱為銷售分析。銷售分析是企圖找出真正與銷售有關的因素，並深入了解有哪些因素對銷售的影響程度，進而擬定更佳的行銷策略。

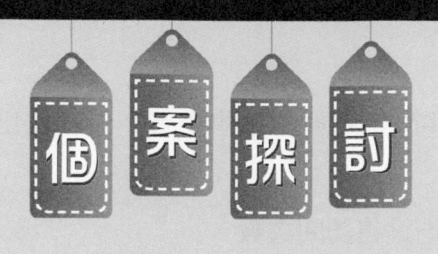

談一位觀光服務業行銷主管應有的領導力

　　觀光服務業在我國正蓬勃發展，而一位觀光服務業行銷主管應有的領導力，成為該公司行銷好壞的重要因素。領導力是指什麼？許多業界的先進常會提到「應從服務員工做起⋯⋯」，這是什麼道理呢？要從僕人式領導理念談起，著名的管理大師羅伯特・格林里夫（Robert Greenleaf）在僕人式領導的大作中，強調服務在領導行為中的重要性。羅伯特認為，不管在哪一個行業，哪一個位階，領導人都應以僕人的服務心態來關心他人，並且確定他人的需求已得到了滿足。由此，建議觀光行銷主管的領導作法要：透過傾訴、接納和同理心、省察、說服、醫治、管家意識、預見等行動的落實，如此，主管就能提升組織內成員自動自發的工作態度及投入度，以創造出客戶長期的滿意度。行銷主管應有的領導力應注意的關鍵作法有：

　　（1）行銷主管要能引導員工將服務他人視為對自己有價值、有意義的行為；（2）行銷主管要能了解員工重視的需求，並合理地提供相對應的方案，以培養其服務的動力；（3）能幹的行銷主管也要隨時留意員工心中可能感覺的不平，透過相對公平的解決方案，以避免因內部的不滿減損了對客戶服務的效果。

〔參閱：2017.02.08，經濟日報，A18 版，刑憲生撰〕

📑 活動與討論

1. 說明僕人式領導的理念有哪些核心觀念？
2. 一位觀光界行銷主管的領導關鍵要領，應注意哪些？

問題討論

1. 說明銷售人員所提供的功能。
2. 組織銷團隊結構的方法有哪些？
3. 說明如何組織區域式結構的銷售團隊？
4. 說明銷售力如何管理？
5. 說明銷售人員如何管理？
6. 比較銷售人員三種基本薪酬方法。

1. P. Kotler, Marketing Management（N. J. : Prentice Hall,2010）.
2. P. Kotler and G. Armstrong, Principles of Marketing（N. J. : Prentice Hall, 2009）.
3. 資策會 FIND 網站：http://www.find.org.tw/find/home.aspxYahoo、PC home 入口網站中網路行銷與廣告。
4. 裕隆集團官網：http://www.yulongroup.com.tw（2013/1/20）

學習心得

5 人員銷售的特性分析有：（1）對新顧客的銷售事宜、（2）對現有顧客的銷售事宜。

4 銷售人員的管理有：（1）銷售人員的招募、（2）甄選、（3）訓練、（4）薪酬、（5）激勵與（6）績效評估等管理工作。

3 有關銷售力的管理議題有：（1）銷售工作性質的決定、（2）銷售力劃分方法、（3）銷售區域的設計、（4）銷售配額之設定、（5）銷售獎酬、（6）銷售力的控制。

2 銷售團隊的結構可分有：區域性、產品化、市場化、綜合性等銷售團隊結構。

1 觀光產業透過銷售人員以個人化接觸方式和購買者互動，將旅遊商品或服務交到消費者手上；又其功能性有：開發客戶、設定目標群、與客戶溝通、推銷、服務、資訊收集、供需配置與分配貨源。

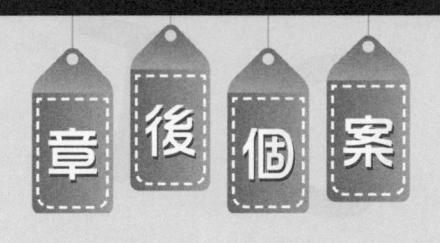

餐旅觀光行銷人員，如何學習以「360度整合數位行銷服務」？

　　歷年橫掃重要廣告創意獎項的「米蘭營銷策畫公司」，靈活地運用「變動型」組織模式，來因應市場需求，其行銷策略是依不同時期，接案內容，快速調整，隨時滿足客戶需求。從上述策略，我們了解米蘭公司的行銷方式是最有活動力及彈性化的行銷作法。米蘭創辦人陳小姐，從5人公司，發展到目前已有100以上員工的公司，今年陳創辦人榮獲女性創業菁英賽菁英組亞軍的殊榮。米蘭公司是提供360度整合式數位行銷服務的公司，同時，米蘭客戶群滿足不同產業，包含航空、汽車、美妝、房地產等，客戶皆為知名企業，陳創辦人強調，行銷策略工作，是以「人」為最重要的資產，員工工作用心並安定，公司的營運指導方針是「360度整合式數位行銷服務」，將來會繼續為客戶提供更好的服務，以打造更多讓消費者感動的行銷創意。

〔參閱：2016.11.19，經濟日報，A7版，楊宗穎撰〕

📋 活動與討論

1. 介紹米蘭公司陳創辦人的行銷策略，並討論公司如何靈活地運用「變動型」組織模式，來營運公司的全方位數位創意行銷？

2. 身為餐旅觀光業的行銷人員，應該學習米蘭公司的哪些作法，以達到行銷的目標及品質？

Chapter 16
觀光產業網路行銷

16

介紹 Podcast 數位媒體的行銷特色

　　應用數位媒體的功能，來進行線上行銷，成為是一種顯學。本個案是一家新創的餐飲公司，如何突破盲點，強化消費者的需求與服務。依據國內知名品牌的精品餐廳 JK STUDIO 的共同創辦人林小姐，在 2020 年腦筋動得快，開始在蘋果公司提出的 Podcast 等平台上架宣傳影片，談到他們創業的辛苦歷程，讓不同階層與性別的消費者聽得下去，而以廣大的消費者為友，建立了他們創業的成功關鍵。林小姐很會做顧客關係管理（CRM）的運作，不急於變現，而是把廣告的宣傳分三個階段：首先，來說明他們的創業初衷的心，雖然播出不是很好，但很有誠意；到第二階段，他們再學習如何優化行銷活動內容；到第三階段，開始結合行銷工作與人脈網路，進行策略性的行銷活動。在過程中可以開始行銷自己，並提升行銷思維能力。經過三大階段，已經累積與消費者之間有某些程度的信任感，開始可以發揮 Podcast 的行銷手法，進行多元品牌的形象廣告，開闢各種精品餐廳的行銷。以上是精品餐廳 JK STUDIO 投入 Podcast 行銷的案例與其策略，請多加參考。

〔參閱：2023.03.13，經濟日報，A14 版，鄭緯筌撰〕

活動與討論

1. 請說明 Podcast（數位媒體）的意涵。。。
2. 試說明個案中的行銷策略，如何應用數位媒體的工具來贏得優質的行銷活動。

學習指引

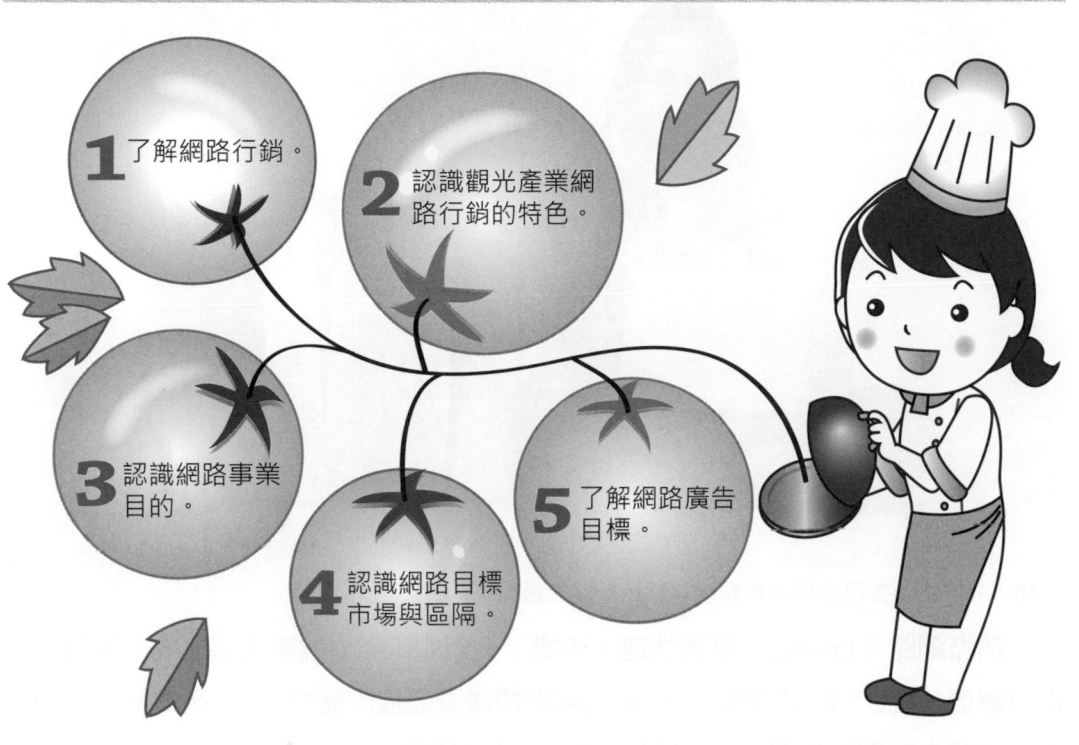

1 了解網路行銷。

2 認識觀光產業網路行銷的特色。

3 認識網路事業目的。

4 認識網路目標市場與區隔。

5 了解網路廣告目標。

16-1 網路行銷的定義

　　根據資策會 2016 年調查數據顯示，我國經常上網人口早已超過一千八百萬人，網路早已成為三大主要媒體之一（圖 16-1）。透過網際網路，企業和企業可以進行交易、協調、溝通與交流。人們可以透過網路聊天、購物、通訊，訂車票、訂機票、看氣象，甚至報稅、網路銀行、玩遊戲。網際網路使得企業與企業，人與人的溝通零距離，資訊的傳播沒有限制，交易與交換可以快速進行。同樣的，網際網路與科技相結合，也帶動經濟的成長。

圖16-1　網路銷售已經成為年輕族群購物行為的最愛

網際網路（Internet）發展快速，改變了人們的工作型態與生活方式。根據國際電信聯盟（ITU）的調查報告，在人類媒體產業發展的歷史中，產業使用人口超過五千萬人所需的時間，電話是 74 年、收音機是 38 年、PC 是 16 年、電視是 13 年、網際網路 WWW 只有 4 年，是人類媒體產業始上發展最快速的。根據美國商務部所做調查，資訊數位經濟促成美國 35％ 的實質經濟成長。整個社會變成一個資訊化的社會，網際網路則普遍應用在任何社會活動中。

網路行銷是網際網路應用中重要的一環。行銷過程透過網際網路來達成，就稱為網際網路行銷（Internet marketing 或 E-marketing）或「網路行銷」。網路行銷主要是以網際網路及建立在網際網路上的多種資訊服務為工具進行行銷，包括全球資訊網 WWW、電子郵件、新聞群組、電子佈告欄、檔案傳輸等工具。網路行銷對傳統行銷有兩大影響：

1. 網路行銷提升傳統行銷的效率。
2. 網路行銷使用的科技，使行銷策略有更多的變化。

企業藉由網路行銷可以相當低的成本建立行銷通路，進行推廣、廣告、促銷，提供顧客互動式服務（Interactive service），企業再根據消費者的需要，為顧客量身訂做消費者所要的產品與服務。

行銷快樂學

旅遊網實驗室（Tourism network laboratory）

參閱：〔經濟日報，2017.05.30，B4 版，陳景淵撰〕

旗下擁有Hotels.com、trivago等系統的全球最大線上Expedia（智遊網），2017年特別強攻亞太區市場。Expedia最早由Microsoft（微軟）成立，其目的是為了觀察消費者在使用訂房網站上的狀況，並從內容中，建立旅遊網系統化的大數據。以設立在新加坡的旅遊網實驗室為例，主要判讀亞太區消費者在線上的使用狀況，初步發現，臺灣地區消費者對於訂購機票較常遇到問題，美國本土消費者卻不會有這類問，但美國消費者較重視飯店價格，當飯店釋出折扣時最容易吸引消費者訂房。此例即是網路行銷在觀光餐旅的最佳應用實例之一。

16-2　觀光產業網路行銷的特色

從事行銷工作的人員，必須掌握網路行銷的特色，藉由網路的基本特性及功能，將商品或服務提供給所需要的消費者（圖 16-2）。根據相關學者的研究，網路行銷具有下列特色：

圖16-2　國內易遊網及易飛網，長期為全國國民旅遊在網路進行行銷服務。

1. 全球化 24 小時無休營業：企業行銷資訊透過網際網路，可以傳播至世界上任何一個有電話與電信系統的角落，使國內市場與國外市場連成一個全球化的網際網路虛擬市場。此外，電腦伺服器主機 24 小時不關機，且全自動運作，人們可依照自己的時間隨時與對方在線上交易，經理人也可在任何時間與交易夥伴進行生意往來。

2. 店面與商品數位化：傳統店面（實體店面）僱用的店員、展示的商品在網路行銷時都被網站、網頁以及網頁中呈現的數位化虛擬商品所取代。相較之下開設網路商店或進行網路行銷的成本相對低於傳統商店或傳統的行銷。

3. 資訊權由賣方轉至買方：傳統行銷中，賣方通常是大型廠商或製造商（如寶鹼（P&G）、聯合利華（Unilever）等），掌握商品的技術、消費者的消費資訊，所以擁有消費者資訊的權力，可以影響買方的購買決策。透過網際網路，消費者是否購買，全部掌握在消費者的一念之間，消費者可以決定要不要進入賣方的網站、要不要點選商品或服務，購買資訊權掌握在消費者手上。當資訊權由賣方轉至買方，吸引買方的注意，和顧客關係的持續就成了企業很有價值的資產。

4. 掌握網路通路與媒體：網路行銷中，伺服器可自行架設，網站可自己設計及發行，並加入企業的商品介紹或廣告，企業自己掌握網路通路與傳播媒體，本身就可掌握資訊，經營的自主性也大幅提高。

5. 創造低成本與快速的直效行銷：網路行銷是一種直效行銷，不透過中間商，使得製造商可以直接與消費者接觸，節省中間商建立與管理的成本，使製造商得以訂定更低、更有競爭力的價格。透過網路，製造商可以直接、快速的知道消費者的需求，根據消費者對商品或服務的意見調整行銷的作法。就消費者立場而言，不用出門就可以在網路上完成交易，節省採購時間、精神與能源成本，並且能享有匿名、自在、沒有銷售員干擾、不必看店員臉色的購物經驗；消費者自己決定瀏覽方式，享有高度的自主權，滿意程度也會較高。

6. 購買決策可以分階段或一次完成：網路行銷可以在一個網站中，將商品廣告、促銷、物品銷售與資訊服務結合在一起，使顧客能在網站中一次完成整個購買決策，也可以分次、分步、分階段進行購買決策。實體商品在交易完成後，透過物流網路系統，將商品配送到消費者手上。如果商品或服務本身也可以數位

化時，經由網際網路行銷就更有效率了。例如，消費者可在網路上以信用卡或電子錢包付款、下載數位化商品或服務（如 MP3、電子書、網路電影、電腦軟體等）。

7. 資訊更新快速且不受限制：進行網路行銷時，企業可以透過網站提供大量而詳細的資料，只要消費者願意花較多的時間與上網的成本，就可以查詢其所需要的資訊。網路行銷可以提供非常詳盡的資訊來滿足消費者的需求，傳統行銷則受限於報紙或電視媒體版面及時間，且網路行銷的資訊更新速度快又容易，更新之後就可以立即供人們瀏覽，是傳統行銷媒體所沒有的。

行銷快樂學

物聯網與觀光業（IOT，Internet of Things and Tourism）

　　物聯網（IOT）技術是時代的寵兒，在觀光產業的應用也不例外。當各種智慧生活風貌及串聯產業商機，在電腦技術、通訊技術及各種軟硬體元件的功能整合下，物聯網技術應用的時代即來臨。觀光餐旅業者在應用網路行銷時，更是使用物聯網的大好時機。網路行銷可以智慧化、生活化及方便化。目前「工業局SIPO智慧生活館」展現各項研發技術能量，將終端產品帶入現場，提供相關科技生活情境體驗，使網路行銷的業者熱烈討論轉型之熱潮。

8. 結合資料庫，提供更有價值的服務：當資料項目多或類別很細時，結合網站與資料庫的作法相當有效。消費者上線購物，可以從資料庫中提供其所需資訊，使交易迅速完成，節省成本又可以讓消費者滿意。透過網際網路，廠商可以和顧客進行互動，蒐集其興趣、購買喜好，再根據這些資料結合「資料庫行銷」的觀念，提供客戶個人化、量身訂做的資訊服務。從顧客關係中培養顧客忠誠度，提高服務的價值。

9. 多媒體與互動式的交流：WWW 已經可以做到在有限的頻寬內進行多媒體資訊的傳遞。例如，透過 Macromedia 公司開發的 Flash 軟體，企業可以製做細膩且高品質的多媒體動態網頁，吸引消費者的注意，達到網路行銷或廣告效果。此外，在網際網路上的企業，還可以進行對話是或互動式廣告，由消費者選擇自己想看的廣告內容。

10. **了解瀏覽行為與收集意見**：透過網站瀏覽分析軟體或 Cookies[1]，從事網路行銷的企業能夠了解消費者瀏覽網站的方式，從中發現那些網頁或主體是消費者瀏覽次數較多或較少的，進而增刪相關的內容，並蒐集消費者的各種意見。

11. **網路行銷的關鍵知識管理**：網路的數位世界裡，消費者資訊相當細瑣，行銷人員除了要具備傳統行銷的訓練還要能從網路中明瞭行銷策略執行的結果，組合資料庫裡龐大的資訊，轉化為未來的行銷策略與執行技術，上述都需要知識管理（Knowledge management）來累積成功的行銷經驗，行銷人員才能提供消費者更多、更好的資訊。

12. **重視智慧資本**：隨著科技的日新月異，開發能力、創造力、創業家精神越來越受到重視，企業更將這些能力視為主要的資源、有形資產，又稱為智慧資本（Intellectual capital），智慧資本的獲利性有助於企業本吸引投資者投入資金。網際網路、網路行銷也被視為智慧資本，可為企業創造價值、增加利潤，所以越來越多的投資者將資金投資在這上面。

16-3 網路事業目的及目標市場區隔

一、網路事業目的

網路事業（E-business）通常和電子商務還是有些區別，電子商務（E-commerce）通常是指在網路上從事線上買賣活動，又稱為線上交易。消費者可以在網際網路上的任何網站（如拍賣網站）購買或出售商品或勞務。電子商務講求速度、便捷和縮短時空隔閡，經由電腦和網際網路聯結方式縮短交易時間和交易成本，滿足組織與消費者的需要，改善產品、服務與增加傳送速度服務的品質，達成提高各地的商業速度，降低訊息傳送的成本。

網路事業或電子事業，則是一個企業組織，透過電子商務的活動，滿足社會需求。其基本目的如下說明。

---

[1] 一種存在於使用者電腦中，用以追蹤其瀏覽行為的文字檔案記錄。

（一）網路事業資源組織（Organizing resources）

網路事業如同一般企業，組織各種資源。網路事業需要組織的人力資源，包括網站設計員（Web site designers）、程式人員（Programmers）、網站管理人員（Web masters）。 設立網站、管理網站，需要生產作業系統，如顧客追蹤系統（Customer tracking system）、線上監視系統（Online monitoring system）、訂單流程監控系統（Order fulfillment and tracking systems）。

網站的物料管理，包括電腦設備（Computers）、軟體（Software）與網際網路。網站投資財務資源系統，如投資支援系統（Investors supporting）、電子支付系統（Electronic payment）等。

（二）滿足消費者線上需求（Satisfying needs online）

一般而言，網際網路可以滿足四種需求：

1. 網站上溝通：透過臉書（Facebook）、Line、推特（Twitter）、E-mail、skype、社群網站、智慧型手機或電子視訊，可以互相通訊，進行線上溝通。
2. 獲取資訊：網際網路上的搜索引擎、公佈欄、入口網站（Portals）、新聞群組，可以在線上獲得許多資訊。
3. 娛樂：網路上提供遊戲、收音機、電視頻道節目、音樂、電影、電子書籍等，具有娛樂功能。
4. 電子商務：包括電子交換、線上購物、拍賣、電子櫥窗等功能。
5. 瀏覽個人網站部落格（Blog）：許多人將個人相簿、心情、各種資訊，以文字、照片、影像、視訊短片等，張貼在部落格上供人瀏覽或與人互動分享。例如無名小站、Youtube、Facebook、MSN 等。

（三）創造網路事業行銷利潤（Creating profit）

網際網路主要收入來自產品與勞務銷售、網頁廣告收入、線上使用費用收取，與線上購物、拍賣所收取的各種費用。另一個收入來源是努力降低各種成本費用。網站的成本，包括各種設備投資、各種人力資源開支、生產作業成本、物料管理費用等。

根據相關資料統計，這幾年各種入口網站的營業收入都大幅成長，如 Google 谷歌、FB 臉書、skype、Yahoo！奇摩、PC home、番薯藤等（圖 16-3）。很多單位都估算，入口網站的廣告收入已超越廣播媒體，成為僅次於電視、報紙的重要媒體工具。

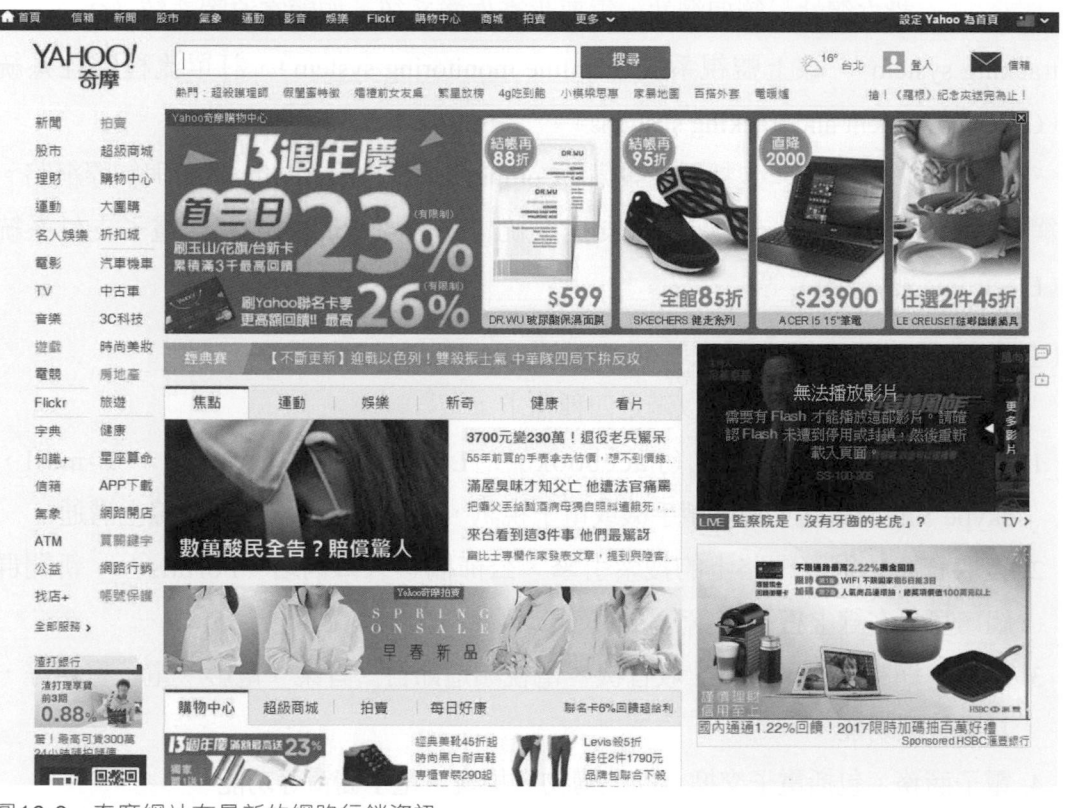

圖16-3　奇摩網站有最新的網路行銷資訊

二、網路目標市場與區隔

網路行銷和傳統的市場區隔、大量行銷不同。廣告廠商使用網際網路，可精確的知道每一個用戶的背景資料、興趣、喜好，精確傳送廣告進行行銷活動。線上發行者擁有許多不同鎖定目標群的方式，從最基本的方法到使用精密技術的方式了解客戶，基本精神也是市場區隔，但由於使用技術的不同，內涵有所差異。

（一）依據網站內容、內文鎖定目標群

鎖定目標群最基本的方法，是根據網站內容、內文鎖定目標群，這也是傳統媒體普遍使用的方式。

在網際網路上，行銷人員有數以千計的內容網站可以選擇，同時，每個網站都提供不同鎖定目標群的機會。如 ESPN（www.espn.com）鎖定的是熱衷運動的人。同樣的，行銷人員可以藉由關鍵字的方式，在搜尋引擎上鎖定目標群，如雅虎奇摩的關鍵字廣告與行銷。

（二）依據註冊資料鎖定目標群

獲得用戶資料，最簡單的方式是直接詢問用戶，關鍵在於用戶必須提供資料。網站發行者可藉由提供個人化網站、參加競賽、提供折扣或其他優惠，讓用戶提供個人資料。這些資料可以和儲存顧客資料的資料庫相結合。

取得用戶資料的方式還有「提供附加價值」，告訴用戶提供資料有什麼好處，只要求用戶提供企業有益的資訊，用有趣的方式，讓用戶填答，保護隱私的聲明，給用戶一個提供真實資料的理由，否則用戶大多填假資料。

（三）依據資料庫鎖定目標群

結合廣告管理工具和消費者資料庫的技術是 1998 年底以後的趨勢。例如 NetGravity 的 Global Profile Service 廣告管理軟體，和資料庫提供者，如 MatchLogic 與 Apex 合作，建立一個彈性，匿名的消費者資料來源。

（四）利用 Cookies 鎖定目標群

Cookies 通常包含一個獨特的字串，使用戶在回到同一個網站時，所使用的伺服器可以被辨識出來。Cookies 可用以追蹤記錄用戶在網站上做了甚麼，幫助行銷人員進行行為區隔，為鎖定顧客喜好的準則。

（五）依據用戶資料和個人化鎖定目標群

建立用戶資料提供個人化內容，並對消費者提供建議，可以幫助網站穩固銷售，特別是零售網站，例如 Amazon.com 公司。個人化協助公司傳遞相關訊息給那些參觀網站的不同目標群，可以依年齡、性別、地區等區隔變數，將有相關的資訊傳遞他們。或是網站提供顧客通行證，想要取得通行證，就必須提供個人資料已建立資料檔。

（六）依據消費行為鎖定目標群

依據個人在任何時間的真實行為進行鎖定目標客戶。提供這項服務的，如 Aptex 公司，產品是 Select Cast 軟體，利用顧客的資料建立個人化的網站，傳遞量身訂作的內容及電子商務的宣傳活動。

16-4　網路廣告與管理

　　行銷業者在沒有明確的行動計畫下購買網路廣告，只是浪費行銷預算而已。網路廣告活動應該有完整的媒體計畫，程序包括：確定購買網路廣告的目標、購買網路廣告媒體預算的分配、選擇網站訊息的評估、網路廣告媒體的決定與效果的衡量，如圖 16-4 所示。

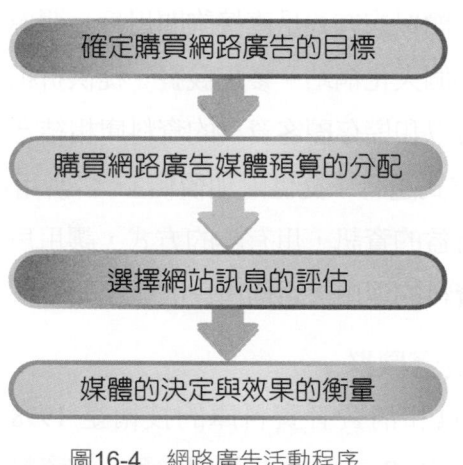

圖16-4　網路廣告活動程序

一、確定購買網路廣告的目標

　　所有廣告活動都應設立目標，不論電視、平面媒體、戶外看板的廣告活動都要有明確目標，互動式廣告也不例外（圖 16-5）。只要求使用者按一下滑鼠，或只做某種點選按鍵是不夠的。行銷人員一定要清楚「我要我的消費者做什麼」。網路廣告目標的設定可以是：增加上網人潮、銷售商品、蒐集資訊、建立品牌知名度、引發購買動機，如圖 16-6 所示，分別說明如下：

圖16-5　購物平台首頁要有吸引力，如何妥善規劃很重要。

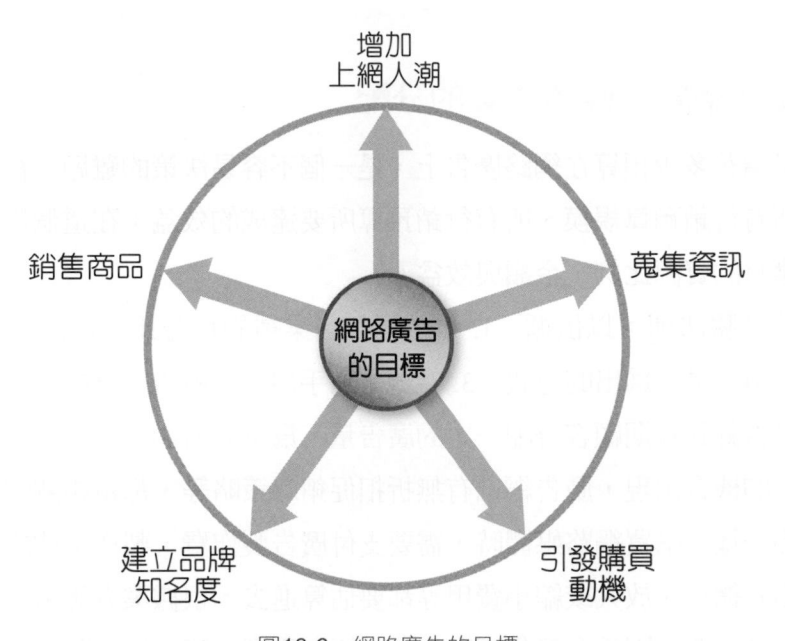

圖16-6　網路廣告的目標

1. 增加上網人潮：許多廣告活動的目標在增加上網的人潮。網站參觀人數量大才能賣出更多廣告。很多入口網站，如 Google、雅虎網站、PChome，藉由個人化服務選項、免費電子郵件信箱、拍賣活動或其他的特點，說服參觀者再次回來網站。

2. 銷售商品：銷售商品是電子商務網站業務收入主要來源之一。一家公司販售商品，不只是要創造大量上網參觀潮，更要人們來消費。雅虎奇摩購物通與購物中心，是一個以販賣商品為主的網站、爭取那些按鍵購買電腦產品、消費性電子產品、服飾、音樂、書籍等的消費者。

3. 蒐集資訊：蒐集資訊是許多直效行銷業者主要的目的。讓潛在客戶提出關於產品的需求，藉由線上交易網站蒐集客戶資料，當消費者對商品了解愈多，購買的可能性就會提高。像雅芳（Avon）重視消費者的資訊，有相當的收益是來自線上廣告活動。

4. 建立品牌知名度：許多公司使用網路廣告來建立產品或服務的品牌知名度，品牌知名度建立後，又可以為公司帶來更多的營收。可以透過一些廣告評估方式、追蹤記錄或網站停留時間，建立一些衡量方法。

5. 引發購買動機：許多公司使用網路廣告，目的並不是在建立品牌知名度，而是在引發一個立即購買的衝動。可能是一個週年慶促銷活動，也可能是一個降價或贈品的活動，消費者點選按鍵進入該廣告，取得某些免費贈品、折價券或憑票優惠。

二、購買網路廣告媒體預算的分配

公司必須花多少預算在網路廣告上，是一個不容易決策的難題。行銷主管必須考量公司所有行銷預算規模、所有行銷預算所要達成的效益；在這個條件下，分配網路廣告應有的資源比例、金額與效益。

有一些經驗法則可以依循：1. 以公司銷售業績的百分比作依歸；2. 有多少預算、做多少事，量入為出的方式；3. 視競爭對手出多少廣告，就配多少比例廣告。網路廣告是否針對長期顧客分配一定的廣告量、為爭取新顧客必須有多少的廣告暴露、有無新的機會出現，廣告網站有無折扣促銷時策略等，都是相關的重要決策。與傳統媒體一樣，購買網路媒體時，需要支付廣告製作費，製作動態的橫幅廣告、腳本、躍出式網頁、放大或縮小費用等都要估算進去。根據業者經驗，保留一部份廣告預算相當重要，因為在廣告活動中，會逐漸學到什麼樣的網路廣告最有效，屆時需要廣告經費來支應廣告內容的變動，以得到最大效果。

三、選擇網站訊息的評估

選擇網站訊息的評估，可從三個方面來看，說明如下：

（一）選擇目標群

選擇目標群包括目標客戶與網站媒體的選擇。

1. 目標客戶：網站廣告最重要的是能接觸目標讀者。在做廣告時，和傳統行銷廣告作業一樣，都要先了解目標客戶群，針對其需要做訴求。

2. 網站的類別：網站一般可分成(1) 品牌響亮，具有知名度的網站；(2) 上網人數眾多，但知名度較低，甚至談不上知名度；(3) 上網人數不多的利基市場；(4) 嗜好與個人網站。根據自己的需求做選擇。

（二）網站媒體的製作

網站媒體的製作包括首播之效益、廣告版面數量及廣告位置與大小。

1. 首播保證效益：有些公司會要求第一次在網站上播出時，要有一定的點選率，或引起相當的話題。

2. 廣告版面數量：根據所設立的目標及刊登廣告的網站，決定購買多少廣告版面。版面的決定是依據產品的目標客戶需要多少接觸率、觀看頻率、該媒體的點選率，或網站的知名度。例如大量投資在單一網站廣告，會有很強的曝光率，但是媒體普遍接觸率就會受影響。

3. 廣告的位置與大小：較大篇幅的廣告，通常可以得到較多的回應。廣告要放置在螢幕可以被看見的位置，避免因向下捲動螢幕而看不見，且要注意視覺效果。

（三）衡量網站技術

衡量網站技術包括隨時更改的可能性、技術能力及活動成果報告。

1. 網站的技衡能力：為了滿足購買廣告客戶的需要，要用 HTML、JAVA 或多媒體，使用越複雜、越高階技術，收費也就越高。

2. 快速變換創意：網路廣告最大特色，就是可以迅速的更換創意設計。但是實際上，有很多網站卻沒有足夠的更換能力，所以應盡量減少與這些網站接觸。

3. 活動成果報告：彈性調整廣告活動的內容，得到最佳效果，是網路廣告最大好處之一。若某一廣告效果不理想，可以盡快將其刪除。而為了判斷哪些活動可以提高廣告效果，則必須時常察看廣告表現的報告。

四、網路廣告媒體的決定與效果的衡量

經由分析選定網站媒體。在正式廣告活動前，一定要先測試網站、廣告位置及廣告本身，以確保廣告訊息的傳遞及效果的達成。此外，還需要明瞭不同網站的收費標準或競標的方式。廣告效果需考量每千人廣告成本（CPM）、每次動作計費（CPA），或各式混合評估效益方法。

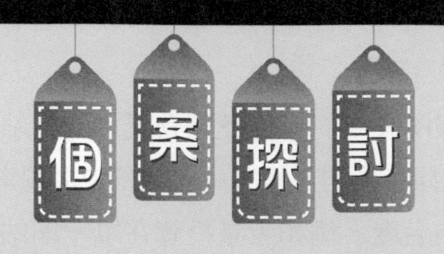

e 世代行銷的「三化」，可以在觀光界發揮

　　每位觀光界的人士在多變化環境中，都應重視環境的不確定性，發揮自己的創意，展現行銷魅力。當務之急在於：體認 e 世代行銷時，要特別了解消費者新趨勢並投其所好，好好推出客製化的生活提案。行銷專員可以應用娛樂化、休閒化及社群化等三化，來發揮觀光界的特色：

1. 讓「行銷娛樂化、娛樂行銷化」：阿里巴巴的雙11購物節就是「行銷娛樂化」的例子。雙11購物節已經舉辦8年了，各界焦點從成交金額，轉移到海內外大咖藝人的魅力主題，阿里巴巴創辦人馬雲先生深知，雙11不能停留在網購，而必須抓得住消費者的眼球，讓行銷變成show business。

2. 讓「行銷休閒化、休閒行銷化」：Outlet公司的早期傳統品牌過季折扣為主，現在大規模多角化經營，結合購物、休閒、娛樂、運動、觀光等。如從純購物的「一站式購足」到吃喝玩樂全包的「一站式享足」，提供消費者更多元的「休閒選項」。主題樂園就是「休閒行銷化」的代表，像國內劍湖山世界、義大世界、麗寶樂園等，國外的迪士尼樂園等。

3. 讓「行銷社群化、社群行銷化」：以「行銷社群化」為例，消費與社群緊密結合，藉由掌握社群聲量達到行銷目的。依據調查，國內有近八成的消費者會因為社群上對商品的評價，而影響消費者滿足感。購物目的不在商品本身，而是為了拍照告知親朋好友，觀光界行銷也要注意「三化」的應用，配合科技帶動行銷企劃動向，「只要不斷推出優質商品，消費者就會持續買單的！」

〔參閱：2017.02.08，經濟日報，A18 版，黃晴雯撰〕

➡ 活動與討論

1. 介紹娛樂化、休閒化及社群化在e世代行銷的重要性，可舉例加以說明。
2. 觀光界行銷專員要如何深刻體會「只要不斷推出優質商品，消費者就會持續買單的！」？請全班分成若干組，分組討論，並可自行舉例加以介紹。

問題討論

1. 說明網際網路的發展與重要影響。

2. 網路行銷有何特色？

3. 網路事業的內容與發展為何？

4. 何謂網路事業模式？

5. 購買網路廣告要如何管理？

6. 購買網路廣告時，如何選擇網站訊息評估？

參考文獻

1. 劉明德，曹祥雲，方之光，顧洪旭著（1999），電子商務導，臺北，華泰。

2. 王貳瑞著（2000），電子商務概論，臺北，華泰。

3. 詹佩娟譯，R. Zeff and B. Aronson 原著（2000），廣告 Any Time—網際網路廣告（千禧版），臺北，漢智電子商務。

4. 台大資管系編譯（2002），電子商務知識經營管理，臺北，全華。

5. W. Hanson, Principles of Internet Marketing（Ohio: South-Western College, 2000）.

6. J. Strauss and R. Frost, E-Marketing（N.J.: Prentice-Hall, 2001）.

7. Pride, Hughes, and Kapoor, Business（Boston：Houghton Mifflin, 2000）.

8. Yahoo！2012/3/5，http://tw.marketing.campaign.yahoo.net/emarketing/ 相關網站。

學習心得

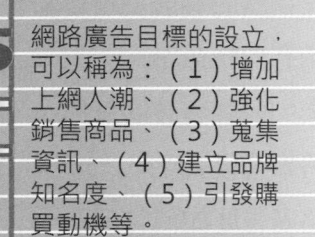

5 網路廣告目標的設立，可以稱為：（1）增加上網人潮、（2）強化銷售商品、（3）蒐集資訊、（4）建立品牌知名度、（5）引發購買動機等。

4 網路目標市場與區隔的議題，一般廠商使用網際網路，可精確的知道每一用戶的背景資料、興趣、喜好、精確傳送廣告進行行銷活動。在線上發行者擁有許多不同鎖定目標群的方式，可從最基本到精密技術方式來瞭解客戶，基本精神也是市場區隔，也由於使用技術的不同，內涵有所差異。

3 網路事業是指一個企業組織，透過電子商務的活動，來滿足社會需求。

2 網路行銷具有下列特色：（1）全球化24小時無休營業服務、（2）店面與商品數位化、（3）資訊權由賣方轉至買方、（4）掌握網路通路與媒體、（5）創造低成本與快速的直效行銷、（6）購買決策可以分階段或一次完成、（7）資訊更新快速且不受限制、（8）結合資料庫、（9）多媒體與互動式的交流、（10）瞭解瀏覽行為與收集意見、（11）網路行銷的關鍵知識管理、（12）重視智慧資本。

1 網路行銷是以網際網路及建立在網際網路上的多種資訊服務為工具進行行銷，包括全球資訊網WWW、電子郵件、新開群組、電子佈告欄、檔案傳輸等工具，進行行銷活動。

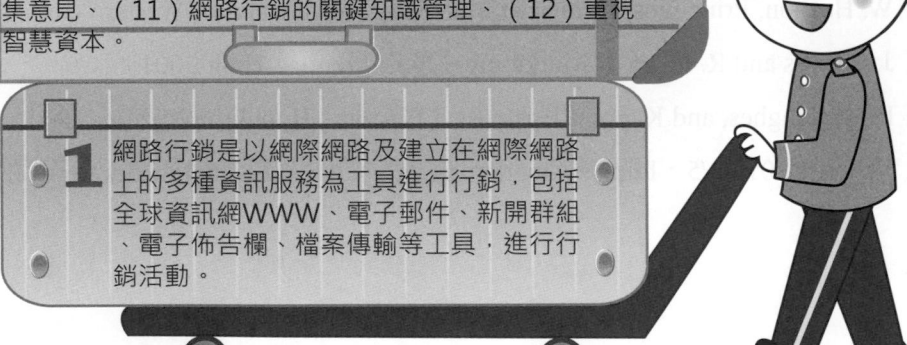

餐飲業行銷，善用網路科技新勢力

　　最近在「餐飲業科技十大趨勢分析」的調查，在用餐者的科技採用資料顯示，透過社群媒體推薦找到餐廳占了 63％，尤其是 Google 搜尋就佔 42％；由此可見，善用科技及社群媒體，成為每一個開店老闆的重要課題。

　　國內餐飲業成長快速，國內總營業額可達 54 多億臺幣，年成長率達 20％左右。在商研院輔導案件中，有一家位於桃園的社區型餐廳，老闆是金門人，販賣金門特色小吃。但因為位置不在鬧區，所以來客僅仰賴附近大樓住戶，而且老闆的科技能力不熟，對於如何拓展新消費客群傷透腦筋。在商研院協助下，教老闆使用免費網路資源，如「Google 我的商家服務」來建立網站，並在臉書上經營社群等。每當有新菜色推出時，老闆便會在 FB 呼朋引伴，讓有興趣人士有機會嘗鮮。結果在網路推波助瀾下，小吃店名號已延伸到當地市區，每日中午都有不同公司行號，以外送方式來享受金門料理。

　　從此案例，可以讓我們在學習觀光行銷的過程中，得知消費者行為正在改變，餐廳要容易搜尋到，要有好的顧客體驗及社群分享。餐廳過去舊的經營方法必須轉型，現在餐廳不僅要有好廚藝，科技使用能力也必須升級，善用科技新勢力，來經營引客力及社群力。

（參閱：2018.12.11，經濟日報，B5 版，程麗弘撰）

📑 活動與討論

1. 請說明國內餐廳業之成長情形。
2. 請分析餐飲業行銷，說明使用新科技之好處與必要性。

Chapter 17

觀光產業國際行銷

應用人工智慧（AI）技術在行銷上的潛力

　　應用 AI 的嶄新技術，創造新的行銷手法，將來能創造奇蹟與業績。在本個案中，依沛星公司的機器學習科學家林先生指出，可有四大應用領域，分別介紹如下：

1、在行銷設計攻略上，其 容推薦和廣告素材部分的應用。如在圖像、影片、視覺內容分析、內容的解讀等。依目前的AI進步情況，在辨識廣告創意素材的互動成效，機器人可以達到準確率高達2/3，而人們的準確率才到1/2。

2、這些行銷活動中的資料如AI的機器人可以看到更多細節，例如：功能、顏色、品牌商標、折扣顯示、旅遊提示、客戶服務內容、行銷行動分析、顧客購買偏好、前往銷售資料等等，皆有更精準的預測結果。

3、在生產力的提高，AI機器人可以做到事半功倍。2024年開始所有產業發展，在後疫情時代，會面臨更多挑戰，包括經濟放慢、顧客期望提高、數位轉型加速、大數據分析需求等等，皆是新行銷活動的挑戰，AI可以讓企業在行銷業務事半功倍。倍

4、AI機器人可以將顧客的需要進行精密分析，如將有猶豫的客戶，進行判斷，發送優惠券給該顧客，此時此刻的行銷能力，是未來人類最羨慕的地方。

〔經濟日報，2023.02.22，B5 版，彭慧明撰〕

📑 活動與討論

1. 請說明未來AI機器人，在創意行銷活動中的四大應用領域。
2. 試說明機器人與真人，在圖案辨識能力的差異情形。

學習指引

1 認識國際行銷與全球化。

2 明白國際行銷發展的意義。

3 了解會影響全球的企業環境的因素。

4 了解國際行銷的發展理論。

5 了解國際行銷市場導入模式。

17-1　行銷走向全球化

臺灣是一個相當多元且國際化的市場，讓我們可以接觸到很多國外的旅遊商品，例如喜來登飯店、希爾頓飯店、迪士尼、國泰航空、新加坡航空、普吉島、峇里島、北海道等各種觀光產業相關主題。

一、行銷全球化的原因

行銷為什麼會走向國際化或全球化？企業外部環境的壓力與來自各國觀光政策及觀光產業個別情況的需求，都促使行銷走向國際化、全球化發展。

（一）外部環境壓力

企業外部環境壓力，主要是來自下列七個因素：

1. 競爭（Competition）：企業行銷走向國際化的第一個理由，就是要面對競爭的壓力。當其他同業邁向國際化，發展無煙囪產業，更廣大市場時，相對尚未調整的觀光企業就會面臨市場壓力，獲利能力愈來愈差，逼不得已還是要走出國去。

2. 區域經濟與政治整合（Regional economic and political integration）：當世界經濟愈來愈走向區域經濟與政治整合，例如北美貿易自由區（North American Free Trade Agreement, NAFTA）、東協（Association of Southeast Asian Nations, ASEAN）、歐盟（European Union, EU）等，廠商在該區域組織內才能享有一定的優惠，進入當地市場才具競爭力，方能在當地的市場發展。

3. 資訊技術（Information Technology）：IT 的發展，使行銷活動可以在任何角落進行。產品與服務透過衛星技術，可以和消費者溝通並展示；網際網路與資訊科技，使企業與消費者、企業與企業的往來，跨越時間與空間，達到 24 小時都能滿足消費需求。

4. 交通與通訊的改良（Improvements in transportation and telecommunication）：交通與通訊的改良使人際往來、企業往來更形便利。UPS、DHL、聯邦快遞等各物流公司則幫助商品與服務的遞送。手機、無線傳輸等，拉近了人們溝通的距離。上述各種工具的改善皆使全球化經營成本更低、方便且迅速又有效率。

5. 經濟成長（Economic growth）：愈來愈多的新興開發國家，例如印度市場、南美的巴西、中國大陸市場或東南亞市場等，經濟成長快速，帶動當地國民所得提升，吸引許多觀光人口。

行銷快樂學

國際行銷與觀光業（International marketing and Tourism）

　　本土的市場和商機逐日飽和，國內廠商嘗試朝向建立自有品牌的營運模式轉型，以開拓更廣大的國際市場，同時促使企業成為多個國家的市場，並具有連動性。因此，該企業必須因應國際市場的需求，在行銷活動中，得跨入國際行銷的集中、協調與整合，這樣的行銷策略即為國際行銷。對觀光業來說也不例外，現代的觀光客來自全球各地，國內的觀光餐旅業常會帶國際知名品牌來臺灣經營，相輔相成，國內觀光業邁入國際行銷的時代已經來臨。

6. 經濟體制的變化（Transition to market economy）：例如蘇聯解體後的獨立國協，東歐各國從共產社會走向自由經濟體制，觀光文化不斷提升，觀光客不斷被開發。

7. 消費者需求相似化（Converging consumer needs）：又稱消費者需求聚合化，係指愈來愈多的消費者具有同質需求，產生相似的消費行為。例如各國年輕人喜歡相同的流行音樂，如 Hip-hop、搖滾重金屬，喜歡看 MTV、Channel V、電視音樂頻道或好萊塢電影等，提供了標準化產品廣大的國際市場。

（二）企業個別情況需求

發展國際化的理由是來自企業個別情況的需求，包括下列四項因素：

1. 延續產品的生命週期：產品由上市期開始銷售，經由成長期，銷量增加，競爭者也逐漸增多，到成熟期，市場規模難以再擴大，廠商眾多、競爭激烈、殺價競爭、成本高漲、生存不易。廠商為了延續產品生命週期，勢必要找到一個生產成本更低，銷量更大的市場，所

圖17-1　行銷全球化是每一間臺灣上市櫃公司的首要任務

以只有向外發展了。臺灣早期傳統的輕工業、五金機械、紡織加工、腳踏車、機車業等，外移東南亞或中國大陸市場生產，目的就是使企業生命獲得延續（圖17-1）。

2. 分擔高額的研究開發成本：有些行業，像製藥業、航空工業等，本身研究開發成本相當高，當然不能只求滿足國內市場，一定會以全球市場需求為規劃。

3. 永續經營：企業為了獲取更便宜的原物料，大幅降低勞工成本、提高生產效率、達到規模經濟、占有廣大的消費市場、為過剩的產能尋找出路等，這些都是發展國際化、全球化很重要的動機。

4. 移轉經驗：有些企業為了尋求國際間分工合作，願意把生產經驗與技術移轉給另一個國家或地區，是促成企業全球化的動力之一。例如惠爾普（Whirlpool）將其零售系統管理方法，由美國移到歐洲，幫助該企業在歐洲的發展。歐洲最大電腦公司與IBM 等公司齊名，號稱全球前五大廠商－ Cap Gemini Sogeti 公司，為了要與 IBM競爭，整合其全球電腦產能，與各國經銷商共同發展電腦系統。

二、全球化的定義與衡量

國際企業（International business）是指企業為了追求利潤，在多個國家從事商品或勞務的生產、購買、銷售或貿易等活動，以引導一個以上國家的消費者或使用者，消費或使用其產品或勞務的流程。

多國籍企業（Multinational Corporation, MNC）是另一種常見的國際企業方式，也是全球企業（Global business）的一種型態。國際企業可能在日本東京或德國漢堡設有分支機構，從進口到設廠生產都由母公司統籌規劃、負責活動。而多國籍企業是高度發展的國際企業，對投資國當地有廣泛的投入（Involvement）或承諾（Commitment），以全球觀點進行管理及決策。

根據學者的研究，多國籍企業可從四個方面來定義：

1. 多國籍企業的決策者以全球觀點來看機會與問題。
2. 多國籍企業有相當比例的國際投資的資產。比方說在某國有 20% 的資產，有35%的利潤來自某一個國家。

行銷快樂學

跨國企業（Multinational Enterprise，MNE）

近年來，觀光餐旅業也開始進行跨國性的經營，有不少知名品牌飯店公司及網路平台服務公司，都應用跨國連鎖經營和國際行銷的策略，展開多個國家的觀光旅遊業務，在各地各國設立分公司、辦事處及研發中心。這些跨國企業還會有一個營運總部，用來協調全球的管理工作，以達到國際行銷的績效。這些企業亦會受到國際政治、經濟、社會變化的影響，同時會參酌各個國家對企業的 勵投資之意願，而有所變化。

3. 多國籍企業的工廠及生產作業分布在不同的國家。從裝配線到整廠設備都有。

4. 每個事業部門都有涉入國際的作業，以全球角度來作決策。

　　全球企業（Global industries）是多國籍企業的擴大發展，跨越許多國家和文化區域。全球企業和國際企業有些不同，國際企業以母國為基地，在若干國家投資生產，或有獨立的子公司及工廠，投資當地國的變動，少會影響國際整體的營運；但全球企業不同，全球企業以全球為市場，以全球的消費者為銷售對象，設立總部而無母國念，任何一個投資當地國的變動，都會影響全球企業的營運，例如汽車業、電腦業、半導體業等（波特，1996）。隨著政治障礙減少、自由貿易熱絡，與新科技進步，企業愈來愈有能力在不同的國家發展，也加深了企業全球化（Globalization）的重要性。

　　各國在比較利益下，有效利用資源，跨國生產、外包，形成產業供給鏈（Industrial supply chain）。透過資訊科技協助，組織可以控制所有的流程，也可一併完成市場銷售。此即波特所說的「全球產業」或「全球企業」。

　　電腦科技與網路的發展，使「全球運籌中心（Global logistics）」的概念得以實現。為滿足全球各地顧客的要求，以全球的觀點，將資源做最有效率的規劃、執行與控制，使產品、服務和相關資源從全球各地的起源點到消費者手中，做有效率、具成本效益的流通。如宏碁電腦、Dell 電腦，掌握各原料供應國的供給，在某一地生產，並使產品順利快速的配送給顧客。

17-2　多變的全球企業環境

　　國際企業的投資，跨越許多國家或地區，面臨全球趨勢及投資地主國在政治、經濟、文化等差異，加深了經營的複雜度。以下分析全球企業所面臨的一般環境：

一、政治環境的影響

　　「政治風險評估」是國際企業投資相當重要的議題。政治風險（Political risk）是指企業因政府的行為而喪失其對所有權的控制，或影響企業的經營利潤。一般而言，政治風險的來源有四大類，說明如下。

（一）政府貿易政策的風險

這一類的風險如關稅障礙、匯率控制、配額、進出口證照許可或其他貿易障礙。例如政府對產品課以較高的關稅，或進出口額度限制，或行政手續上的「指導」都會造成貿易障礙。政府還可控制一定匯率，要求企業取得進出口證照，藉此控制國際企業的經營。

（二）政府經濟政策風險

這是指透過稅制與所有權移轉控制國外投資。例如對外國企業課以較高的營業稅、所得稅或限制投資額度，或限制利潤不能匯回母國，都對國際企業經營形成障礙。所有權方面政府可運用的工具包括：將外國企業充公沒收（Confiscation）、提高稅制或成本、剝削外國企業（Expropriation）、外國企業收歸國有經營，即國有化（Nationalization）限制某些產業只能本國人經營即國內化（Domestication）等。

（三）勞工與行動團體的風險

若干國家的某些產業工會或組織（如生態保育團體或環境保護組織）力量強大，常以罷工或形成勞資對立或抗爭等爭取權益、表達訴求、發起活動（如消費者保護運動、婦女運動）進而影響政策，都會造成企業經營風險（圖 17-2）。

圖17-2　各國政治經濟問題影響到國內的觀光產業

（四）恐怖主義的風險

自從 2001 年美國 911 恐怖攻擊事件後，國際企業投資更加關心高危險地區對企業經營風險的影響。例如在中東各國經營企業、宗教衝突高的地區（以巴地區）、種族衝突高的地區（印尼），或治安差的國家（菲律賓、中南美洲），都使企業經營風險大幅上升。

企業在政治風險的對應上，可藉助國際研究機構的協助，如英國經濟學人情報小組（Economist Intelligence Unit, EIU）、美國商業環境風險評估機構（Business Environment Risk Intelligence, BERI）等機構所做的政治風險指標（Political Risk Index, PRI）協助決策。一但投資後，盡可能和當地的顧客、供應商、銀行、政黨或各種團體保持良好關係，做一個企業良好公民。

二、社會文化環境的影響

文化是人類的生活方式，而且世代相傳，是一個組織或社會的成員之間，不斷的學習或分享意義、儀式、常規或傳統與整體改變的過程（圖 17-3）。

與企業經營有關的文化構成要素，分成語言、教育水準、宗教、價值觀與態度四項。

圖17-3　社會文化對全球化中的國際行銷議題很重要

（一）語言

全世界有三千多種語言，加上各地方言，大致有一萬多種語言。不同的語言，構成不同的文化。即使文化相同，所用的語言也未必相同。例如臺灣和中國大陸，雖然同文同種，但在語言用詞上，仍存在很多差異，如我們說「品質」，他們說「質量」；我們說「水準」，他們用「水平」。對國際化、全球化企業而言，語言是一種溝通工具，可以促進企業與當地顧客、供應商、經銷商等溝通往來，不至於產生隔閡與誤解。

（二）教育水準

入學率和識字率可衡量一地之教育水準。一般已開發國家的學童入學率都高於90％，識字率高，文盲少。對企業而言，了解當地消費者或員工的教育水準，並提供必要的產品說明或教育訓練教材。

（三）宗教

宗教是文化中很重要的一部分。不同宗教，在生活、飲食習慣、價值觀與態度也不同。伊斯蘭教徒只拜阿拉，不吃豬肉、酒類商品，不追求物質生活。印度教視牛爲神聖象徵，不吃牛肉。宗教同時也規範兩性在社會上的角色，例如回教國家婦女戴頭紗蒙臉等。臺灣對宗教相當自由，儒釋道盛行，甚至關公、鄭成功等也有人信仰。

（四）價值觀與態度

價值觀與態度是比較深層的概念。價值觀（Value）是一種長期的信仰與感覺，對個人或社會上的各種行爲模式有好壞比較的看法。信仰（Beliefs）是個人的知識組成型態，對世界什麼是眞（對），什麼是假（錯）的看法。態度（Attitudes）是對事物傾向有一致而長期的看法或意見。日本人的價值觀通常崇尚合作的、保守的、講求群體一致的、和諧的。現代日本的年輕人普遍喜歡美國流行品牌，則是一種態度。

企業所處的文化環境也同時受「次文化」的影響，次文化是指在相對於主流文化的價值與信念，即在一個文化群下，某一特定類群的人（Category of people）有一致的態度、信仰與價值觀。例如日本社會存在一群「輕食」主義者，崇尚儉樸，生活單純，愛用「無印良品」。臺灣這幾年盛行素食主義或稱「樂活主義（LOHAS）」，很多人都嘗試吃素，採用有機食品，也形成一股次文化。

三、區域經濟的發展趨勢

就經濟環境來說，人口結構的分布、平均國民所得結構、經濟產物或作物豐富與否，國與國之間當然不同。日本、德國的經濟條件與中國大陸、越南的經濟環境不同，資源也不同，這些差異程度也左右了國際企業的投資。

愈來愈多的國際化企業尋求在更多的國家或地區投資，爲了找尋更多的市場、保有市場或擴張市場、降低勞工成本、生產成本、及保有利益或利潤的成長，都加深了國際企業全球化的趨勢及國與國間的合作，或區域聯盟等整合。

　　區域經濟的合作，最基礎的是採取雙邊協定（Bilateral agreements）或多邊協定（Multilateral forums and agreements），如石油輸出國組織（OPEC）和亞太經合會（APEC）。

　　其次是自由貿易區（Free Trade Area, FTA），主要是去除貿易障礙（如關稅配額），使各會員國的商品貿易可以自由流動。例如北美貿易自由區（North American Free Trade Agreement, NAFTA）、東協（Association of Southeast Asian Nations, ASEAN）、美洲自由貿易區（Free Trade Area of the Americas, FTAA）。

　　再進一步是設立關稅同盟。關稅同盟（Custom union）是指締約國採取共同設定的關稅水準與配額。會員國享有免關稅的無貿易障礙，而對非會員國採取一致的關稅。

　　設立共同市場（Common market）允許締約國之間生產要素自由移動。會員國之間無任何貿易障礙；並有共同對外的貿易政策，例如歐盟（European Union, EU）、拉丁美洲整合協會（ALADI）安地斯共同體、（Andean common）南錐共同市場、（MERCOSUR）經濟同盟（Economic union）則是建立單一貨幣與經濟決策機構。政治同盟（Political union）則形成一個政治實體及政治決策機構。歐盟不只是共同市場，也是經濟同盟與政治同盟。

　　國際企業在不同的區域組織內，所需的投資程度自然不同。企業在單一區域組織內進行投資的效益可以擴大到整個區域，增加區域組織的產銷規模、投資與就業機會，企業還享有關稅優惠、自由進出、要素供應的效益，進而提升國際企業的經營效率與競爭力。

　　另一個與區域經濟形成有密不可分的趨勢是，為了增加國與國之間貿易投資，降低貿易障礙及非貿易障礙，國際間成立了一些經貿組織，如世界銀行（World Bank）、國際貨幣基金（International Monetary Fund, IMF）。1947 年為逐步克服各國的貿易障礙，在美國的倡議下，23 個國家共同成立關稅貿易總協定（General Agreement on Tariffs and Trade, GATT），希望以此多邊協定的組織，促使貿易自由化。隨後為擴大貿易協調範圍，納入服務業與智慧財產權，而成立世界貿易組織（World Trade Organization, WTO），我國也於 2002 年元月起正式成為 WTO 的會員國。

四、貿易障礙與保護主義的抬頭

　　隨著 2008 年景氣蕭條、金融海嘯、反對貿易自由化、全球化更加受到重視。全球化的結果，並沒有使得窮國變富國，有些國家的政府為了保障自己國家的資源不被其他國家掠奪、保障本國勞工權益、扶助民族工業等理由，都會限制其他國家與自己國家的貿易往來，形成所謂「保護主義」（Protectionism）。支持全球化的學者認為保護主義有害資源效率競爭，市場機制沒有辦法發揮，全球都會受害。

　　貿易上的限制，一般而言可以分成關稅（Tariffs）障礙與非關稅（Non-tariffs）障礙兩類。

1. **關稅障礙**：是指對國外進口貨物所課的進口稅。例如貨物稅、各種進口稅、交易稅或各種規費等。關稅可以增加政府稅收，也可以限制某些商品的進口（如菸酒）或懲罰某些不友善的國家（如共產國家）。

2. **非關稅障礙**：此類方法相當多，日本政府最常參與貿易的行政指導或是各國政府直接，也有採間接給予國內企業財務支持，如補貼（Subsidies）各種農產品或出口退稅；進出口設限，如配額（Quotas），或需要產品產地證明，檢驗標準，各種合格許可證明。政府更祭出各種金融控制手段，如外匯管制、限制資金匯出。

　　另外，有些國家為了保障本國的智慧財產權，會限制真品平行輸入，也就是說，如果在該國，某國外產品有代理商或經銷商，就不允許水貨進來或禁止傾銷。傾銷（Dumping）是指進口商品的售價低於進口國或來源國的市場售價。美國和歐盟，就常控訴中國產品（鞋子、眼鏡、鋼鐵等）傾銷，並對其課徵反傾銷稅。臺灣也曾在 2006 年，對中國大陸低價毛巾大量進入臺灣市場，採取反傾銷措施。

17-3　全球行銷的發展理論

　　全球行銷的發展理論，最早是由亞當・史密斯（Adam Smith）提出絕對利益（Absolute advantage）論，即各國透過國際分工，專業生產其在技術或資源上具有絕對利益的商品。而後李嘉圖（David Ricardo）提出比較利益（Comparative advantage）論，即各國皆生產機會成本較他國低之商品，奠定了國際貿易發展的基礎。依照發展的先後順序，本節介紹幾個比較重要的理論。

一、生命週期論

生命週期論（Product life cycle model）將全球行銷的發展分成四個階段：導入期、成長期、成熟期及衰退期。新產品的上市剛開始都在本國或母國銷售，然後再逐步國際化。國際化程度的深淺端視產品的生產成本而定。在成長期，除了母國銷售外，還賣到其他的國家及地區，隨著市場逐步成熟，其他國家的潛在競爭者加入市場，地主國的保護措施，獲利增加有限，產品成本逐漸上升，於是在母國的生產活動停止，而外移到其他國家或地區生產，在這些新設的地主國生產，又可產生比較利益，而銷售到各地。步入衰退期後，可以依序將生產地由新興工業國家移到開發中國家，以保有競爭優勢及利益。如此循環不已，在不同發展程度的國家中讓產品有回春作用。

此理論，在 1979 年弗隆的研究中不能得到實證支持，使其效度（Validity）遜色不少。

二、創新採用模式

創新採用（Innovation-adoption model）是從企業的行為面來探討（圖 17-4）。國際化是一個連續、有順序、有階段性發展的行為，從早期採用、成長期採用、早

圖17-4　iPhone手機特別重視國際行銷與創新，以滿足iPhone老顧客與新顧客的需求。

期大眾、晚期大眾直至退出市場。創新產品，由先進國家使用，逐步擴散到已開發國家，再至開發中國家使用。從剛開始直接外銷，到各國普遍接受，這類創新產品都有明顯的發展階段。

遺憾的是，此理論太強調階段的分類，而非階段的發展，也沒有解釋為什麼會由上個階段進入下一個階段。

三、階段發展論

階段發展論（Uppsala process model）認為內在趨力（Driving force）是國際化的原動力。運用組織學習（Organization learning）及文化的熟悉程度可以發展國際化。

階段發展論有兩個主要的論點：

1. 隨著對投資地主國的承諾增加程度，區分為四個發展階段，並建立一個發展鏈。

   (1) 第一階段：不規則的外銷活動。

   (2) 第二階段：外銷或獨立的單位。

   (3) 第三階段：創造一個境外的銷售分支機構。

   (4) 第四階段：海外生產基地。

2. 心理距離（Psychic distance）與地區距離（Geographic distance）有相當的關聯性，並主導國際化的步驟或階段。企業想對外投資、出口或設廠，會先考慮由臨近國家開始（地區距離較小者），或考慮語言、文化、政治較接近者（心理距離）。美國與古巴、臺灣與中國大陸，雖然地理距離近，但國際化少，相對於臺灣和美國的貿易，美國與日本的貿易量，雖然地理距離遠但心理距離近，所以貿易量大。

根據這樣的推論，若干學者（Barkema, Bell, and Pennings, 1996）提出文化距離（Cultural distance）的概念，國際化的步驟與文化障礙有關，如果文化較相近，則投入與承諾會較深，投資時間會較久，採合資與購併。如果文化距離較遠，文化差異性大，則國際化的程度會較淺[1]。

---

[1] 以荷蘭的 13 個跨國企業做樣本，實證結果支持這項假設。

四、波特的競爭優勢論

　　波特根據五力分析，認為要素條件（Factor conditions）、需求條件（Demand conditions）、相關支持的產業（Related and supporting industries）、企業策略、結構及敵對狀況（Firm strategy, structure, and rivalry）等四個競爭條件會決定國際化的深淺程度，亦即國際化是由於上述四個競爭條件產生驅力，導引企業擬定跨國性的發展。

1. 要素條件：如勞力、電力及公用設備這種基本的生產要素。例如沙烏地阿拉伯擁有石油，又可生產品質精良的石油，所以石油外銷供應世界上很多國家。
2. 需求條件：某項需求殷切的國家，自然會發展出對該需求具高品質、技術純熟的產品。如法國人、荷蘭人喜歡吃乳酪，故其農牧業發展興盛，市場上有很多的乳酪品牌，也銷售到世界上很多國家。
3. 相關支持的產業：產業發展，受供應商系統強弱影響。像美國電腦科技產品很發達，專門從事電腦研發科技的矽谷，也是人才濟濟。
4. 企業策略、結構及敵對狀況：產業內愈競爭，為了求生存，企業比較有競爭力，充分發揮競爭優勢；但如果像公營事業，受政府監督、管制與保護的企業，通常缺乏競爭，比較沒效率，企業想國際化比較難。

17-4　全球行銷的擴張方式

　　全球行銷的擴張方式，又稱為參與策略，或市場導入模式（Entry modes）。根據階段發展理論，導入的模式一般可分為：1. 直接外銷；2. 設立行銷據點；3. 授權經營；4. 管理契約；5. 連鎖加盟；6. 整廠輸出；7. 合資或策略聯盟；8. 購併；9. 獨資或直接投資。

一、直接外銷

　　直接外銷（Direct exporting）是最簡單的一種擴張方式。出口廠商在進口國建立當地的代理廠商，就可直接從母國生產，透過出口程序，將產品輸出到國外市場。這也是常見的企業國際化腳步的第一步，由於不必在國外大量投資，風險比較低。

直接外銷可以包括原廠委託製造（Original Equipment Manufacturing, OEM），三角貿易或「臺灣接單，大陸出貨，香港押匯」的特殊三角貿易，及相對貿易（Counter Trade, C/T）。

二、設立行銷據點

直接外銷有了一定績效以後，業務日漸增加，母國與地主國業務往來密切，因此需設立組織部門（如國際部門）來處理業務。地主國當地的代理商關係可能已經不能滿足業務的要求，因此須設立行銷據點來處理資訊、推廣業務、管理當地的業務。這個階段通常只有設辦事處或商情中心，而沒有工廠設備的投資。設立行銷據點，也可以因應策略發展的需要，在還沒有直接外銷時便已設立。

三、授權經營

授權經營（Licensing）是指授權人與被授權人訂定經營合約，擁有技術知識的廠商，提供地主國的特定廠商有條件的技術知識與權利。授權人（Licenser）是指擁有專利技術、商標、品名的廠商，也是收取費用的一方；被授權人（Licensee）是指依合約使用他人的專利技術、商標、品名的廠商，也是要付出成本一方。授權經營的合約通常有兩個重點：

1. 授權人將有價值的專利、技術 know-how、商標、公司名稱等，供國外被授權廠商使用。
2. 被授權人支付權利金回報。授權經營的優點是國際化成本低、風險低、可規避政治風險，但缺點是合約複雜。

授權經營，可以用來授權的標的，通常包括專利技術、配方、創新程式、設計、文字所有權、商標等。例如，可口可樂公司授權臺灣太古可口可樂公司在台生產可口可樂並使用其商標，除收取權利金外，並供應原料秘方。

四、管理契約

管理契約（Management contracts）是指國際企業對合作對象進行管理輔導、訓練工作，直到被輔導的合作對象能自行操作管理工作爲止。被輔導的合作對象，要支付管理服務費給管理企業。

外包（Subcontracting）是另外一種管理契約方式，指將生產製造、配銷物流或銷售作業，僱用另一家當地企業來執行。也是目前盛行的一種節省成本的擴張方式，可以減少企業在人力資源、生產成本、運輸物流成本上的支出。缺點是控管不易。例如臺灣寶鹼（P&G）公司將物流機能外包給新竹貨運公司或人才派遣公司，專門承攬許多公司的員工作業。

五、連鎖加盟

連鎖加盟（Franchising）是一種特殊授權經營。授權的標的物通常包括品牌以及整套的營運系統。這些作業系統，包括統一的形象設計、統一的廣告促銷方式、統一的管理方式、統一的定價、統一原物料進貨供貨方式、統一的作業品質等等。所有的加盟者（Franchisee）被要求在相同的品質規範下作業，以確保齊一的產品或品質。授權廠商（Franchisor）要協助加盟者建立品質，予以輔導。

這幾年，連鎖加盟風氣興盛，常見透過連鎖加盟進行國際化擴展的有：速食餐飲業（如麥當勞、肯德基、必勝客）、旅館業（如希爾頓、凱悅等）、流行服飾業（如班尼頓、佐丹奴等）。國內則有連鎖的便利超商、幼稚園、補習班、咖啡餐飲、早餐店、書局、花店、網路遊戲等。

六、整廠輸出

整廠輸出（Turnkey operation）是指賣方提供完整整組的工廠設備給買方，整廠輸出的內容包括硬體設備、技術、員工教育訓練、售後服務、原料供應及協助行銷、業務。也就是說，整廠輸出包括生產廠房設備的設計與製造，加上管理契約。我國紡織業、製鞋業的整廠輸出能力舉世聞名。

七、合資與策略聯盟

合資（Joint venture）是指外國廠商與本地的企業成為合作夥伴，議定彼此持有股權的比例，成立新的合資企業，以完成共同的策略目的。雙方出資的比例，可能各占一半或不相等，也可能經由局部授權收購而產生。

策略聯盟（Strategic alliance）是結合若干廠商，以全球性的觀點，尋求創造競爭優勢，而加以結盟。電腦業、汽車工業、航空事業等若干以全球行銷或服務的行

業，爲創造更多競爭優勢、降低成本、技術互補或共享資源，經常採用策略聯盟的方式。

八、購併

購併（Merge & Acquisition, M&A）又稱併購。是指一家企業合併或購買，或以股權交換另一家企業。被合併的公司爲消滅公司，不復存在。購併的公司可以是存續公司或另起一個集團新名稱。購併可以是因爲市場考量、財務考量、原料供應考量，最重要的是能夠獲得綜效（Synergy）。

九、獨資（或直接投資）

獨資（Wholly-owned subsidiaries）是指由多國籍企業 100% 擁有股權，在投資國設立分支機構。這個分支機構可以是子公司，也可以是分公司，看當地國的規定而定。獨資或直接投資往往比合資或其他方式，對投資當地國有更多的承諾。

大多數有經驗的公司會選擇外人直接投資，這種方式的優點，可以有效掌控當地市場、取得地主國低價的供應、避免進口配額、擁有更多機會調整產品適應市場、建立更好的產品形象。直接投資也有很大的缺點，如增加資本投資、增加投資的管理及其他資源、暴露在更高的政治和財務風險中。對於沒有國際化經驗的企業而言，往往要付出很高的學習成本。

國際企業的擴張，在不同國家、不同地區、可以同時存在上述各種不同的進入方式，端視資源結合的方式而定。也有像可口可樂公司一樣，在海外絕大部分都是授權經營一種方式而已。

長榮航空利用彩繪機增進國際行銷的魅力

　　2017 年上半年，長榮航空公司為推廣國際行銷，推出四架全新主題彩繪機，希望藉此國際行銷的新點子，創造顧客的全新的飛行體驗。長榮航空 2017 年推出四架全新彩繪機包括「郊遊機」、「夢想機」、「派對機」與「友誼機」。長榮航空彩繪機更屢獲國際肯定，去年曾榮膺英國 <每日郵報>「全球八大最驚豔彩繪機」及美國著名旅遊雜誌 Global Traveler「卓越原創服務大獎」的殊榮，近日更榮獲知名媒體 CNN 譽為「全球最佳彩繪機設計」之一。長榮彩繪機至今已承載於 4 萬人次，為了讓旅客重溫美好的搭機體驗，長榮特別製作了回顧影片，影片起源於一位日本媽媽，來信感謝長榮航空對身心障礙者的貼心服務，並增加國際行銷的魅力。

　　2017 年國際行銷主題是「長榮航空彩繪機嘉年華，以歡迎登機，快樂一起飛」。在臺北市信義區香堤大道廣場，贈送超過萬件可愛贈禮，並辦理抽 ——彩繪機免費機票，此活動同時也是一次觀光旅遊的國際行銷活動。

〔經濟日報，2017.04.12，A19 版，陳景淵撰〕

📋 活動與討論

1. 介紹長榮航空公司，如何藉著彩繪機來進行觀光旅遊國際行銷？

2. 藉著回顧影片及各種活動的推出，分析長榮航空公司在國際行銷的特色作法為何？

1. 說明多變的國際環境具哪些特色？

2. 說明弗隆的產品生命週期理論。

3. 說明波特的競爭優勢論。

4. 企業國際化的導入模式有哪幾個？

5. 比較多國籍企業和國際企業的差異。

1. 鄭華清（2012），企業管理－創造競爭優勢，臺北，新文京。

2. Keegan, W. J., and M. C. Green, Global Marketing（NJ; Pearson Prentice Hall, 2008）.

3. Catero and Graham，International Marketing（NY; McGraw-Hill, 2007） 13th ed.

4. M. E. Porter, The Competitive Advantage of Nations（New York: Free Press, 1990）.

5. R. Vernon, International Investment and International trade In the Product Cycle, Quarterly Journal of Economics, 80, 1996, 190-207.

6. Anderson, On the Internationalization Process of Firms: A Critical Analysis, Journal of International Business studies, 24（2）, 1993, 209-231.

7. W. J. Bilkey and G. Tesar, The Export Behavior of Smaller Wisconsin manufa cturing Firms, Journal of International Business studies, 8, 1977, 93-97.

8. Manufacturing Firms, Journal of International Business studies, 8, 1977, 93-97.

9. Cavusgil, S.T., S. Yeniyurt, J.D. Townsend（2004）, The Framework of a Global Company: a Conceptualization and Preliminary Validation, Industrial Marketing Management, 33, 711-716.

10. H. G. Barkema, J. H. J. Bell, and J. M. Pennings, Foreign Entry, Cultural Barriers, and Learning, Strategic Management Journal, Vol. 17, 1996, 151-166.

📄 學習心得

4　國際行銷的發展理論有：
（1）生命週期論、（2）
創新採用模式、（3）階段
發展論、（3）波特的競爭
優勢論。

5　國際行銷的市場導入模式有
：（1）直接外銷、（2）設
立行銷據點、（3）授權經
營、（4）管理契約、（5）
連鎖加盟、（6）整廠輸出
、（7）合資或策略聯盟、
（8）購併、（9）獨資或直
接投資。

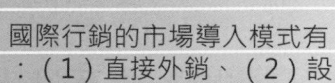

3　全球的企業環境受到：（1）政治環境
的影響、（2）社會文化環境的影響、
（3）區域經濟的發展趨勢、（4）貿
易障礙與保護主義的抬頭。

2　觀光餐旅產業要發展國際行銷的原因有：（1）外部
環境壓力，如為提高競爭力、配合區域經濟與政治
整合、國外技術發展快速、交通及網路通訊的改良
、社會的經濟成長及消費者需求相近化等；（2）企
業發展的個別需求，如：延續產品的生命週期、可
分擔研究開發成本、邁向永續經營及利用企業經驗
的移轉。

1　觀光餐旅產業為追求利潤，在網
際網路化地球村的今天，必須邁
向全球化及多國籍的企業發展。

介紹臺灣國際晶華酒店集團的國際行銷與經營策略

　　2018 年 11 月，國內著名觀光飯店集團潘董事長思亮先生表示，2019 年是晶華的「打底年」，將「麗晶」的海外經營開發權交給洲際酒店集團（IHG）後，晶華得以集中力量，發展晶英（Silks Place）以及捷絲旅（Just Sleep）品牌，強化晶英在臺灣、大中華及日本市場的地位，目標是三到五年內，要在海內外設立十家晶英酒店。

　　依據潘思亮董事長表示，找到 IHG 集團這個強大盟友後，由資源雄厚的 IHG 集團負責幫「麗晶」在全球市場開疆闢土，打「世界盃」，晶華則集中火力發展自主品牌「晶英」，深耕臺灣及大中華市場，並前進日本市場，打的是「亞洲盃」。潘董事長強調，「晶英」是強調人文的品牌，更是華人文藝復興的先行者，董事長期待透過晶英弘揚中華文化。董事長認為「與洲際（IHG）合作」之策略，是評估到 IHG 是全球飯店業巨頭，晶華與 IHG 成立合資公司 RHW，晶華持股 49%，IHG 持股 51%，共同經營麗晶品牌，由 IHG 拓展麗晶國際業務，晶華等於其在老鷹上，隨 IHG 展翅高飛。

　　而晶華對未來展望，重心擺在晶英品牌，且更針對臺灣、大中華及日本市場做發展，但臺灣飯店業仍供大於求，景氣還是低迷，且飯店業基層人力不足，這些都是往後必須解決的課題。

（參閱：2018.11.26，經濟日報，A4 版，韓化宇撰）

📑 活動與討論

1. 請介紹晶華集團在飯店國際行銷策略的作法。
2. 請藉此個案，進一步分析國內觀光產業之現況與發展。

NOTE

國家圖書館出版品預行編目 (CIP) 資料

行銷學：觀光、休閒、餐旅服務業專案特色 / 鄭華清 , 黃廷合編著
－－三版 . －－ 新北市：全華圖書股份有限公司 , 2023.05
　　面；　公分
　　ISBN （平裝）

　　1.CST: 行銷學 2.CST: 餐旅管理
496　　　　　　　　　　　　　　　　　　　　　　112004940

行銷學

觀光、休閒、餐旅服務業專案特色

作　　者 / 鄭華清、黃廷合
發 行 人 / 陳本源
執行編輯 / 何婷瑜
封面設計 / 盧怡瑄
出 版 者 / 全華圖書股份有限公司
郵政帳號 / 0100836-1 號
印 刷 者 / 宏懋打字印刷股份有限公司
圖書編號 / 0824702
三版一刷 / 2023 年 5 月
定　　價 / 新臺幣 490 元
I S B N / 978-626-328-440-1
全華圖書 / www.chwa.com.tw
全華網路書店 Open Tech / www.opentech.com.tw
若您對書籍內容、排版印刷有任何問題，歡迎來信指導 book@chwa.com.tw

臺北總公司（北區營業處）
地址：23671 新北市土城區忠義路 21 號
電話：(02) 2262-5666
傳真：(02) 6637-3695、6637-3696

南區營業處
地址：80769 高雄市三民區應安街 12 號
電話：(07) 381-1377
傳真：(07) 862-5562

中區營業處
地址：40256 臺中市南區樹義一巷 26 號
電話：(04) 2261-8485
傳真：(04) 3600-9806（高中職）
　　　(04) 3601-8600（大專）

親愛的讀者：

感謝您對全華圖書的支持與愛護，雖然我們很慎重的處理每一本書，但恐仍有疏漏之處，若您發現本書有任何錯誤，請填寫於勘誤表內寄回，我們將於再版時修正，您的批評與指教是我們進步的原動力，謝謝！

全華圖書　敬上

勘　誤　表

書　號	書　名	作　者
頁　數　行　數	錯誤或不當之詞句	建議修改之詞句

我有話要說： （其它之批評與建議，如封面、編排、內容、印刷品質等‧‧‧‧）

2020.09 修訂

讀 者 回 函 卡

姓名：＿＿＿＿＿＿　生日：西元＿＿＿＿年＿＿月＿＿日　性別：□男 □女

電話：（　　）＿＿＿＿＿＿＿　手機：＿＿＿＿＿＿＿＿＿＿

e-mail：（必填）＿＿＿＿＿＿＿＿＿＿＿＿

註：數字零，請用 Φ 表示，數字 1 與英文 L 請另註明並書寫端正，謝謝。

通訊處：□□□□□

學歷：□高中‧職 □專科 □大學 □碩士 □博士

職業：□工程師 □教師 □學生 □軍‧公 □其他

學校/公司：＿＿＿＿＿＿＿　科系/部門：＿＿＿＿＿＿＿

‧需求書類：

□A. 電子 □B. 電機 □C. 資訊 □D. 機械 □E. 汽車 □F. 工管 □G. 土木 □H. 化工 □I. 設計

□J. 商管 □K. 日文 □L. 美容 □M. 休閒 □N. 餐飲 □O. 其他

‧本次購買圖書為：＿＿＿＿＿＿＿＿　書號：＿＿＿＿＿＿

‧您對本書的評價：

封面設計：□非常滿意 □滿意 □尚可 □需改善，請說明＿＿＿＿＿

內容表達：□非常滿意 □滿意 □尚可 □需改善，請說明＿＿＿＿＿

版面編排：□非常滿意 □滿意 □尚可 □需改善，請說明＿＿＿＿＿

印刷品質：□非常滿意 □滿意 □尚可 □需改善，請說明＿＿＿＿＿

書籍定價：□非常滿意 □滿意 □尚可 □需改善，請說明＿＿＿＿＿

整體評價：請說明＿＿＿＿＿＿＿＿＿＿＿＿

‧您在何處購買本書？

□書局 □網路書店 □書展 □團購 □其他

‧您購買本書的原因？（可複選）

□個人需要 □公司採購 □親友推薦 □老師指定用書 □其他

‧您希望全華以何種方式提供出版訊息及特惠活動？

□電子報 □DM □廣告 （媒體名稱＿＿＿＿＿＿＿）

‧您是否上過全華網路書店？（www.opentech.com.tw）

□是 □否　您的建議＿＿＿＿＿＿＿＿＿＿＿＿

‧您希望全華出版哪方面書籍？＿＿＿＿＿＿＿＿＿＿

‧您希望全華加強哪些服務？＿＿＿＿＿＿＿＿＿＿

感謝您提供寶貴意見，全華將秉持服務的熱忱，出版更多好書，以饗讀者。

填寫日期：＿＿＿／＿＿＿／＿＿＿

得 分

學後評量——
行銷學－觀光、休閒、餐旅服務業專案特色

第 1 章
行銷概念

班級：＿＿＿＿ 學號：＿＿＿

姓名：＿＿＿＿＿＿＿＿

（是非選擇每題5分，問答每題25分）

一、是非題

1.（　）美國行銷協會（AMA）定義「行銷」是一連串創造、溝通、傳遞價值給顧客並管理顧客關係的機構。

2.（　）行銷的重要性，在 20 世紀大家比較重視，到 21 世紀並不看重它。

3.（　）行銷是創造效益，提供商品或服務，以滿足消費者的需求。

4.（　）行銷觀念是由內到外的觀念，而銷售觀念採取由外而內的觀點。

5.（　）社會行銷的概念越來越受到消費者的重視，顯示企業追求利潤的同時，當肩負更多的社會責任。

二、選擇題

1.（　）哪一位美國行銷大師在 2004 年提出行銷的意涵？　（1）科特勒　（2）杜拉克　（3）馬可波特　（4）彼得聖吉。

2.（　）下列哪一項是行銷的重要意涵？　（1）具有創造性　（2）討論工資　（3）沒有交換　（4）重視成本。

3.（　）依最近的行銷發展，應把交易行銷當成是：　（1）聯絡行銷　（2）關係行銷　（3）生活行銷　（4）個人行銷　的一部分。

4.（　）下列何者為行銷機能的活動之一？　（1）購買及銷售　（2）注意品質　（3）人力聘用　（4）不參加活動。

5.（　）下列哪一項是行銷的重要內涵？　（1）沒有尊重客戶　（2）關係行銷　（3）重視勞工　（4）產品生產力。

三、問答題

  1. 說明行銷的本質。

    答：

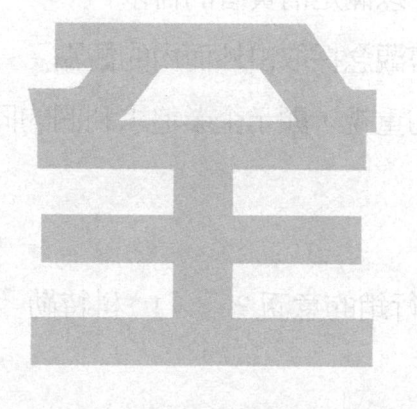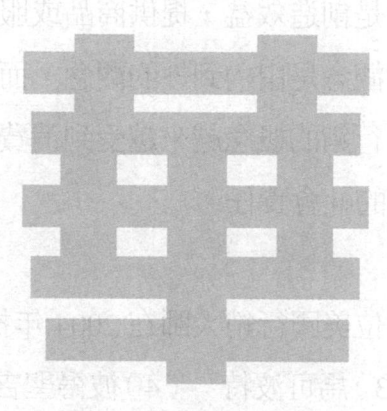

  2. 從行銷領域觀點，說明行銷的重要內涵。

    答：

得分

學後評量——
行銷學－觀光、休閒、餐旅服務業專案特色

第 2 章
行銷與觀光客的關係管理

班級：＿＿＿＿ 學號：＿＿＿

姓名：＿＿＿＿＿＿

（是非選擇每題5分，問答每題25分）

一、是非題

1.（　）「消費者至上，觀光客滿意」對觀光業經營的重要性已不言而喻。

2.（　）觀光客消費經驗是指觀光客消費者實際在消費現場的體驗或感受，這種經驗將決定顧客滿意的程度。

3.（　）觀光業者不用設有讓消費者申訴的管道，避免增加成本。

4.（　）觀光客滿意程度還可從公司觀光業服務人員的流動率或意見觀察出來。

5.（　）觀光服務業的精進，從行銷人力升級開始。

二、選擇題

1.（　）以下哪一項是觀光客滿意度產生的現象？　（1）減少使用頻率　（2）經常重複光顧　（3）沒有誘因　（4）注意生產流程。

2.（　）觀光產業聘行銷服務人員到公司各分店或競爭者佯裝購者，以真正調查公司或對於商品的優缺點，一般稱為：　（1）訪查者　（2）秘密客　（3）調員　（4）規劃人員。

3.（　）下列哪一項是建立觀光客滿意的作法之一？　（1）安排交通車是多餘的　（2）重視穿著衣服　（3）觀光客檔案建立　（4）沒有導遊的資料。

4.（　）觀光客價值分析，下列哪一項觀點不是？　（1）指觀光客對公司的價值　（2）觀光消費者對公司或品牌的知識程度　（3）應用觀光客價值線　（4）價值觀念對觀光客不重要。

5.（　）下列哪一項不是觀光客關係管理的作法？　（1）觀光客獲利的評估　（2）降低觀光客的忠誠度　（3）降低管銷成本　（4）提高觀光客的利多。

三、問答題

1. 說明行銷對觀光客滿意的重要性。

   答：

2. 請說明評估觀光客的方式。

   答：

4

學後評量──
行銷學－觀光、休閒、餐旅服務業專案特色

第 3 章
觀光客與服務行銷策略

班級：＿＿＿＿＿　學號：＿＿＿

姓名：＿＿＿＿＿＿＿＿＿＿

（是非選擇每題5分，問答每題25分）

一、是非題

1.（　　）服務行銷策略是觀光企業使用行銷資源的指導原則。

2.（　　）SWOT 分析是指對組織的優勢、劣勢、機會及威脅進行分析。

3.（　　）觀光企業本身的外部條件，包括財務能力、技術能力及品牌形象。

4.（　　）穩定策略的主要特性是：維持現狀而沒有明顯的改變。

5.（　　）獲取策略是將問題事業加以改善，進入明日之星。

二、選擇題

1.（　　）服務行銷策略下列哪一項<u>不是</u>觀光企業經營的內容？　（1）範圍　（2）工具　（3）差異性與永續性　（4）財務能力。

2.（　　）下列哪一項<u>非</u>組織的結構？　（1）個人層次　（2）公司層次　（3）事業層次　（4）功能層次。

3.（　　）哪一項是指組織目標與資源，和變化中的市場機會相配合的管理過程？　（1）競爭規劃　（2）策略規劃　（3）隨興規劃　（4）資源規劃。

4.（　　）降低企業的營運規模，可能是削去某些部門，這個策略稱為：　（1）綜合策略　（2）成長策略　（3）縮減策略　（4）平常心策略。

5.（　　）相對市場成長率高與相對市場占有率高的業務，是指下列哪一種產業？　（1）明星事業　（2）問題事業　（3）金牛事業　（4）落水狗事業。

（請沿虛線撕下）

三、問答題

1. 說明服務行銷策略的意義與本質。

　答：

2. 介紹波特的競爭策略內容。

　答：

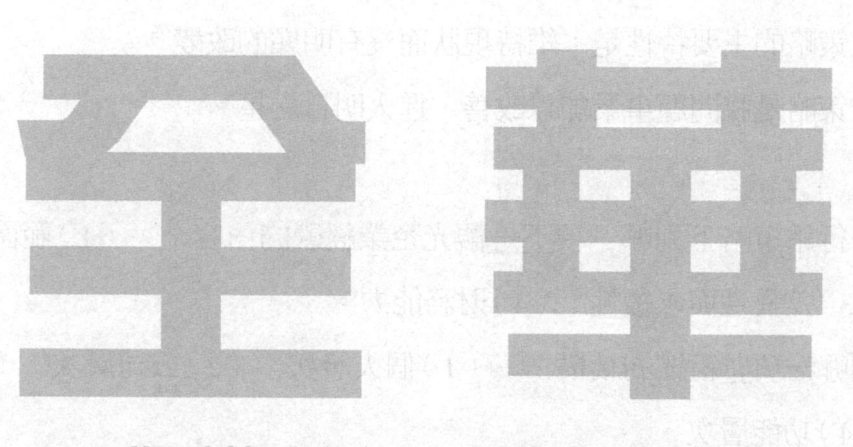

得　分

學後評量──

行銷學－觀光、休閒、餐旅服務業專案特色

第 4 章

觀光消費者行為

班級：＿＿＿＿　學號：＿＿＿

姓名：＿＿＿＿＿＿＿＿＿＿

（是非選擇每題5分，問答每題25分）

一、是非題

1.（　　）觀光界「以客為尊」是天職，保持良好的觀光客關係，才能獲取長期利潤。

2.（　　）觀光客消費者行為的討論，與行為科學、心理學或社會心理學是無關的。

3.（　　）消費者行為的環境因素包括文化因素、社會階層因素及家庭情境等。

4.（　　）衝動性購買通常是指非規則或非預期購買。

5.（　　）省事方便的購買行為是一種習慣型購買行為，但其在產品涉入程度較高。

二、選擇題

1.（　　）下列哪一項不是研究消費者行為的重要因素？　（1）消費者影響力大　（2）消費者的長相　（3）教育並保護消費者　（4）有助形成觀光業公共政策。

2.（　　）消費者行為的定義「消費者情感與認知，行為以及環境的動態互動結果，藉此人類進行生活上的交換行為」是　（1）美國行銷協會　（2）日本行銷學會　（3）臺灣行銷學會　（4）德國行為學會　的主張。

3.（　　）行銷活動中針對消費者決策過程，不用注意：　（1）問題確認　（2）資訊蒐集　（3）社會化　（4）購買行為。

4.（　　）消費者行為討論中，若依個人差異性來分析，一般分析內容不需包括消費者本身的：　（1）是否帶皮包　（2）人格　（3）價值觀　（4）資源與知識。

5.（　　）消費者前次使用經驗會成為下次使用的參考，下列哪一項不是？　（1）購中經驗　（2）使用經驗　（3）購後經驗　（4）購前經驗。

三、問答題

1. 說明在行銷過程中，為何要重視觀光客的消費行為？

答：

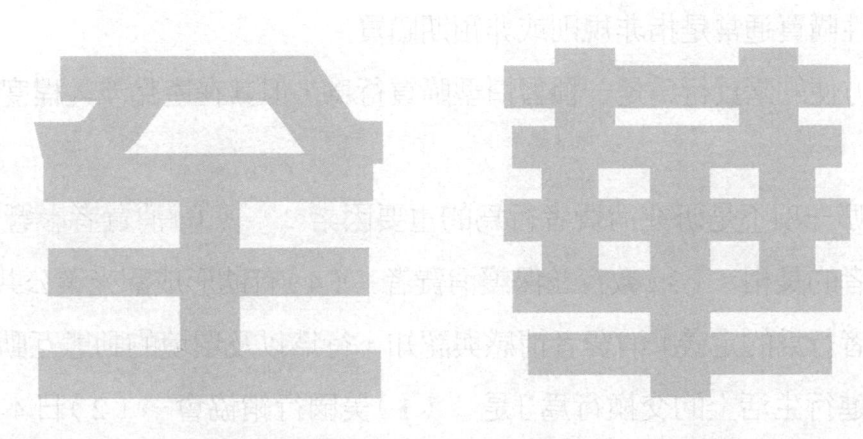

2. 剖析觀光客消費者的情感因素。

答：

得　分

學後評量——
行銷學－觀光、休閒、餐旅服務業專案特色

第 5 章
影響觀光消費者行為的環境因素

班級：＿＿＿＿　學號：＿＿＿

姓名：＿＿＿＿＿＿＿

（是非選擇每題5分，問答每題25分）

一、是非題

1.（　）影響觀光客消費者行為的環境因素有總體環境及個體環境。

2.（　）行銷對技術環境因素的影響，包括商品、服務、生產製造、配銷等。

3.（　）人的需求（need）與慾望（want）是有限度的。

4.（　）從個人特質上來說，慾望受到個人價值觀與生活環境的影響。

5.（　）文化是一個較廣泛的生活方式，包括儀式、常規或傳統的價值觀等。

二、選擇題

1.（　）行銷所面臨的政治與經濟環境因素中，下列哪一項不是？：　（1）政治氛圍　（2）市場供需　（3）交通狀況　（4）競爭狀況。

2.（　）下列哪一項不是人口統計因素中的人口特性之一？　（1）身高與體重　（2）性別（3）年齡　（4）種族與性向。

3.（　）文化的內容不包括：　（1）宗教信仰　（2）財富　（3）教育程度　（4）語言。

4.（　）次文化是一種重要的市場區隔，其對行銷人員有何影響？　（1）決策參考　（2）無關係　（3）以上皆是　（4）無價值的參考。

5.（　）社會階層不只反應所得水準，還包括多項要素，下列哪一項不是？　（1）健康　（2）職業　（3）教育及服飾　（4）家庭生活。

三、問答題

1. 說明影響觀光消費者行為的環境因素。

答：

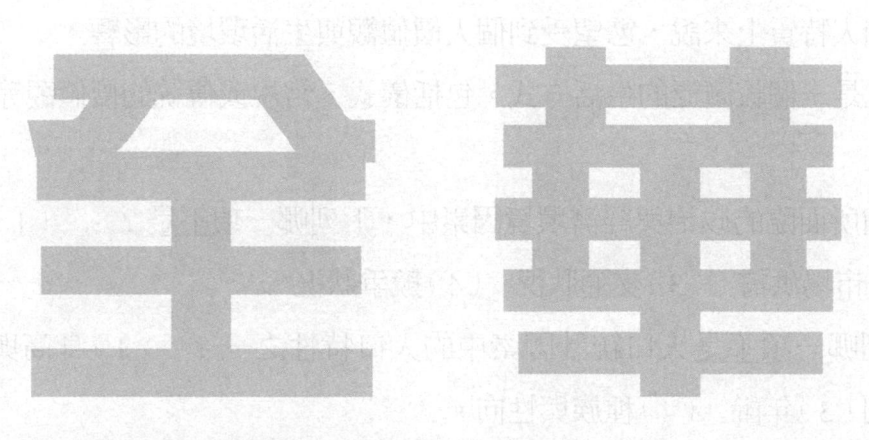

2. 請說明影響消費者行為的文化及次文化因素有哪些？

答：

得　分

學後評量──
行銷學－觀光、休閒、餐旅服務業專案特色

第 6 章
產品的市場區隔及目標市場

班級：＿＿＿　學號：＿＿＿
姓名：＿＿＿＿＿＿＿＿＿＿

（是非選擇每題5分，問答每題25分）

一、是非題

1.(　)公司無法在一個廣大的市場上，以一個商品滿足所有消費者。

2.(　)行銷人員並不認爲，有區隔的市場會比沒有區隔的市場狀況好。

3.(　)利基行銷是指較小的一塊需求，是由較小的市場中一些尚未被滿足的一群消費者所組成的。

4.(　)評估每一個市場區隔的獲利，是重要的市場選擇步驟之一。

5.(　)地理性的市場區隔變數有：都會區域、都會密集程度及都會氣候等。

二、選擇題

1.(　)一般消費者的需求偏好，下列哪一項不是？　（1）同意型偏好　（2）同質型偏好（3）擴散型偏好　（4）集群偏好。

2.(　)標準化組合行銷中，何者並非行銷人員依據制定的內容？　（1）購買態度與習慣性（2）工作態度　（3）消費者慾望　（4）購買力。

3.(　)完全根據個別消費者的需求，而量身訂作其需要，稱爲：　（1）個人化行銷（2）自己行銷　（3）雙人獨立行銷　（4）無人化行銷。

4.(　)一個成功的區隔市場重要因素，不包括下列哪一項？　（1）同質的　（2）可接近的　（3）沒有特殊性　（4）有足夠的規模量。

5.(　)下列哪一項不是多市場多區隔策略？　（1）市場專家　（2）優良行銷　（3）產品專家　（4）選擇性。

三、問答題

  1. 說明目標市場與市場區隔的理論。

    答：

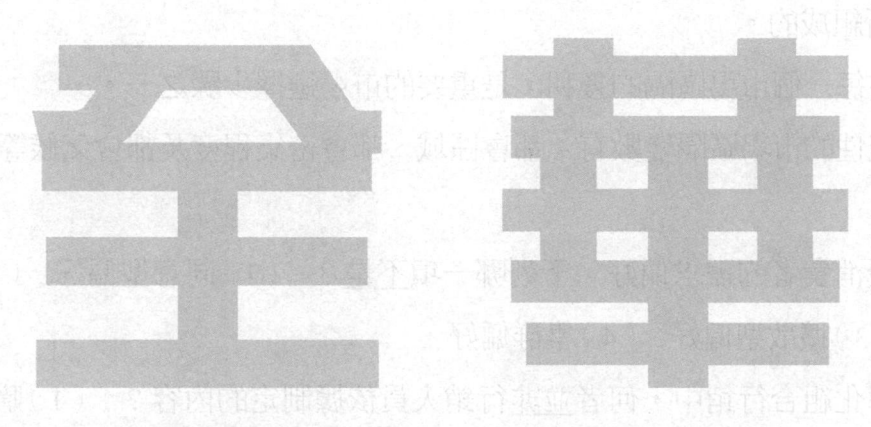

  2. 列舉一個成功市場區隔的因素。

    答：

得　分

學後評量──
行銷學－觀光、休閒、餐旅服務業專案特色
第 7 章
產品策略

班級：＿＿＿　學號：＿＿

姓名：＿＿＿＿＿＿＿＿

（是非選擇每題5分，問答每題25分）

一、是非題

1.(　　)產品是滿足消費者慾望或需求的任何東西，包括實體商品、勞務或某種概念等。

2.(　　)行銷人員在規劃產品時，不必對產品的層次有進一步的瞭解，就可以認識消費者的需求。

3.(　　)耐久財是指有形商品，正常情形下可重複使用，使用年限通常超過一年。

4.(　　)產品階層是說明產品在滿足消費者需求時，產品本身的各種相對關係。

5.(　　)產品線決策是指決定一組產品，或同一個系列許多產品品項的決策。

二、選擇題

1.(　　)具有實質屬性的東西，包括形體、結構、組成成分、形式、顏色等特質，稱為：　（1）產品　（2）事件　（3）研究　（4）促銷。

2.(　　)下列哪一項不是產品層次的一般種類？（1）核心產品　（2）附屬產品　（3）減產東西　（4）擴增產品。

3.(　　)下列哪一項不是消費者的購物習慣？　（1）健康食品　（2）選購品　（3）便利品　（4）特殊品與非搜尋品。

4.(　　)下列哪一項不是執行產品組合的重要概念？　（1）產品線長度　（2）產品線亂度（3）產品線深度　（4）產品線廣度。

5.(　　)下列哪一項不為新產品的開發流程？　（1）籌資金　（2）創意產生　（3）產品概念測試　（4）商業分析。

三、問答題

1. 說明產品的意義與層次分類。

　　答：

2. 介紹新產品開發流程的七大步驟。

　　答：

得　分

學後評量——
行銷學－觀光、休閒、餐旅服務業專案特色

第 8 章
品牌策略與決策

班級：＿＿＿＿　學號：＿＿＿
姓名：＿＿＿＿＿＿＿＿＿

（是非選擇每題5分，問答每題25分）

一、是非題

1.(　　)品牌又稱「品牌元素」，也可以是一種聲音及商標。

2.(　　)品牌知名度越高，代表消費者越不會指名購買。

3.(　　)BAV 即 Brand Asset Valuator，代表品牌資產評價因子模式，是反映了品牌的未來價值。

4.(　　)品牌傘是指多個產品共同使用一個品牌名稱。

5.(　　)消費者並不會影響到品牌的品質知覺與價格的定位。

二、選擇題

1.(　　)品牌的意涵，下列哪一項為非？ （1）標記及象徵符號名稱術語 （2）設計 （3）行銷對象 （4）名稱術語。

2.(　　)下列哪一項不是品牌可以傳達給消費者的意義？ （1）屬性 （2）性格 （3）價值 （4）利益。

3.(　　)下列哪一項不為 Kotler（科特勒）對品牌要掌握的方法？ （1）選擇品牌元素 （2）注意匯損 （3）加強行銷活動 （4）與其他品牌互相連結。

4.(　　)公司同時擁有不只一個品牌，稱為： （1）多品牌 （2）品牌延伸 （3）新品牌 （4）共品牌。

5.(　　)下列哪一項不是品牌活動設計與執行的決策？ （1）個人化 （2）整合化 （3）自利化 （4）內部化。

（請沿虛線撕下）

三、問答題

1. 說明品牌的意涵與功能。

答：

2. 討論品牌在建立決策時，有哪些挑戰？

答：

得　分

學後評量——
行銷學－觀光、休閒、餐旅服務業專案特色

第 9 章
服務行銷策略與品質

班級：　　　　學號：　　

姓名：　　　　　　　　

（是非選擇每題5分，問答每題25分）

一、是非題

1.(　　)服務若是無形且無法產生事物所有權的，可能與實體商品有關。

2.(　　)異質性是指實體商品通常會經由製造、儲存、配送與銷售等步驟，但服務往往是生產與消費同時發生。

3.(　　)客製化的服務是指完全依照顧客的需求提供服務。

4.(　　)服務品質是指消費者對服務的滿意程度。

5.(　　)服務傳遞與消費者外部溝通間的落差，是產生服務品質的缺陷之一。

二、選擇題

1.(　　)我國服務業的產值已達總生產毛額的：　（1）80％以上　（2）75％以上　（3）65％以上　（4）50％以上。

2.(　　)服務密集商品是以服務為主，下列哪一項不為實體商品完成服務的工具？（1）航空服務　（2）買樂透　（3）視聽娛樂　（4）提供旅行運輸。

3.(　　)服務完成的過程中，其變動程度稱為：　（1）異質性　（2）易逝性　（3）不可分割性　（4）無形性。

4.(　　)服務品質量表（SERVQUAL）不是用來測量服務的：　（1）有形性　（2）可靠性及回應性　（3）無形性　（4）確實性及一致的同理心。

5.(　　)同業之間很容易因為模仿而失掉競爭優勢，因此採用　（1）同理心策略　（2）差異化策略　（3）焦點化策略　（4）成本化策略　顯得十分重要。

（請沿虛線撕下）

三、問答題

1. 介紹服務與服務業的特性。

　　答：

2. 說明服務業的行銷策略。

　　答：

第 10 章

定價策略與促銷組合

（是非選擇每題5分，問答每題25分）

一、是非題

1.（　）定價是指為了獲取財物、勞務，進行交易所必須付出的代價或犧牲。

2.（　）定價在行銷策略整合中，並不是總體表現。

3.（　）選定定價的目標是訂定商品價格的步驟之一。

4.（　）在定價策略過程中，並不需要以商品過去價格、銷售量來估計。

5.（　）公司的成本可分為固定成本與變動成本。

二、選擇題

1.（　）下列哪一項不是定價在行銷組合中扮演的角色？ （1）代表市場的區隔 （2）代表不同的顧客服務 （3）代表產品特色性不足 （4）表現價值及品質。

2.（　）下列哪一項不是訂定價格的步驟之一？ （1）一切以利潤為本的訂價 （2）估計成本 （3）分析競爭者的產品 （4）選定定價的目標。

3.（　）公司不受產量變動影響的成本，稱為： （1）公關成本 （2）固定成本 （3）人事成本 （4）原料成本。

4.（　）下列哪一項不是成本導向定價法？ （1）目標報酬定價法 （2）顧客允許法 （3）利潤最大定價法 （4）成本加成定價法。

5.（　）依據消費者對產品或服務的認知來定價，稱為： （1）價值導向定價法 （2）隨意定價法 （3）務實定價法 （4）成本考量定價法。

三、問答題

　1. 說明定價在行銷過程中的角色及重要性。

　　　答：

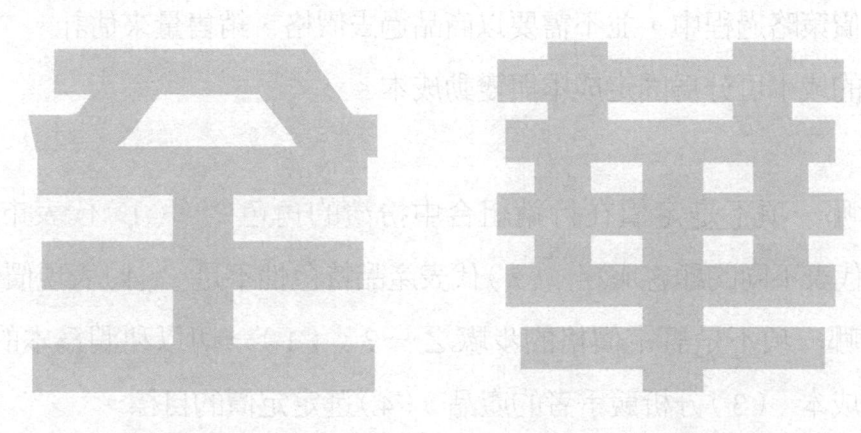

　2. 討論定價與促銷組合的關係性。

　　　答：

得　分

學後評量——
行銷學－觀光、休閒、餐旅服務業專案特色

第 11 章
行銷通路管理

班級：＿＿＿＿　學號：＿＿＿

姓名：＿＿＿＿＿＿＿＿

（是非選擇每題5分，問答每題25分）

一、是非題

1.（　）行銷通路是指透過組織的價值網路，經過經銷商、零售商或合作夥伴一起創造價值。

2.（　）在行銷通路中，有許多的中間機構或中間商，無法承擔不同的行銷功能。

3.（　）中間商功能可以向製造商下單，這對中間商而言是一種銷售服務。

4.（　）中間商具有協調配合的功能，可以處理衝突的爭端。

5.（　）中間商擴增的功能，包括提供各種資訊及金融需求。

二、選擇題

1.（　）一種價值傳遞的過程，並藉於消費者與生產者之間產品提供或服務，稱為：（1）通路　（2）品牌　（3）採購　（4）成本。

2.（　）從製造商的角度來看，下列哪一項不是中間商或行銷通路的功能？（1）實體配送功能　（2）協調配合功能　（3）喜歡功能　（4）擴增功能。

3.（　）從經驗的角度來看，中間商應該要：（1）降低交易成本　（2）增加搜尋的成本（3）增加道德風險　（4）增加交易成本。

4.（　）下列哪一項不是行銷通路的階層？（1）零階及一階　（2）二階　（3）三階（4）無限階。

5.（　）一般通路過程中，其成員個數，稱為：（1）通路夥伴　（2）通路密度　（3）通路方式　（4）通路決策。

三、問答題

1. 說明行銷通路的本質與功能性。

答：

2. 介紹行銷通路的方式。

答：

得　分

學後評量——
行銷學－觀光、休閒、餐旅服務業專案特色

第 12 章
觀光產業與零售

班級：＿＿＿＿　學號：＿＿＿

姓名：＿＿＿＿＿＿＿＿

（是非選擇每題5分，問答每題25分）

一、是非題

1.（　）零售是指觀光產業所需要的物品，從製造商進貨，以再售為目的，再售給消費者。

2.（　）百貨公司銷售的產品只有較高檔而已，其產品線廣度不寬。

3.（　）便利商店是以個人日常用品、食品為主，臺灣地區開設密度高。

4.（　）折扣商店以薄利多銷的方式經營，也漸漸由一般商品走上事業化商品之路，如國內的燦坤及全國電子。

5.（　）直接銷售的多層次行銷是直接銷售的一種變形，如安麗公司。

二、選擇題

1.（　）下列哪一項不是沒有店面的零售？　（1）無效行銷　（2）直效行銷　（3）自動販售　（4）直接銷售。

2.（　）不同產品需要不同數量的：　（1）服務　（2）成本　（3）採購　（4）利潤　，此零售是以「服務多寡」來分類。

3.（　）國內常看見自動服務零售商，其又可稱為：　（1）自助式服務　（2）無人化服務　（3）節省成本式服務　（4）智慧化服務。

4.（　）下列哪一項不是常見的專賣店？　（1）書店　（2）博物館　（3）服飾及運動用品店　（4）傢俱店及花店。

5.（　）直效行銷又稱為「直接行銷」，其使用工具不包括：　（1）電子郵件及網際網路（2）報紙及雜誌　（3）自行車宣傳　（4）廣播及電視。

三、問答題

1. 介紹商店零售及無店面零售的特性（請舉實例介紹）。

   答：

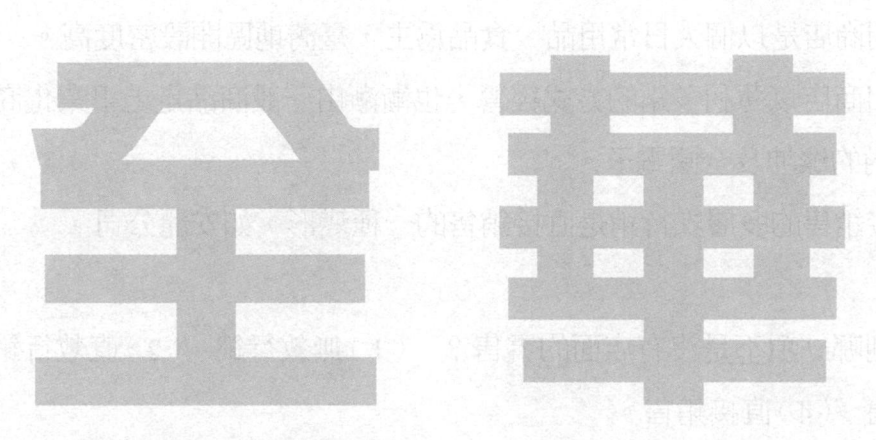

2. 介紹直效行銷與零售輪迴的意義。

   答：

得　分

學後評量——
行銷學－觀光、休閒、餐旅服務業專案特色

第 13 章
觀光人行銷整合與溝通

班級：　　　學號：　　　
姓名：　　　　　　

（是非選擇每題5分，問答每題25分）

一、是非題

1.(　　)觀光人的整體行銷溝通方案稱為推廣組合。

2.(　　)行銷人員應用公共關係與公共報導，亦無法建立良好的企業形象。

3.(　　)行銷溝通者在一開始就要清楚確認所要溝通的對象。

4.(　　)行銷人員在進行理性訴求過程時，其重點是告訴聽眾在產品上會產生什麼
利益。

5.(　　)「海角七號」電影中，用「彩虹」來比喻「幸福」，是一種無關訴求。

二、選擇題

1.(　　)推廣組合傳統上不包括：　（1）購買　（2）人員銷售　（3）促銷　（4）廣告。

2.(　　)利用線上購物或電子商務，從事企業對企業（B2B），或企業對消費者（B2C）
的行銷，稱為：　（1）互動式行銷　（2）直效行銷　（3）口傳行銷　（4）促銷。

3.(　　)下列哪一項不是溝通目標？　（1）奉獻　（2）說服　（3）告知　（4）影響消費者。

4.(　　)下列哪一項不是行銷溝通人員可能希望從目標聽眾那裡獲得的？　（1）行為反
應　（2）做事態度　（3）認知的　（4）情感的。

5.(　　)行銷人員應用引起聽眾某些正面或負面的情感，以刺激其購買，稱為：
（1）理性訴求　（2）感性訴求　（3）道德訴求　（4）無關訴求。

三、問答題

1. 介紹觀光人的行銷溝通組合。

  答：

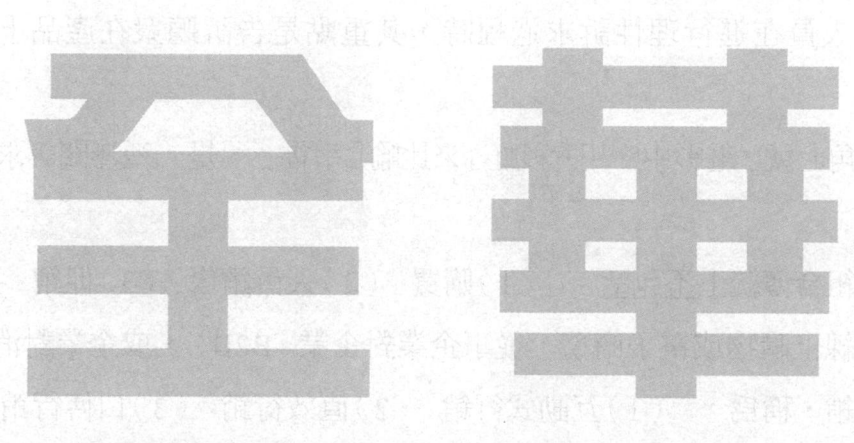

2. 說明有效溝通的步驟。

  答：

得　分

學後評量——
行銷學－觀光、休閒、餐旅服務業專案特色
第 14 章
觀光行銷的廣告、公關與促銷

班級：＿＿＿＿學號：＿＿＿
姓名：＿＿＿＿＿＿＿＿

（是非選擇每題5分，問答每題25分）

一、是非題

1.（　）在各種觀光產業推廣工具中，廣告是相當重要的一環。

2.（　）廣告與公共報導是一樣的，不用再花費用。

3.（　）開創性廣告的目的在開發對某一產品類別的主要需求，而開發對某一特定品牌的需求。

4.（　）發展廣告方案時，只需訂定廣告目標使命，對目標市場及目標定位可以不要太在意。

5.（　）廣告頻率是指需要重複、傳達品牌訊息給消費者的次數。

二、選擇題

1.（　）關於廣告的意義，下列哪一項不是美國行銷協會的定義內容？ （1）一件事情 （2）一個觀念 （3）一個服務 （4）一項產品。

2.（　）廣告所進行的傳播活動是帶有： （1）攻擊力 （2）說服力 （3）互換力 （4）金錢力 的傳播目的。

3.（　）當產品的生命週期往前移動，廠商面對強烈競爭時，常使用： （1）競爭性廣告 （2）開創性廣告 （3）提醒性廣告 （4）柔情性廣告。

4.（　）下列哪一項不是廣告表達方式內容？ （1）直接說明及生活片段 （2）新奇幻想（3）沒有說明與介紹 （4）氣氛或形象。

5.（　）下列哪一項不是廣告目標可依廣告所要達成的溝通目標？ （1）告知性 （2）公開性 （3）提醒性 （4）說服性。

三、問答題

1. 介紹廣告的意涵及功能性。

答：

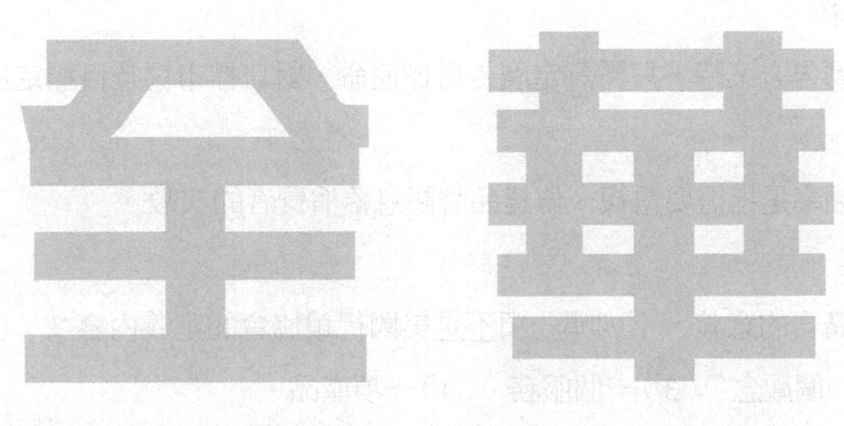

2. 說明促銷與推廣的作法。

答：

得　分

學後評量——
行銷學－觀光、休閒、餐旅服務業專案特色
第 15 章
人員銷售功能與管理

班級：＿＿＿＿　學號：＿＿＿
姓名：＿＿＿＿＿＿＿＿＿

（是非選擇每題5分，問答每題25分）

一、是非題

1.（　）觀光產業透過銷售人員以個人接觸方式和購買者互動，將旅遊商品或服務交到消費者手上。

2.（　）對銷售商品保持熱衷，以影響購買者決策，稱為技術性銷售。

3.（　）銷售區域大小劃分要適度，太大太小都不合適。

4.（　）銷售一開始，要對銷售力進行一個控管，以期達成公司目標。

5.（　）商品推銷的銷售技巧最終目的就是讓顧客購買你的商品。

二、選擇題

1.（　）銷售管理是指對公司的銷售人員進行：（1）願景　（2）組織　（3）品質　（4）成本。

2.（　）銷售人員對客戶採用拜訪，瞭解客戶開發及處理可能發生的客訴問題，稱為：（1）巡迴銷售　（2）創造性銷售　（3）計畫性銷售　（4）回應銷售。

3.（　）銷售區域的選定不考慮：（1）有意的界線　（2）天然界線　（3）運輸的便利性　（4）相鄰地區。

4.（　）下列哪一項是銷售的重要技巧？（1）預留顧客適當的想像空間　（2）善於聽取顧客的意見　（3）要找到具有決定權的人　（4）以上皆可。

5.（　）對薪水的處理，若以定期付給銷售人員固定的薪酬，稱為：（1）薪水制　（2）佣金制　（3）混合制　（4）金制。

三、問答題

1. 說明銷售人員應具備的能力有哪些？

　　答：

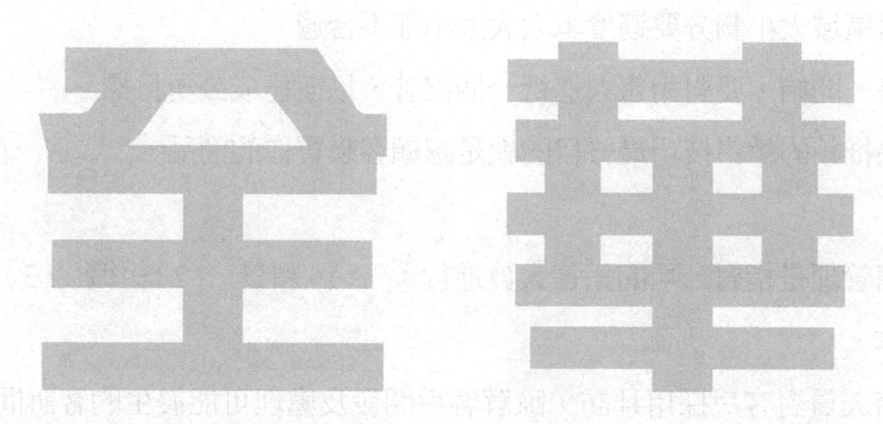

2. 介紹銷售人員的管理。

　　答：

得　分

學後評量——
行銷學－觀光、休閒、餐旅服務業專案特色

第 16 章
觀光產業網路行銷

班級：＿＿＿＿學號：＿＿＿

姓名：＿＿＿＿＿＿＿＿＿

（是非選擇每題5分，問答每題25分）

一、是非題

1.（　　）網際網路與科技結合，帶動經濟的成長，同時改變了人們的工作型態與生活方式。

2.（　　）網路行銷不一定可以提升傳統行銷的效率。

3.（　　）網路行銷是一種直效行銷，但得透過中間商。

4.（　　）進行網路廣告活動應該有完整的媒體計畫。

5.（　　）網路廣告目標的設立可以是：增加上網人潮、銷售商品、蒐集資訊及建立品牌知名度。

二、選擇題

1.（　　）下列哪一項不是因智慧手機的普及，促使網路功能大增的現象？ （1）訂票及網路銀行 （2）法律問題 （3）報稅及生活娛樂 （4）購物及通訊。

2.（　　）關於觀光產業網路行銷的特色，下列哪一項不是？ （1）全球化 24 小時無休營業 （2）讓銷售人員不用花費太多體力 （3）店面與商品數位化 （4）資訊權由賣方轉至買方。

3.（　　）下列哪一項不是現代企業重視智慧資本？ （1）企業的開發能力 （2）創業家精神 （3）師徒傳授 （4）創造力。

4.（　　）下列何者非一般網路事業組織的人力資源？ （1）網站設計員 （2）送報人員 （3）網路管理人員 （4）程式人員。

5.（　　）下列哪一項不是線上廣告管理應包括的內容？ （1）確定所要販售的商品及服務線 （2）準備網站的基礎架構 （3）行銷人員品質不佳 （4）瞭解客戶。

三、問答題

　1. 介紹觀光產業網路行銷的特色。

　　　答：

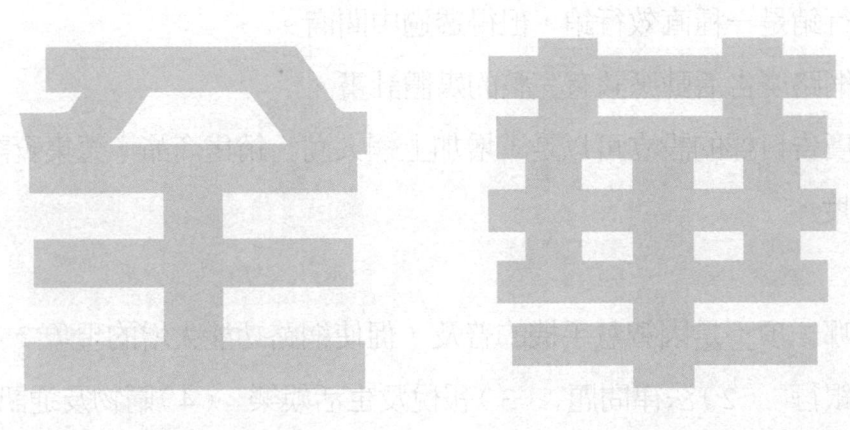

　2. 請介紹網路廣告活動的程序。

　　　答：

得　分

學後評量──
行銷學－觀光、休閒、餐旅服務業專案特色

第 17 章
觀光業國際行銷

班級：＿＿＿　學號：＿＿＿

姓名：＿＿＿＿＿＿＿

（是非選擇每題5分，問答每題25分）

一、是非題

1.（　）國內是一個相當多元且國際化的市場，讓我們可以接觸到很多國外的旅遊商品。

2.（　）國際企業是指一個企業為了追求利潤，有多個國家一起從事商品或勞務的生產、購買等活動。

3.（　）一般現代企業愈來愈有能力在不同的國家發展，這是指企業可加深企業全球化的重要性。

4.（　）政治環境並不是影響企業國際化的因素。

5.（　）國際化程度的深淺端視產品的生產成本而定。

二、選擇題

1.（　）企業外部環境壓力非來自於下列哪一項因素？　（1）競爭　（2）不用專利應用　（3）資訊技術　（4）區域經濟與政治整合。

2.（　）下列哪一項不為發展國際化的理由？　（1）延續產品的生命週期　（2）增加老闆的知名度　（3）分擔高額的研究開發成本　（4）移轉經驗。

3.（　）下列哪一項對多國籍企業說明的內容有誤？　（1）不以全球機會與問題來衡量　（2）有相當比例的國際投資　（3）分布於不同國家　（4）以全球角度作決策。

4.（　）下列哪一項不是全球行銷發展階段？　（1）導入期　（2）成長期　（3）中斷期　（4）成熟期。

5.（　）下列哪一項不為全球行銷的擴張模式？　（1）直接外銷　（2）設立行銷據點及管理契約　（3）零件生產自銷　（4）整廠輸出。

（請沿虛線撕下）

三、問答題

1. 介紹行銷走向全球化，受到國際環境影響的情形。

答：

2. 請介紹三種國際行銷發展的理論。

答：